NCS 기반 (국가 직무능력 표준)

이용사 필기

구민사

Preface 머리말

우리나라의 기술 직종에서(2021년 기준 1,039개 개발) 국가직무 능력표준(NCS National Competency Standards)을 제정하여 산업현장에서 성공적이고 효율적인 직무수행 능력을 갖추도록 필요한 지식과 기술, 소양 등을 체계화하여 기술 및 학습 교육의 표준화를 이루었습니다.

최근 뷰티산업 분야 중 이용이 하루가 다르게 혁신적 변화로 발전하여 신성장 산업으로 자리매김해 가고 있으며, '바버샵'이라는 새로운 문화가 떠오르고 바버샵의 열기에 '이용사 자격증'에 대한 관심도 커지고 있습니다.

이에 대한민국 이용장 출신의 교수님들이 한국산업인력공단에서 최근 변경, 출제된 기출문제를 수집 수록하여 문제의 해설을 통해 쉽게 학습할 수 있도록 하였고, 중요 핵심 이론을 체계적으로 요약정리하고 출제 가능한 문제를 수록하였고 변경된 실기, 단발형 이발(하상고), 단발형 이발(중상고), 짧은 단발형(둥근형), 새로 도입된 두피 스케일링 과정을 설명과 사진으로 제작, 수록하여 이용사 시험에 응시하는 사람들이 쉽게 이해하고 연습하여 시험에 합격할 수 있도록 집필하였습니다. 이용사 필기, 실기 교재를 통해서 학습한 지식과 직무를 현장에서 능력을 인정받는 이용사, 시대에 부응할 수 있는 이용사가 되는 것이 목표입니다.

이용 분야의 새로운 학습자료가 제시되는 시대, 변화에 따른 연구를 게을리하지 않을 것을 약속드리며, 실습과 촬영에 적극적으로 참여해주신 교수님들과 편집 디자인에서 출판에 이르기까지 애써주신 도서출판 구민사 조규백 대표님, 나영균 전무님, 주은혜 차장님 그 외 임직원 여러분에게 진심으로 감사의 말씀을 드립니다.

저자 일동

Contents 목차

Chapter 01 이용 이론

Unit 1 이용의 역사
1. 서양의 발달사 … 02
2. 동양의 발달사 … 02

Unit 2 이용의 개요
1. 이용업의 정의 … 05
2. 이용사(업)의 업무 범위 … 05
3. 이용의 특수성 … 05
4. 이용사의 소양 … 06
5. 이용사의 교양 … 06
6. 두상과 헤어라인 명칭 … 06

Unit 3 이용 용구
1. 이용 도구(가위, 클리퍼, 레이저, 빗) … 10

Unit 4 세발술
1. 샴푸 … 14

Unit 5 이발(조발)
1. 이용의 기초지식 … 18
2. 이발 도구의 사용법(가위, 클리퍼, 빗) … 19
3. 이발의 종류와 작업 … 22

Unit 6 면체술(면도)
1. 면도의 정의 … 23
2. 안면 피부분석 … 23
3. 면도 작업 … 24

Unit 7 정발술(헤어스타일링)
1. 정발술(헤어스타일링, 헤어세팅) … 26
2. 디자인 … 27
3. 아이론(Iron)과 블로 드라이 … 27

Unit 8 스캘프 케어
1. 두개피 관리 … 29
2. 스캘프 매니플레이션 (Scalp manipulation) … 31
3. 모발관리 … 32

Unit 9 매뉴얼 테크닉
1. 매뉴얼 테크닉 기초 … 34
2. 얼굴 매뉴얼 테크닉 … 36

Unit 10 미안술
1. 미안술의 정의 및 기초 … 37
2. 팩 (pack) … 37
3. 기기를 이용한 미안술 … 38

Unit 11 퍼머넌트 웨이브(펌)
1. 퍼머넌트 웨이브의 기초 … 40
2. 퍼머넌트 웨이브의 종류와 방법 … 41

Contents 목차

Unit 12 염·탈색(헤어 컬러링)
1. 헤어 컬러   44
2. 염색(hair coloring)의 분류   49
3. 염모제에 따른 염색의 분류   49

Unit 13 가발술
1. 가발   53
2. 가발 소재에 따른 분류   53
3. 가발 제작 과정   54
4. 가발 커트   54
5. 가발 착용방법   54
6. 홈케어 관리(가발 세척 방법)   54

◆ 실전 기출 예상문제   55

Chapter 02 피부학

Unit 1 피부와 부속기관
1. 피부 구조 및 기능   90

Unit 2 피부 유형별 분류
1. 피부 유형에 따른 특징과 관리방법   99

Unit 3 피부와 영양
1. 영양소   100
2. 영양소가 피부에 미치는 영향   102

Unit 4 피부질환
1. 원발진과 속발진   103
2. 피부질환   104

Unit 5 피부와 광선
1. 자외선   107
2. 적외선   108
3. 가시광선   109

Unit 6 피부 면역
1. 면역의 종류와 작용   110

Unit 7 피부 노화
1. 피부 노화의 정의   111

◆ 실전 기출 예상문제   112

Chapter 03 소독학

Unit 1 소독의 정의 및 분류
1. 소독 용어 정의 — 136
2. 소독 기전(소독 메커니즘)의 종류 — 136
3. 소독법의 분류 — 137

Unit 2 미생물 총론
1. 미생물의 정의 — 141
2. 미생물의 분류 — 141

Unit 3 병원성 미생물
1. 병원성 미생물의 분류 — 142
2. 병원 미생물의 구조 — 143
3. 미생물의 증식환경 — 144
4. 병원성 미생물의 전염 경로 — 145

Unit 4 작업장 환경 위생소독
1. 실내 환경 위생소독 — 146
2. 도구 및 기기 위생소독 — 146

◆ 실전 기출 예상문제 — 147

Chapter 04 공중보건학

Unit 1 공중보건학 총론
1. 공중보건학 개념 — 156
2. 건강과 질병 — 156
3. 인구 보건 — 157
4. 보건 지표 — 158

Unit 2 질병관리
1. 역학 — 159
2. 기생충 질환 관리 — 164
3. 성인병 관리 — 165
4. 정신 보건 — 166
5. 이·미용 안전사고 — 166

Unit 3 가족 및 노인보건
1. 모자보건 — 167
2. 노인보건 — 167

Unit 4 환경보건
1. 환경보건 — 169
2. 대기 환경 — 169
3. 수질 환경 — 171
4. 주거 및 의복 환경 — 172

Contents 목차

Unit 5 산업보건
1. 산업보건의 개념 … 174
2. 산업재해 … 174

Unit 6 식품 위생과 영양
1. 식품 위생 … 176
2. 영양 … 177

Unit 7 보건행정
1. 보건행정 체계 … 179
2. 사회보장과 국제 보건기구 … 179

◈ 실전 기출 예상문제 … 180

Chapter 05 공중위생 관리법규

Unit 1 공중위생 관리법의 목적 및 정의
1. 공중위생관리법 … 198

Unit 2 영업신고 및 폐업
1. 영업신고 … 199
2. 변경신고 … 200
3. 폐업신고
   (공중위생관리법 시행규칙 제3조의3) … 200
4. 공중위생 영업 승계 … 200

Unit 3 영업자의 준수사항
1. 이용업자의 준수사항 … 201
2. 공중이용시설의 위생관리 … 201

Unit 4 이용사의 면허
1. 면허 발급 및 취소 … 202

Unit 5 이용사의 업무
1. 이용 종사 가능자 … 204
2. 영업소 외에서의 이용 업무
   (특별한 사유) … 204

Unit 6 행정지도 감독
1. 영업소 출입검사 　　　　　　205
2. 영업 제한(시·도지사의 권한) 　205
3. 영업소 폐쇄
　　(시장, 군수, 구청장의 권한)　205
4. 공중위생감시원 임명
　　(시·도지사, 시장, 군수, 구청장 권한)　206

Unit 7 업소 위생등급
1. 위생평가 　　　　　　　　　208
2. 위생등급 　　　　　　　　　208

Unit 8 보수교육
1. 영업자 위생교육 　　　　　　210
2. 위생교육기관 　　　　　　　211

Unit 9 벌칙
1. 위반자에 대한 벌칙, 과징금 　212
2. 과태료 규정 　　　　　　　　213
3. 행정처분 　　　　　　　　　214

◆ 실전 기출 예상문제 　　　　　220

Chapter 06 화장품학

Unit 1 화장품학 개론
1. 화장품의 정의 　　　　　　　232
2. 화장품 분류 　　　　　　　　232
3. 화장품, 의약외품, 의약품 　　233

Unit 2 화장품 제조
1. 화장품 원료 　　　　　　　　235
2. 화장품 제조 기술 　　　　　　238
3. 화장품의 특성 　　　　　　　239

Unit 3 화장품의 종류와 기능
1. 화장품의 분류와 사용 목적 　241
2. 기초 화장품 　　　　　　　　242
3. 메이크업 화장품 　　　　　　242
4. 모발 화장품 　　　　　　　　243
5. 보디 관리 화장품 　　　　　　244
6. 네일 화장품 　　　　　　　　244
7. 방향 화장품(향수) 　　　　　245
8. 아로마(에센셜) 오일 및 캐리어 오일 　245
9. 기능성 화장품 　　　　　　　247

◆ 실전 기출 예상문제 　　　　　253

Contents 목차

Chapter 07 실전 모의고사

- 제1회 실전 모의고사   262
- 제2회 실전 모의고사   277

Chapter 09 핵심적중문제

- 2018년 핵심적중문제   310
- 2018년 기출복원문제   322
- 2019년 기출복원문제   335
- 2020년 2회차 기출복원문제   349

Chapter 08 기출문제

- 이용사(필기) 기출문제
  (2017년 8월 26일)   294

Features 이 책의 구성 및 특징

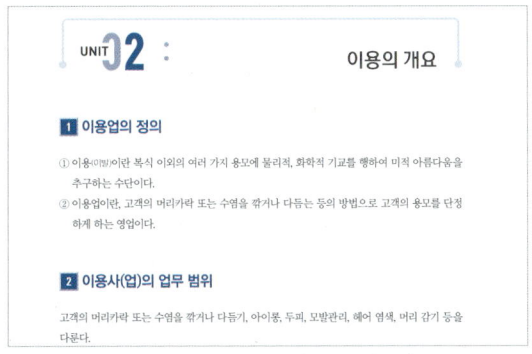

상세한 이론 수록

효율적으로 구성한 상세 이론으로 이해가 쉽습니다. 저자가 제안하는 학습 플랜을 따라 학습해보세요!

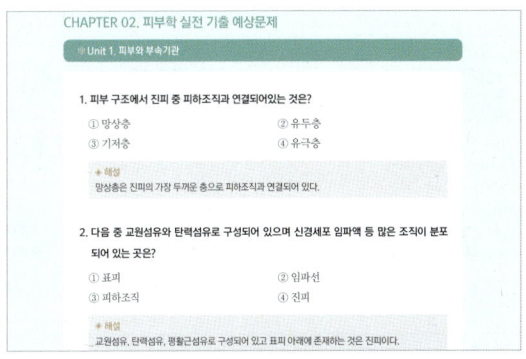

실전 기출 예상문제

챕터별로 수록된 실전 기출 예상문제로 앞서 배운 이론을 한 번 더 체크! 상세한 해설을 함께 수록해 이해하기 쉽습니다.

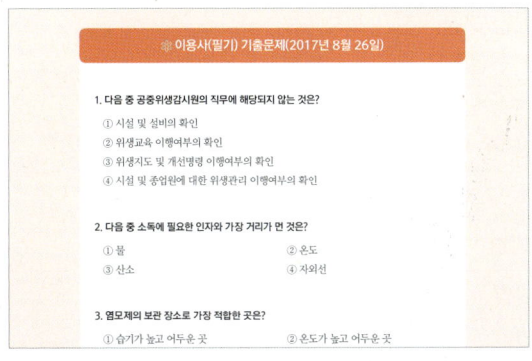

기출문제

최근 기출문제와 상세한 해설을 수록하여 실전시험에 대비하였습니다.

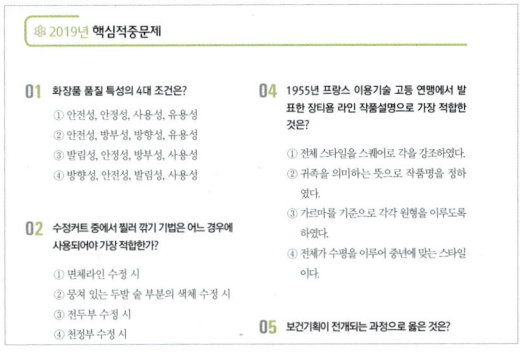

핵심 적중 문제

핵심을 짚어낸 문제로 실전시험 전 체계적으로 마무리할 수 있도록 하였습니다.

이용사 필기 출제기준

직무분야	이용·숙박·여행·오락·스포츠	중직무분야	이용·미용	자격종목	이용사	적용기간	2022. 1. 1. ~ 2026. 12. 31
직무내용	이용기술을 활용하여 머리카락·수염 깎기 및 다듬기, 염·탈색, 아이론, 가발, 정발 등을 통해 고객의 용모를 단정하게 연출하는 직무이다.						
필기검정방법	객관식		문제수	60	시험시간	1시간	

주요항목	세부항목	세세항목
1. 이용 위생·안전관리	1. 이용사 위생관리	1. 개인 위생관리 2. 개인 건강관리 3. 작업장 근무수칙 준수 4. 이용작업 자세
	2. 영업장 위생관리	1. 영업장 환경위생 2. 영업장 시설·설비 3. 영업장 환경의 청결 유지 4. 영업장 위생 점검 5. 위생문제 발생 시 대책 6. 위생서비스 수준 향상
	3. 영업장 안전사고 예방 및 대처	1. 안전 기구 및 기기 사용법 2. 안전사고 예방 및 점검(전기, 화재, 낙상) 3. 안전사고 시 응급조치
	4. 피부의 이해	1. 피부와 피부 부속기관 2. 피부 유형 분석 3. 피부와 영양 4. 피부와 광선 5. 피부 면역 6. 피부 노화 7. 피부 장애와 질환
	5. 화장품 분류	1. 화장품 기초 2. 화장품 제조 3. 화장품의 종류와 기능
2. 이용 고객서비스	1. 고객 응대	1. 고객 응대 방법
	2. 고객 상담	1. 고객 상담방법
	3. 고객 관리	1. 고객 관리방법
3. 모발 관리	1. 모발진단	1. 두피 형태 및 유형 분석 2. 모발 구성 성분과 작용 3. 모발 구조 4. 모발 특성 5. 모발 손상의 유무 진단기법
	2. 모발의 물리적 손상 처치	1. 모발 흡습 메커니즘 2. 손상 처치 방법 3. 모발변성
	3. 모발의 화학적 손상 처치	1. 모발 구성 물질 2. 모발의 화학구조 및 손상 3. pH 농도에 따른 모발 손상 처치

주요항목	세부항목	세세항목
4. 기초 이발	1. 이용 역사	1. 이용 발전과정 2. 이발 도구의 변천사 3. 이발 스타일의 변천사
	2. 기본 도구사용	1. 이발 도구의 종류 2. 이발 도구의 사용법
	3. 기본이발 작업	1. 이발의 기본작업 및 자세 2. 이발 기법
5. 이발 디자인의 종류	1. 장발형 이발	1. 장발형(솔리드형, 레이어드형, 그래쥬에이션형)의 종류 및 특징
	2. 중발형 이발	1. 중발형(상중발형, 중중발형, 하중발형)의 종류 및 특징
	3. 단발형 이발	1. 단발형(상상고형, 중상고형, 하상고형)의 종류 및 특징
	4. 짧은 단발형 이발	1. 짧은 단발형(둥근형, 삼각형, 사각형)의 종류 및 특징
6. 기본 면도	1. 기본 면도 기초지식 파악	1. 수염 유형 및 특성 2. 면도 도구 종류
	2. 기본 면도 작업	1. 기본 면도 기구 선정 2. 기본 면도 위치와 자세 3. 기본 면도 방법과 순서 4. 기본 면도 제품 사용방법
	3. 기본 면도 마무리	1. 면도 작업 후처리 2. 크림 매니플레이션
7. 기본 염·탈색	1. 염·탈색 준비	1. 색채이론 2. 모발 색소 3. 염·탈색 원리 4. 염모제 5. 기구 종류 6. 모발진단 7. 패치 테스트
	2. 염·탈색 작업	1. 염·탈색제 사용법 2. 색상 배합 3. 도포 방법 4. 새치염색 5. 멋 내기 염색 6. 탈색 7. 컬러 체크
	3. 염·탈색 마무리	1. 에멀젼 작업
8. 샴푸·트리트먼트	1. 샴푸·트리트먼트 준비	1. 계면활성제 2. 두피 유형에 따른 샴푸 및 린스
	2. 샴푸·트리트먼트 작업	1. 샴푸 방법 2. 샴푸 매니플레이션 3. 린스 4. 트리트먼트
	3. 샴푸 트리트먼트 마무리	1. 타월 사용법 2. 모발 제품과 홈케어
9. 스캘프 케어	1. 스캘프 케어 준비	1. 두피 관련기기와 도구 2. 두피 관리의 효과 3. 두피 상담
	2. 진단·분류	1. 두피 유형 및 특성 2. 두피 영양 3. 탈모유형 분류
	3. 스캘프 케어	1. 두피 유형에 따른 샴푸 방법 2. 두피 유형에 따른 제품 적용 3. 두피 스켈링 4. 두피 매니플레이션
	4. 사후 관리	1. 두피 유형에 따른 관리
10. 기본 아이론 펌	1. 기본 아이론 펌 준비	1. 펌 디자인 2. 펌 용제 3. 아이론 기기 선정
	2. 기본 아이론 펌 작업	1. 아이론 기기 조작방법 2. 아이론 펌 순서와 방법 3. 모발 손상 방지방법 4. 작업 시 안전
	3. 기본 아이론 펌 마무리	1. 기본 아이론 펌 작업 후 수정·보완

주요항목	세부항목	세세항목
11. 기본 정발	1. 기초지식 파악	1. 블로 드라이 기본원리 2. 얼굴 유형에 맞는 정발 스타일
	2. 기본 정발 작업	1. 정발 기구 사용법 2. 정발제품 사용법 3. 정발 순서 및 방법 4. 가르마 유형
12. 패션 가발	1. 패션 가발 상담	1. 헤어스타일 파악
	2. 패션 가발 작업	1. 패션 가발 커트 방법 및 도구 2. 패션 가발 착용 방법
	3. 패션 가발 관리	1. 패션 가발 관리 및 보관방법
13. 공중위생관리	1. 공중보건	1. 공중보건 기초 2. 질병 관리 3. 가족 및 노인 보건 4. 환경 보건 5. 식품위생과 영양 6. 보건 행정
	2. 소독	1. 소독의 정의 및 분류 2. 미생물 총론 3. 병원성 미생물 4. 소독방법 5. 분야별 위생·소독
	3. 공중위생관리법규 (법, 시행령, 시행규칙)	1. 목적 및 정의 2. 영업의 신고 및 폐업 3. 영업자 준수사항 4. 면허 5. 업무 6. 행정지도 감독 7. 업소 위생등급 8. 위생교육 9. 벌칙 10. 시행령 및 시행규칙 관련 사항

이용사 자격시험 안내

필기 시험 접수 방법

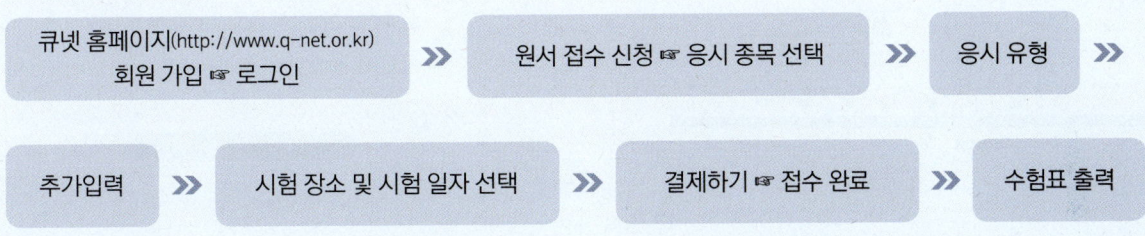

※ 필기시험 : CBT(Computer Based Testing, 컴퓨터 기반시험) 방식으로 컴퓨터를 이용하여 시험 응시 및 결과를 발표하며 해당 회차별로 데이터베이스에서 문제를 뽑아 출제하는 방식으로 시험종료 후 합격 여부 확인 가능
※ 관련 문의 : 기술자격국 필기시험팀(02-2137-0503)

자격검정 CBT 프로그램 체험하기

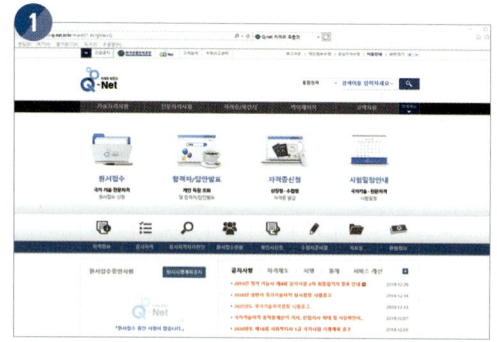
◆ q-net 홈페이지에서 CBT 체험하기 클릭 ◆

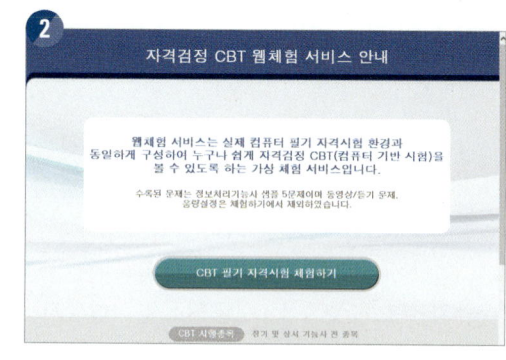
◆ CBT 필기 자격시험 체험하기 ◆

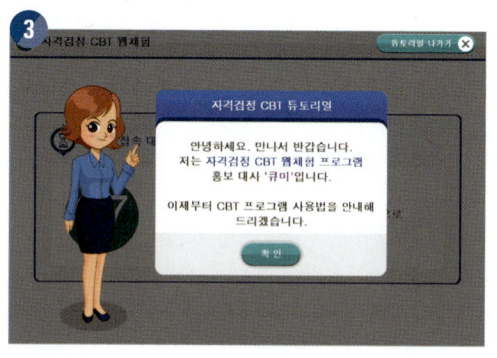
◆ 수험자 접속 대기 ◆

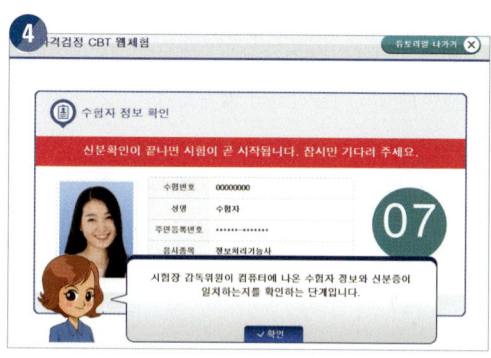
◆ 수험자 정보 확인 ◆

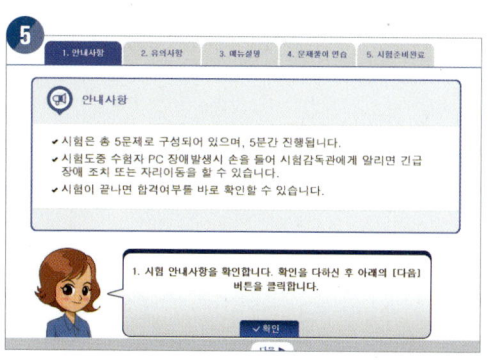
◆ 안내사항 ◆

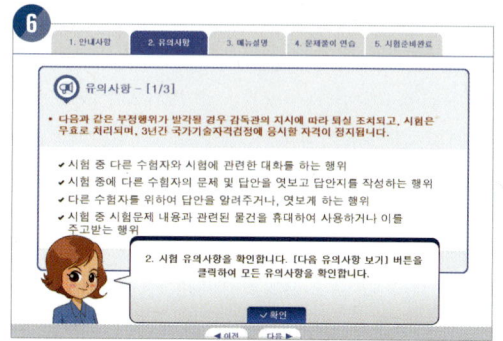
◆ 유의사항 ◆

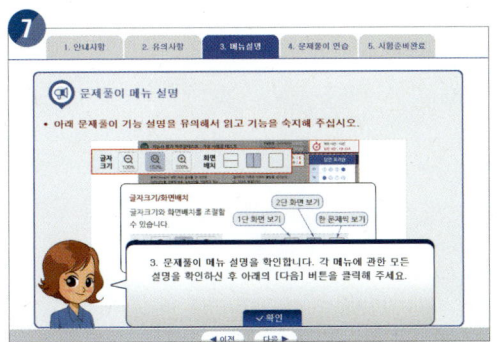
♦ 메뉴설명 ♦

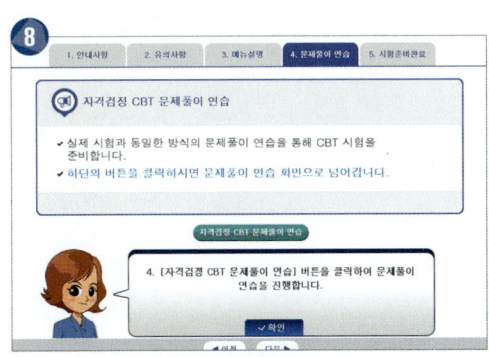
♦ 문제풀이 연습 ♦

♦ 시험준비 완료 ♦

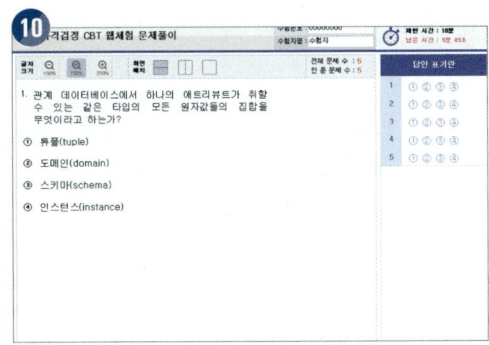
♦ 문제풀기 ♦

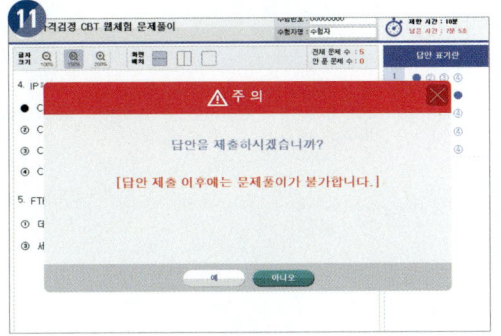
♦ 답안 제출 ♦

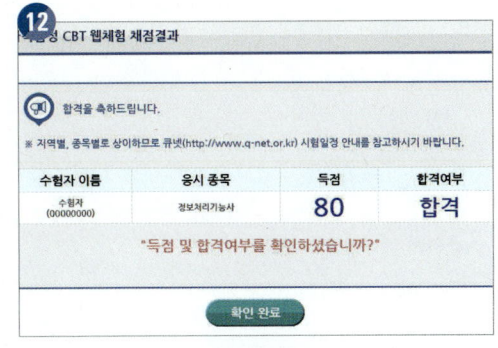
♦ 시험 완료 ♦

01
Chapter

이용 이론

Unit 1 | 이용의 역사
Unit 2 | 이용의 개요
Unit 3 | 이용 용구
Unit 4 | 세발술
Unit 5 | 이발(조발)
Unit 6 | 면체술(면도)
Unit 7 | 정발술(헤어스타일링)
Unit 8 | 스캘프 케어
Unit 9 | 매뉴얼 테크닉
Unit 10 | 미안술
Unit 11 | 퍼머넌트 웨이브(펌)
Unit 12 | 염・탈색(헤어 컬러링)
Unit 13 | 가발술
◈ 실전 기출 예상문제

UNIT 01 : 이용의 역사

1 서양의 발달사

B.C 1894년 당시 유럽의 헤브라이(hebrai)족 족장이 죄인을 처벌할 때 두발을 삭발하게 하여 그 두발이 다시 자랄 때까지 자신이 죄를 뉘우치며 속죄하게 하였다는 것에 이용의 유래를 찾아볼 수 있다.

중세 시대에는 이발사가 외과 의사의 역할도 했다. 크고 작은 전쟁을 치르면서 두부에 부상을 입거나 상처가 났을 때 두발을 삭발하고 치료해 주는 외과 의사와 이용사의 직분을 겸했다. 이용사의 영역을 보면 간단한 수술과 상처 치료, 두발 자르기, 수염 다듬기와 자르기였으며, 근대에 이를 때까지 서양의 이용업은 외과 의사와 이용사의 두 가지 영역을 인정받아왔다.

1804년 프랑스 나폴레옹의 제1 제정 당시에 수많은 인구증가와 사회 구조가 복잡해지자 나폴레옹 정부의 위정자들은 최초의 이용사 장 바버(jean barber)가 외과병원과 이용을 완전히 분리하고 세계 최초로 이용원을 개설하였다.

그 후로 이용원을 장 바버의 이름을 따서 바버숍 이라고 하고, 이용원과 외과병원에서 사용하던 청(정맥), 적(동맥), 백(붕대)의 사인볼은 현대에 이르기까지 이용원에서 사용하고 있다.

1871년에 프랑스의 기계 제작 회사인 바리캉 마르(barriquand et marre) 제작소에서 바리캉(클리퍼)을 발명으로 세계의 모든 이용원은 더욱 발전되었다.

2 동양의 발달사

1) 중국

중국 이용의 시작은 순치원년 (1644년 順治元年)에 청(淸)은 항복한 한인(漢人)들에게 복종의 증거로 청의 머리 모양인 변발(辮髮:치발)을 할 것을 선포했다.

그 당시 나온 유명한 말이 "목을 남기면 머리털을 남기지 말고, 머리털을 남기면 머리를 남기지 말라."라는 공포의 포고령으로 이때 머리털을 자르는 이발사가 가장 성행한 업종의 하나가 되었다.

2) 일본

1860년경 요코하마에 정박한 포르투갈 선원 이용사로부터 삼본정길(杉本貞吉) 등이 서구의 이용기술을 받아들여 일본의 이용이 시작되었다.

일본에서도 1871년에 권발령(卷髮令)이 내려졌으나 정부가 강제가 아닌 계몽을 통하여 단발을 유도해서 효과를 거두었다. 그러나 무엇보다 천황의 단발 파급 효과가 컸다. 1869년에 긴자(銀座)에 최초의 이용원이 생겼고, 1889년에는 90%가 단발을 했다.

3) 한국

갑신정변(甲申政變) 이후인 1885년 무렵에 일본 상인들이 남산 기슭에 자리 잡고 고관대작을 대상으로 이용업을 시작하였다.

1895년(고종 32) 내려진 단발령을 계기로 정부 차원에서 우리나라 근대 이용사(理容史)가 시작되었다. 1895년 12월 30일 김홍집 내각에 의해 '위생에 이롭고 작업에 편리하다'는 명분과 함께 단발령(斷髮令)을 공포한 그 날 고종은 태자와 함께 단발을 했다. 농상공부 대신 정병하가 임금의 머리카락을 자르고 내부 대신 유길준은 태자의 머리카락을 잘랐다. 그 이후 반발이 심하였으나 갑진개화운동이 일어나면서 다시 크게 확산되었고 진보회의 신문화 운동의 일환으로 수만 회원에 단발을 단행하게 되었다. 1871년 프랑스 '바라캉 마르' Bariquand et Mare 사(社)가 발명한 '바리캉'이 1905년 전후에 들어오게 되었다.

처음에는 일본인들의 상권이었던 진고개(현재의 서울 충무로)를 중심으로 일본인들을 대상으로 이발소가 생겨났다. 1885년 무렵 일본 상인들이 고관대작을 대상으로 이용업을 시작하였고 주로 명동 부근에 이용소가 있었다. 한국인이 운영하는 최초 이발소는 1901년 유양호가 개업한 '동흥이발소'였다. 그 후에 세종로 네거리 비각 모퉁이로 자리를 옮기고 '광화문 이발관'을 개업하였고 유양호의 친척인 유강호가 '두남 이발관'을 개업하면서 고위 관직에 있는 손님들만 다닐 수 있는 고급 이발관으로 자리매김하였다.

이보다 조금 늦게 개화사상과 신문화운동으로 조직된 방역회(防役會)의 안종호가 광화문 근처에 '태성 이발소'를 개설하였다. 1896년 안종호는 당하관 벼슬인 군수였으나, 황제의 전속 이발사로 발탁이 되면서 정3품 당상관으로 승진하게 되었다. 이후 1907년 8월 20일에 궁중에 이발소가 설치되었다.

1923년 일본강점기 당시 만치 야마모토라는 일본인이 주동이 되어 이용기술을 최초로 강습화 하였으며, 그해 가을에 우리나라에서는 처음으로 국가가 시행하는 이용사 자격시험을 시행하게 되었다. 시험 출제는 당시 의학 박사인 주방주 씨의 저서인 '위생독본'이란 책에서 출제되었으며 생리 해부학, 소독법, 전염병학, 면접시험, 실기시험 등을 실시하였다.

1961년 12월 5일 이용사, 미용사법이 제정 공포되어 이 미용이 활성화되었으며, 1986년 5월 10일 공중위생법이 공포되어 오늘날에 이르게 되었다.

2013년부터는 국가 자격검정 실기시험 모델이 사람에서 마네킹으로 바뀌면서 학생과 청년들이 이용에 관심을 두게 되었다.

최근에 젊은이들이 바버숍(barber shop)을 창업하면서 이용원이 다시 활기를 찾고 있다.

※ 우리나라 두발 자유화 규제

1945년 해방 이후 사람들은 개성에 따라 자유로운 머리 스타일을 구사했다.

그러다 다시 머리에 각이 잡히기 시작한 때가 1970년대다.

청바지와 통기타로 요약되는 이 시대에 장발 스타일은 큰 유행이었다.

그러나 정부에서 장발을 퇴폐행위로 간주하여 다시 단발령이 내려진 시대처럼 사람들은 거리와 경찰서에서 강제로 머리를 깎였고 정권이 바뀌면서 비로소 두발 규제는 사라졌다.

그러나 학생은 예외였다.

학생들에게 1895년 시행된 단발령은 21세기 지금까지 현재 진행형이다. 1981년 정부의 유화 조치로 잠시 두발 규제가 풀렸을 뿐, 과거 학생들은 여러 형태로 두발 규제에 불만을 표출했다.

1982년에는 중·고등학생의 교복 자율화와 함께 두발 자유화가 실시되었는데(1982년에는 교복 자율화 실시 예고, 1983년에 교복 자율화, 두발 자유화 실시), 이는 이전의 기준을 완화한 것으로 여전히 두발의 모양이나 길이에 대한 제한은 존재하였다.

※ 프랑스 이용기술 고등연맹 발표

- **1955년** : 쟝티욤 라인(Gentilhome line)은 전체 커트 형태를 스퀘어로 하여 각을 강조함
- **1966년** : 엠파이어 라인(Empire line)은 프랑스어 '암펠라인'에서 유래하였으며 황제를 상징함

UNIT 02 : 이용의 개요

1 이용업의 정의

① 이용(이발) : 복식 이외의 여러 가지 용모에 물리적, 화학적 기교를 행하여 미적 아름다움을 추구하는 수단이다.
② 이용업 : 고객의 머리카락 또는 수염을 깎거나 다듬는 등의 방법으로 고객의 용모를 단정하게 하는 영업이다.

2 이용사(업)의 업무 범위

이용사 업무 범위 : 고객의 머리카락 또는 수염을 깎거나 다듬기, 아이론, 두피·모발 관리, 헤어 염색, 머리 감기 등을 다룬다.

3 이용의 특수성

① 의사 표현 제한 : 고객의 의견과 심리를 파악하고 존중한다.
② 소재 선정의 제한 : 고객의 신체가 소재이므로 대체하거나 바꿀 수 없다.
③ 시간제한 : 주어진 시간에 이미지에 맞는 스타일을 연출해야 한다.
④ 미적 효과 : 고객의 신체 일부를 다루므로 직업, 의복, 장소, 얼굴형에 알맞은 헤어 디자인 연구 및 개발한다.
⑤ 부용 예술로서의 제한 : 특수성을 가진 부용 예술로 고객에게 알맞은 헤어 스타일을 연출하기 위해 여러 조건의 제한이 따른다.

※ Tip
부용 예술이란 : 예술작품이 독립적이지 않고 다른 작품에 의지하는 것

4 이용사의 소양

① 시대적 미적 감각을 위해 다양한 문화, 예술이해
② 미적, 예술적 감각의 자질
③ 기본적인 교양
④ 이용 전문 기술 습득
⑤ 적절하고 건전한 응대를 위한 지식

5 이용사의 교양

① 공중위생적 측면 : 공중위생관리법상의 위생과 안전 유지
② 미적 측면 : 고객이 만족할 수 있는 개성미 연출
③ 시대에 맞는 문화적 건전성 유도

6 두상과 헤어라인 명칭

(1) 두상 포인트

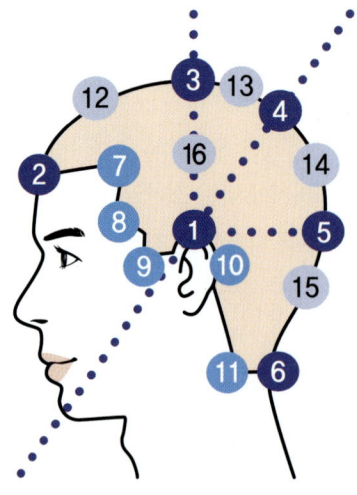

[그림 1-1] 두상 포인트

번호	기호	명칭
1	E.P	이어 포인트(Ear point)
2	C.P	센터 포인트 (Center point)
3	T.P	톱 포인트 (Top point)
4	G.P	골덴 포인트 (Golden point)
5	B.P	백 포인트 (Back point)
6	N.P	네이프 포인트 (Nape point)
7	F.S.P	프론트 사이드 포인트(Front Side point)
8	S.P	사이드 포인트(Side point)
9	S.C.P	사이드 코너 포인트(Side Coner point)
10	E.B.P	이어 백 포인트(Ear Back point)
11	N.S.P	네이프 사이드 포인트(Nape Side point)
12	C.T.M.P	센터 톱 미디움 포인트(Center top medium point)
13	T.G.M.P	톱 골덴 미디움 포인트(Top Golden medium point)
14	G.B.M.P	골덴 백 미디움 포인트(Golden Back Medium point)
15	B.N.M.P	백 네이프 미디움 포인트(Back Nape Medium point)
16	E.T.M.P	이어 톱 미디움 포인트(Ear Top Medium point)

(2) 두상 부위별 명칭

① 전두부(top) ② 측두부(side) ③ 두정부(crown) ④ 후두부(nape)

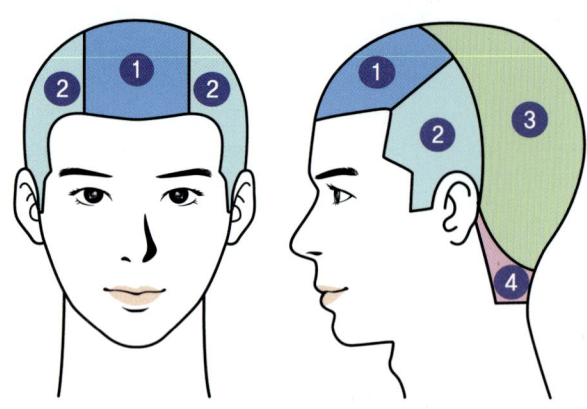

[그림 1-2] 두상 부위별 명칭

(3) 두상의 분할 용어

① 인테리어(interior) : 두상의 크레스트(crest) 윗부분의 명칭이다.

② 익스테리어(exterior) : 두상의 크레스트(crest) 아랫부분의 명칭이다.

③ 크레스트(crest) : 인테리어와 익스테리어의 분할선 명칭이다.

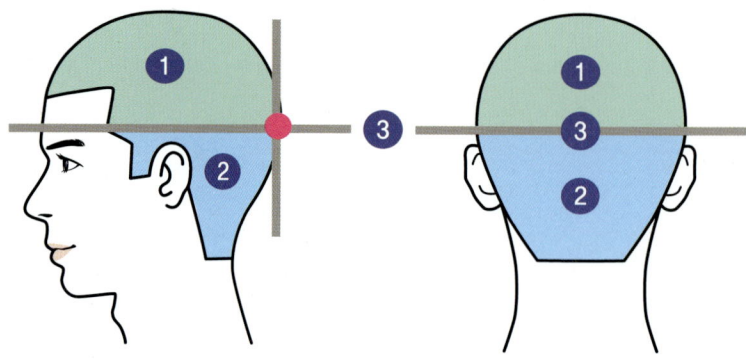

[그림 1-3] 두상의 분할 용어

(4) 두상의 분할 라인

① 정중선(center line) : 센터 포인트에서 네이프 포인트까지 두상을 좌우로 분할하는 선이다.

② 측 중선(E.E.L-ear to ear line) : 좌우의 귀를 세로로 잇고 두상 부위 측면을 전후로 이등분하는 선이다.

③ 수평선(H.L-horizontal line) : E.P의 높이를 가로로 잇고 두상 부위 측면을 상하로 이등분하는 선이다.

④ 측두선(u line) : 양쪽 프런트 사이드 포인트(F.S.P)에서 측 중선까지 연결하는 선이다.

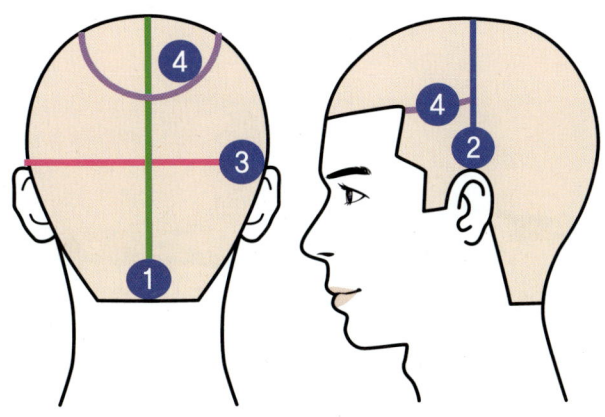

[그림 1-4] 두상의 분할 라인

번호	두부 라인 명칭	두부 라인 설명
1	정중선(正中線)	C.P~N.P까지 두부 전체를 수직으로 나누는 선
2	측중선(廟中線)	E.P~T.P에서 수직으로 나누는 선
3	수평선(水平線)	E.P~B.P를 수평으로 돌아가는 선
4	측두선(側頭線)	F.S.P~G.P~F.S.P까지 홀스(horse's) 형태로 나누는 선
5	페이스 라인(Face line)	S.C.P~S.C.P를 연결하는 전면부 연결선
6	네이프 라인(Nape line)	N.S.P~N.S.P의 연결선
7	네이프 사이드 라인 (Nape side line)	E.P~N.S.P의 연결선

UNIT 03 : 이용 용구

1 이용 도구 및 사용방법(가위, 클리퍼, 레이저, 빗)

1) 가위(Scissors)

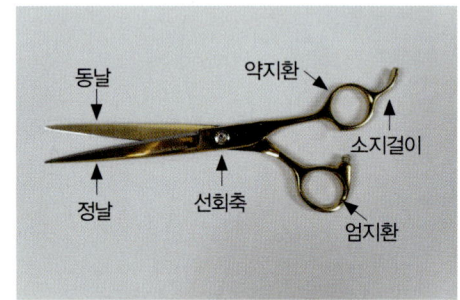 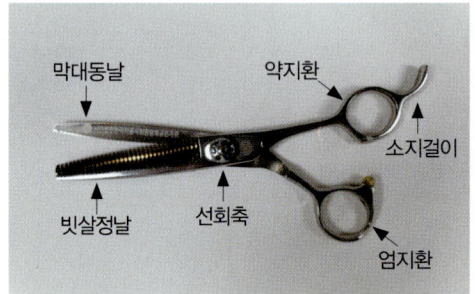

[그림 1-5] 가위의 구조와 명칭

(1) 가위의 종류

① 용도에 따른 분류
- 커팅가위 : 두발을 자르는 일반적인 헤어커트 가위
- 틴닝가위 : 모발 길이는 자르지 않고 두발 숱을(질감) 감소시키기 위해 사용

② 재질에 따른 분류
- 착강가위 : 날부분(특수강)과 협신부(연강)가 서로 다른 재질을 접합시켜 만들어진 가위
- 전강가위 : 전체가 특수강으로 만들어진 가위

(2) 가위 잡는(개폐) 방법

약지환에 약지를 넣어 소지 걸이에 소지를 얹은 후 가위 끝이 작업자 쪽으로 사선이 될 수 있도록 위치하여 엄지환에 엄지 완충 면을 가볍게 걸쳐 넣는다.

이때 검지와 소지를 안으로 굽혀 주어 가위를 개폐할 때에 가위 끝이 검지의 두 관절보다 밖으로 빠져나가지 않도록 한다.

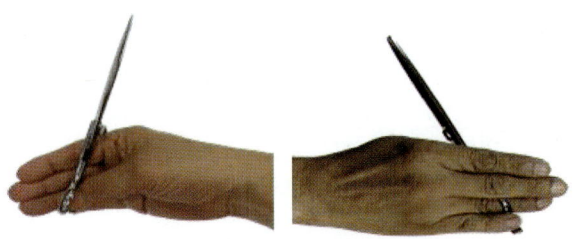

[그림 1-6] 가위 잡는(개폐) 방법

(3) 테이퍼 가위(taper scissors)

가윗날의 요철이 있어 짧고 긴 모발이 뚜렷하고 규칙적으로 교차 되도록 커트하며 모발의 모량과 질감 조절을 동시에 가능하며, 부피를 줄이고 다양한 질감 형태를 형성하여 머리형에 생동감을 주는 테크닉이다.

테이퍼 가위 사용법	
엔드테이퍼링 (end tapering)	패널의 끝에서 1/3 지점부터 테이퍼링 하는 것
노멀 테이퍼링 (normal tapering)	패널의 1/2 지점부터 테이퍼링 하는 것
딥 테이퍼링 (deep tapering)	패널의 안쪽 2/3 지점부터 테이퍼링 하는 것

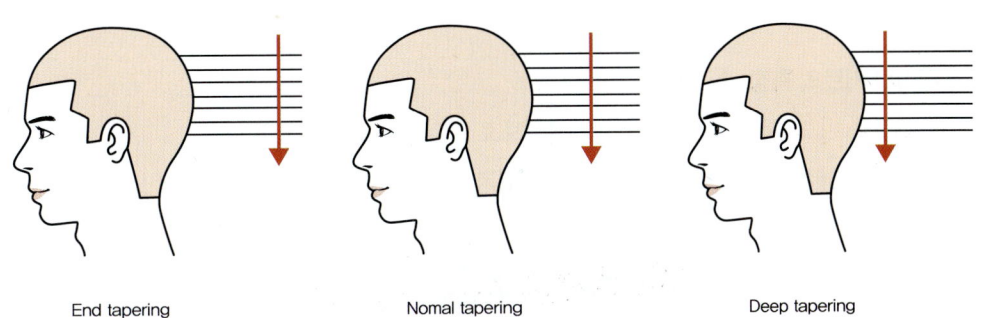

2) 클리퍼(Clipper)

(1) 클리퍼의 개요

① 1871년 바리캉을 만든 프랑스 국적의 '바리캉 마르'라는 회사의 명칭이 제품이름으로 전용되어왔다. 흔히 '바리깡'이라고 하며 최근에는 클리퍼(Clipper)로 명칭하고 커트할 때 사용하는 전동식 기계이다.

② 1910년경 일본을 통해 국내로 보급되었다.

③ 초기 수동기계식 단수기에서 양수기(핸드 클리퍼)로, 현재는 전기 클리퍼로 발전되어 사용되고 있다.

④ 작동 원리로 고정된 밑날과 움직이는 윗날이 좌우로 교차하면서 모발을 절단시킨다.

⑤ 몸체, 모터, 배터리, 블레이드(커트날)로 구성된다.

⑥ 사용 후 머리털을 제거하고 소독수에 잠시 잠가 두었다가 마른 거즈로 수분을 제거하고 날 부분은 오일을 주유해서 소독장에 보관한다.

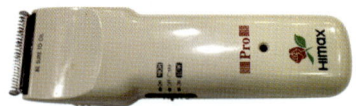

[그림 1-7] 클리퍼

3) 커트용 레이저(Lazor)

(1) 레이저의 종류

① 일반용 레이저 : 날 부분에 안전커버 장치가 없는 레이저로 커팅되어 모발의 양이 많아 숙련자에게 적합하다.

② 셰이핑 레이저 : 날 부분에 안전커버 보호장치가 있어 초보자가 사용하기에 적합하다.

(2) 레이저 커트의 특징

① 모발을 비스듬히 커트되어 모발 끝이 세로로 갈라지는 단점이 있다.

② 모발 끝의 질감 처리로 인해 가벼운 움직임과 자연스러움을 표현할 수 있다.

[그림 1-8] 커트용 레이저

4) 빗(comb)

머리를 빗을 때 쓰는 도구로 슬라이스나 섹션을 나눌 때 사용한다. 커트 빗의 얼레 살은 반복 빗질과 모발을 가지런히 정돈하고, 고운 살은 정교하게 커트할 때 용이하다.

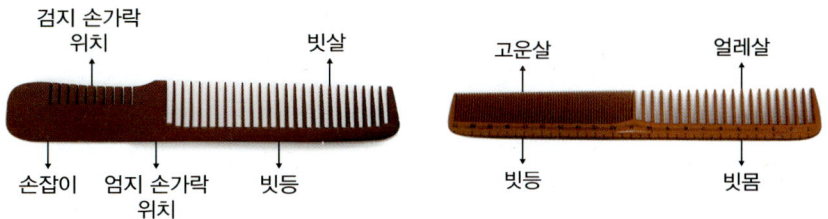

[그림 1-9] 빗의 구조와 명칭

(1) 빗의 구조와 명칭
① 고운살 : 고운 빗살, 정교하게 빗질하여 커트할 때 사용
② 얼레살 : 넓은 빗살, 엉킨 모발을 빗거나 블로킹을 나눌 때 사용
③ 빗살 : 끝이 가늘고 빗살두께와 간격이 일정한 것을 선택
④ 빗몸 : 일직선으로 적당한 탄력도가 있는 제품으로 선택
⑤ 빗살끝 : 너무 뾰족하지 않은 적당한 탄력도가 있는 제품으로 선택

5) 스티머(steamer)
온습작용으로 모공을 개방해서 두피 노폐물 배출을 용이하게 하여 피부 보습효과가 있다.

6) 적외선 조사기
가시광선 바깥쪽에 있는 파장이 800nm~25,000nm 정도로 긴 파장의 방사선이다.
적외선의 온열작용으로 체내 신진대사에 촉진에 도움이 있다.

7) 샴푸대
두피 및 모발을 깨끗하게 세정할 때 사용하는 기구이다.

8) 소독기
자불 소독, 자비소독, 건열멸균 소독, 증기소독, 자외선소독. 화학적 소독 등 소독을 하기위한 기구이다.

UNIT 04 : 세발술

1 샴푸

1) 헤어 샴푸의 목적 및 효과

① 머리를 '감다' 또는 '씻어내다' 라는 의미로 모든 모발 시술의 기초과정
② 두피, 모발에 있는 이물질 및 오염물을 제거
③ 두피의 적당한 자극을 주어 신진대사 촉진, 모발의 발육을 촉진하는 효과 증대

2) 샴푸제의 성분

① 계면활성제 : 샴푸의 주요성분이며 세정효과와 기포형성의 역할
② 첨가제 : 점증제, 기포증진제, 방부제, 살균제, pH조정제 등

계면활성제(surfactant)의 종류

종류	특성
음이온성 계면활성제	기포작용과 세정작용이 뛰어남(샴푸, 비누, 클렌징폼)
양이온성 계면활성제	살균, 소독작용, 보습, 대전방지(헤어린스, 트리트먼트)
양쪽성 계면활성제	세정력, 자극성이 적당(유아용제품 및 샴푸제)
비이온성 계면활성제	유화 효과가 강함, 유화제로 사용(헤어크림, 트리트먼트)

3) 헤어 샴푸의 종류 및 특징

(1) 웨트샴푸(wet shampoo)(물을 사용)

  ① 플레인 샴푸
- 합성세제, 비누 등을 도포 후 물로 씻어내는 일반적인 샴푸 방법

  ② 핫오일 샴푸
- 손상 모 치유, 건성 모발, 건성 두피에 사용
- 식물성 오일(올리브유 아몬드유 등)을 두피 및 모발에 도포 후 마사지
- 플레인 샴푸 전에 시술

  ③ 에그 샴푸
- 탈염, 염색 실패, 민감성 두피에 사용
- 생달걀을 사용하여 샴푸 하는 방법
- 흰자는 세정 작용 노른자는 영양분 공급

  ④ 토닉 샴푸
- 혈액순환, 비듬 예방 및 두피와 모발의 생리 기능을 높이기 위해 사용

(2) 드라이 샴푸(Dry shampoo)(물을 사용하지 않음)

  ① 주로 위그(wig 가발)나 몸이 불편한 환자에게 사용됨.
  ② 파우더 드라이 샴푸(powder dry shampoo)
  ③ 리퀴드 드라이 샴푸(liquid dry shampoo)

(3) 모발 상태에 따른 샴푸

  ① 논스트리핑 샴푸 : pH가 낮은 저자극성 샴푸, 손상 모발, 화학 시술에 노출된 모발에 적합한 샴푸
  ② 프로테인 샴푸 : 누에고치에서 추출한 성분과 난황 성분을 함유한 샴푸
  ③ 안티 댄드러프 샴푸 : 비듬제거 전용 샴푸

(4) pH에 따른 샴푸

  ① 산성 샴푸 : pH 4.5로 저 자극성 샴푸, 약한 모발, 손상 모발, 화학 시술에 노출된 모발에 적합
  ② 중성 샴푸 : pH 7, 펌 시술, 염색 시술 전에 사용
  ③ 알칼리성 샴푸 : pH 7.5~8.5 일반적인 샴푸로 세정력이 우수하여 청소년, 지방성 모발에 적합

4) 샴푸 작업의 종류

① 좌식 샴푸

고객이 의자에 앉아 있는 상태에서 샴푸를 시술하는 방법으로 고객의 얼굴이나 목덜미에 샴푸제와 물이 흐르지 않도록 적당량 사용하고 주의하여 시술한다.

② 와식 샴푸

고객이 샴푸 대에 머리를 두고 엎드린 상태에서 샴푸를 시술하는 방법으로 샴푸 시술 전에 물의 온도를 체크하고 귀나 목으로 샴푸제와 물이 흐르지 않도록 주의하여 시술한다.

5) 헤어 샴푸 방법

(1) 샴푸 순서

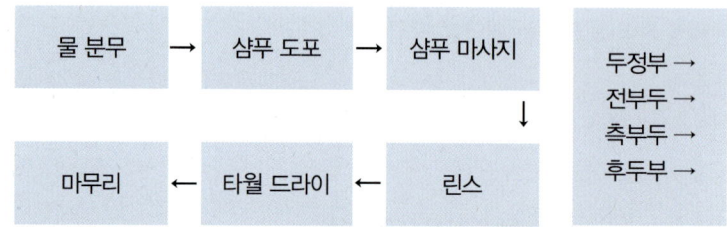

(2) 샴푸 시 유의사항

① 샴푸 시 적당한 물의 온도는 약 35~38℃로 물의 온도가 너무 뜨겁거나 차가워 고객이 위험하거나 불편하지 않도록 하여야 한다.

② 두피 손상이 오지 않도록 손톱이 아닌 손가락 끝으로 꼼꼼하게 마사지하듯이 문지르면서 두피를 씻어준다.

③ 시술 시 테크닉이나 매니플레이션이 강하거나 약하지 않은지 체크하며 진행한다.

6) 샴푸 및 린스 작업

(1) 샴푸 작업

① 샴푸 시 적당한 물의 온도는 35~38℃이다.

② 두피 손상이 오지 않도록 손톱으로 문지르지 말고 손가락 끝마디 부분으로 가볍게 문지르며 마사지한다.

③ 어깨 힘을 빼고 손목을 가볍게 움직여 고객이 편안함을 느낄 수 있어야 한다.
④ 균등한 힘으로 동시에 움직이면서 너무 빠르지 않은 속도로 진행한다.

(2) 샴푸 시술 테크닉
① 손목으로 물 온도를 체크 한다.
② 두부 전체에 물을 골고루 뿌려준다.
③ 적당량의 샴푸제를 손에 덜어서 거품을 내어 두상 전체에 골고루 도포 한다.
④ 두상 전체를 골고루 샴푸 테크닉(지그재그)으로 시술한다.
⑤ 샴푸 테크닉 순서 : 두정부-전두부-측두부-후두부 순으로 진행한다.

7) 헤어 린스

(1) 헤어 린스의 목적
① 린스는 헹구다 라는 뜻으로 샴푸 후 모발에 잔존하고 있는 금속성 피막을 제거한다.
② 모발에 유분 코팅막을 형성하여 부드럽고 윤기 있게 만들어 모발이 엉키는 것을 방지한다.
③ 정전기 발생을 막아주고, 자외선을 차단하는 역할을 한다.

(2) 헤어 린스의 종류
① 플레인 린스(plain rinse)
퍼머넌트웨이브나 헤어 컬러링 등 시술 전 미온수만 사용하는 방법이다.
② 산성 린스(acid rinse)
퍼머넌트웨이브나 헤어 컬러링 등 시술 후 알칼리화된 모발을 중화 하기 위해 사용한다.

(3) 린스 작업
① 린스 제를 적당량 손에 덜어서 모발에 도포한다.
② 두피를 손가락 끝으로 마사지한다.
③ 두피 전체에 원을 그리듯이 충분히 마사지한다.
④ 두부의 정중선을 중심으로 가볍게 지압한다.
⑤ 두부를 전체적으로 가볍게 튕겨준다.
⑥ 두피와 모발에 도포된 린스 제를 깨끗이 씻어낸다.

UNIT 05 : 이발(조발)

1 이용의 기초지식

1) 이발 시술 과정

이용사가 고객에게 시술을 완성하기까지 거치는 경로, 즉 제작하는 순서를 이용의 과정이라고 한다.

① 소재 : 카운슬링을 통한 고객의 개성 및 요구사항 파악, 개성미를 파악하기 위한 첫 단계
② 구상 : 카운슬링을 통한 고객의 개성에 맞는 적절한 디자인 구상
③ 제작 : 이용사의 예술적 자질을 갖춘 구상을 통한 행동과정
④ 보정 : 시술을 완료한 후 미적 조화를 위한 수정 및 보완하는 마무리 과정

※ Tip
T.P.O : 시간(time), 장소(place), 상황(occasion)

2) 시술 작업자의 자세

① 기본자세 : 시술자는 양발이 어깨너비 폭으로 유지하고, 등을 곧게 펴서 올바른 자세를 유지한다.
② 작업 대상의 높이 : 이용시술자의 심장의 높이와 평행하도록 유지한다.
③ 작업 대상자와의 거리 : 거리는 작업자의 거리는 25~30㎝를 유지하면서 작업한다.
④ 힘의 안배 : 시술자는 어깨, 팔꿈치, 손목, 손가락, 등 신체의 각 부분에 적정하게 힘을 배분하면서 작업한다.
⑤ 적절한 자세 : 시술자는 이발 의자와 거리는 주먹 한 개 정도로 유지하며 특정 근육의 부담을 줄이고 몸의 균형을 유지하도록 한다.

2 이발 도구의 사용법(가위, 클리퍼, 빗)

1) 가위 사용법

① 고정날에 연결된 약지고리에 오른손 약지를 끼운다.
② 동날에 연결된 엄지고리에 오른손 엄지를 살짝 걸치듯이 끼운다.
③ 가위날은 동날만 움직이고 나머지 손가락은 가지런하게 고정한 채 움직이지 않고 정날의 힘을 받쳐주는 역할을 한다.
④ 커트 후 가위날을 닫고 엄지를 빼고 가볍게 가위를 쥔다.
⑤ 엄지와 검지, 중지를 사용하여 빗을 잡고 빗질을 한다.

2) 클리퍼 사용법

(1) 클리퍼 잡는 방법(기본 방법)

① 오른손
  ㉠ 오른손 엄지를 클리퍼 위에 얹는다.
  ㉡ 오른손 검지는 클리퍼 아래부분 날 쪽에 위치한다.
  ㉢ 어깨, 팔꿈치, 손목에 힘을 빼고 나머지 손가락으로 클리퍼 밑 부분을 가볍게 잡는다.
② 왼손
  ㉠ 왼손 검지를 가볍게 클리퍼 날 옆에 댄다.
  ㉡ 엄지를 클리퍼 위에 가볍게 올려 균형을 잡는다.
  ㉢ 검지와 중지 사이에 커트 빗을 가볍게 잡는다.

(2) 오버콤(Over-comb) 기법

① 빗을 대고 빗살 위로 올라온 모발을 커트하는 기법이다.
② 클리퍼 날을 빗 등에 대고 우측에서 좌측으로 밀어준다.
③ 연속깎기, 돌려깎기 기법으로 빗을 위로 올리면서 연속적으로 커트한다.

(3) 빗 사용법

① 두발 빗질 시 : 빗 손잡이 등 위에 검지를 대고 두상의 곡면을 따라 빗질한다.

② 두발 커트 시
　㉠ 왼손 엄지손가락으로 빗 손잡이 등에 대고 빗살 끝이 위로 향하게 한다.
　㉡ 왼손 검지손가락으로 빗 손잡이 빗살 쪽을 잡고 빗살 끝이 위로 향하게 한다.
　㉢ 중지, 약지, 소지 마디를 밑으로 접지 말고 살짝 위로 향하게 한다.
　㉣ 디자인에 따라 빗살 끝은 고객 쪽으로, 빗 등은 시술자 쪽으로 향하여 각도를 다양하게 할 수 있다.

(4) 빗과 가위 사용 테크닉
① 거칠게 깎기 : 둥근 스포츠형 커트에서 사용하는 초벌 깎기 방법
② 지간 깎기 : 빗질한 모 다발을 왼손 검지와 중지 사이에 끼우고 커트하는 방법 (손등을 향해 자르는 아웃 커트와 손바닥을 향해 자르는 인 커트가 있다)
③ 떠올려 깎기(떠내깎기) : 아래서부터 빗으로 모발을 떠내어 빗살 밖으로 나온 모발을 잘라 형태를 만들며 상향으로 커트하는 방법
④ 연속 깎기 : 두피 면에 따라 빗을 전진시키면서 연속적으로 커트하는 방법
⑤ 밀어 깎기 : 가윗날의 끝은 왼손의 엄지 바닥 면 위에 고정한 후 앞쪽으로 진행하며 연속으로 커트하는 방법
⑥ 소밀 깎기 : 네이프 부분을 소형 빗살 위에 가위를 대고 연속 깎기를 하는 방법 (음영을 조절할 때 시술한다.)
⑦ 수정 깎기 : 스타일 마무리 시에 커트하는 방법

3) 이발, 가위 테크닉 기법
① 블런트 커트 : 커트용 가위를 사용하여 직선으로 커트하는 방법(클럽 커트)
② 틴닝 : 틴닝가위로 모발의 길이는 자르지 않고 숱만 감소시키는 방법
③ 싱글링 : 빗을 대고 가위를 개폐하면서 빗에 끼어있는 모발을 커트하는 방법
④ 테이퍼링 : 모발 끝을 감소시켜 붓처럼 가늘어지게 하는 방법
- 엔드테이퍼링 (end tapering) : 패널의 끝에서 1/3 지점부터 테이퍼링 하는 것
- 노멀 테이퍼링(normal tapering) : 패널의 1/2 지점부터 테이퍼링 하는 것
- 딥 테이퍼링(deep tapering) : 패널의 안쪽 2/3 지점부터 테이퍼링 하는 것

⑤ 스트로크 커트 : 곡선 날 가위로 테이퍼링 하여 불규칙한 흐름을 연출하는 방법

⑥ 포인팅 : 가위로 모발의 끝부분을 사선 커트하여 자연미를 연출하는 방법

⑦ 클리핑 : 클리퍼나 가위로 삐져나온 모발을 자르는 방법

⑧ 슬리더링 : 커트용 가위로 모발의 길이는 변화를 주지 않고 모발의 양을 감소시키는 방법

⑨ 트리밍 : 헤어디자인 형태를 만든 후 추가로 다듬고 정돈하는 방법

4) 레이저(razor) 커트 테크닉 기법

① 아킹(arcing)기법 인사이드 테이퍼(inside taper)
- 모발 스트랜드(strand)의 안쪽에서 테이퍼링 하는 방법으로 안말음 효과가 있다.
- 인사이드 테이퍼를 딥(deep), 노멀(normal), 엔드(end) 테이퍼링 할 수 있다.

② 에칭(etching)기법 아웃사이드 테이퍼(outside taper)
- 모발 스트랜드(strand)의 바깥쪽에서 테이퍼링 하는 방법으로 겉말음 효과가 있다.
- 아웃사이드 테이퍼를 딥, 노멀, 엔드 테이퍼링 할 수 있다.

③ 엄지 깎기 기법 레이저 블런트 커트(razor blunt cut)
- 엄지손가락 중심으로 레이저를 사용해 모발을 90° 이상으로 꺾어 자르는 동작이다.

④ 펜슬 잡기 기법 보스 사이드 테이퍼(both side taper)
- 모발 스트랜드(strand)의 안쪽과 바깥쪽 모두에서 테이퍼링 하는 것으로 인사이드 테이퍼와 아웃사이드 테이퍼를 같이 하는 방법이다.
- 가벼운 끝맺음으로 모발 끝의 움직임이 자유롭다.

⑤ 펜슬 잡기 기법 라이트 사이드 디렉션(right side direction)
- 레이저가 스트랜드(strand)의 왼쪽에서 들어가 오른쪽으로 이동하면서 테이퍼링 하는 것으로, 오른쪽이 길어지며, 모발은 긴 쪽에서 짧은 쪽으로 움직임이 만들어진다.

⑥ 펜슬 잡기 기법 레프트 사이드 디렉션(left side direction)
- 레이저가 스트랜드(strand)의 오른쪽에서 들어가 왼쪽으로 이동하면서 테이퍼링 하는 방법으로 왼쪽이 길어진다.

3 이발의 종류와 작업

종류	작업
단발형 이발 (하상고)	가위를 사용하여 센터 포인트 C.P 8~9cm 톱 포인트 T.P 6~7cm 골덴 포인트 G.P 7~8cm로 머리카락이 귀 부분을 덮지 않은 단정한 머리형으로 조발한다.
단발형 이발 (중상고)	가위와 전기 클리퍼를 사용하여 센터 포인트 C.P 7~8cm 톱 포인트 T.P 5~6cm 골덴 포인트 G.P 6~7cm 지간 깎기 후 한단부 떠내 깎기 한다. 클리퍼로 네이프라인 3cm 이하 사이드라인 2cm 이하로 올려 깎기 한 후 클리퍼 커트한 부위를 가위만 사용하여 싱글링 그라데이션 커트한다.
짧은 단발형 (둥근형)	빗과 전기 클리퍼를 사용하여 센터 포인트 C.P 3~4cm 톱 포인트 T.P 2~3cm 골덴 포인트 G.P 3~4cm 커트한다. 클리퍼로 네이프라인 4cm 사이드라인 3cm로 올려 깎기 한 후 숱 고르기와 수정 커트하되, 숱 고르기 시 틴닝가위를, 수정 커트 시 클리퍼와 장가위를 사용하여 커트할 수 있다.

※ 이용사 실기시험은 단발형 이발 (하상고), 단발형 이발(중상고), 짧은 단발형(둥근형) 중에서 시험장에서 출제위원이 지정하는 하나의 과제를 출제한다.

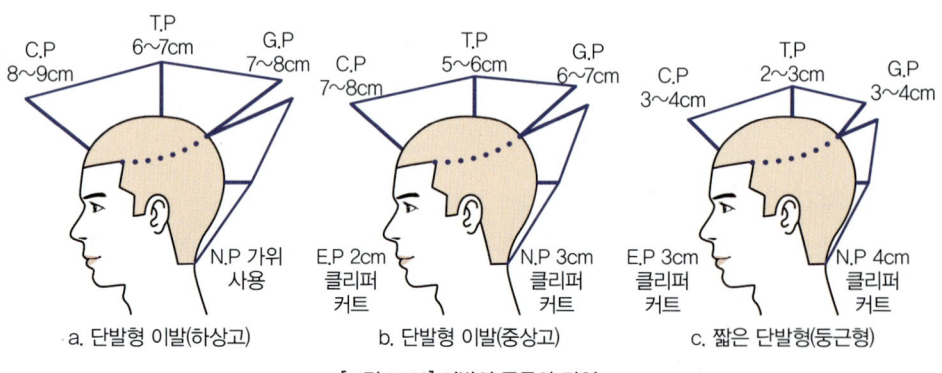

a. 단발형 이발(하상고)　　b. 단발형 이발(중상고)　　c. 짧은 단발형(둥근형)

[그림 1-10] 이발의 종류와 작업

UNIT 06 : 면체술(면도)

1 면도의 정의

(1) **면체의 정의** : 고객의 구레나룻, 콧수염, 턱수염을 깎거나 다듬어 스타일을 내는 시술

(2) **면도기의 구성** : 면도기 손잡이, 헤드, 면도날

2 안면 피부분석

면체 시술 과정에서 피부 자극을 최소화하기 위해 스티밍(물수건, 습포)을 충분히하여 피부와 수염을 부드럽게 한 후 면도에 의한 피부 손상 및 상처를 예방한다.

3 면도 작업

(1) 면도기 잡는 법

종류		특성
프리 핸드 (Free Hand)		기본으로 잡는 방법이며, 면도 자루를 엄지와 검지로 잡고 자루 끝부분을 약지와 소지 사이에 끼우는 방법
펜슬 핸드 (Pencil Hand)		면도기를 검지와 중지 사이에 끼어 연필을 잡듯이 칼머리 부분을 밑으로 해서 잡는 방법. 연필 면도칼이라고도 한다.
스틱 핸드 (Stick Hand)		면도기 손잡이를 일직선으로 잡고 몸체와 손이 일직선으로 움직이는 방법
푸시 핸드 (Push Hand)		면도기날 부분이 바깥쪽으로 방형을 돌려 면도기 몸체를 밀어주는 방법
백핸드 (Back Hand)		프리핸드 잡기에서 손 안쪽이 앞으로 향하도록 하고 면도기날 방향을 오른쪽으로 하여 면도기 손잡이를 반바퀴만 돌려 잡는 방법

(2) 안면 관리
　① 얼굴 기초화장의 목적 : 면도로 인해 예민해진 피부에 수분과 영양을 공급하여 피부를 보호해 준다.
　② 기초 화장품의 효과

세안작용	노폐물 및 이물질을 제거하여 피부를 청결하게 만드는 작용
피부정돈	세정제로 인한 pH 밸런스를 컨트롤 하고 유, 수분과 영양을 공급하여 피부 상태를 정돈하는 작용
피부보호	면도로 인한 자극과 이물질로부터 피부를 보호하는 작용

UNIT 07 : 정발술(헤어스타일링)

1 정발술(헤어스타일링, 헤어세팅)

1) 개념

(1) 블로 드라이의 의미

드라이어(dryer) 수분을 제어하면서 각종 빗과 브러시를 사용하여 텐션과 각도에 따라 모류의 방향과 볼륨감 형태로 헤어스타일을 연출하는 작업이다.

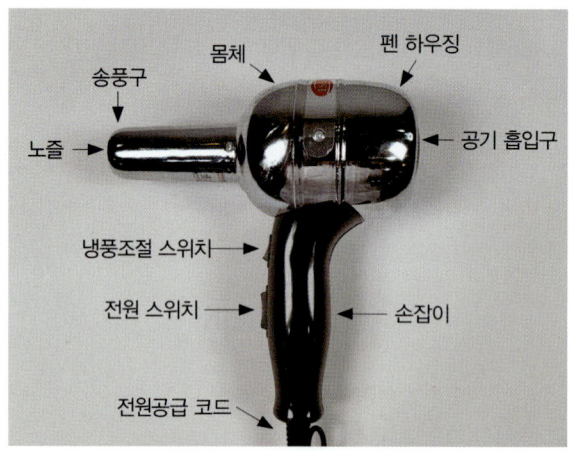

[그림 1-11] 드라이기의 구조

2) 헤어 세팅의 종류

① 오리지널세트(Original set)
- 헤어스타일의 기본이 되는 세팅의 방법
- 종류 : 헤어파팅, 헤어셰이핑, 헤어컬링, 롤러컬링, 컬핀닝

② 리셋(Reset)
- 완성된 헤어스타일링을 빗이나 브러시로 마무리하는 작업
- 종류 : 콤아웃(빗으로 마무리), 브러시아웃(브러시로 마무리)

2 디자인

1) 가르마의 기준

① 4:6 가르마 : 눈 안쪽을 기준으로 가르마를 나눔(네모 얼굴형)
② 5:5 가르마 : 얼굴의 정중선(코끝)을 기준으로 가르마를 나눔(장방 얼굴형)
③ 7:3 가르마 : 눈썹을 중심으로 가르마를 나눔(둥근 얼굴형)
④ 8:2 가르마 : 눈꼬리를 기준으로 가르마를 나눔(긴 얼굴형)

2) 브러시와 빗 사용방법

① 빗살의 폭만큼 모류 흐름의 반대 방향으로 이동해서 모근 부분을 잡아서 세워 준다.
② 빗살에 잡혀있는 모발의 원하는 부분에서 굴려 드라이어 열을 전도시킨다.
③ 모발 끝부분은 이전에 시술된 스타일에 맞게 연결시켜 준다.

3 아이론(Iron)과 블로 드라이

1) 아이론

전원을 공급하여 프롱(prong)으로 열이 전달되며 모발을 잡아줄 수 있는 그루브(groove)와 균형감을 잡아주는 역할을 하는 손잡이로 이루어져 있다.

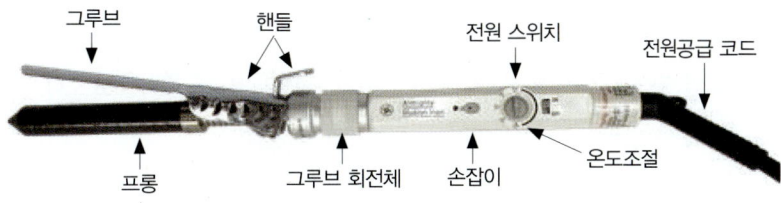

[그림 1-12] 아이론의 구조와 명칭

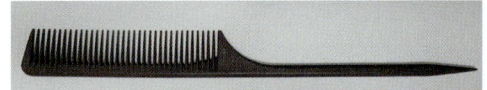

[그림 1-13] 아이론 빗

(1) 헤어 아이론의 목적
　① 곱슬머리 교정할 수 있다.
　② 볼륨을 풍성하게 형성시킬 수 있다.
　③ 거친 모발 및 모류의 교정 효과를 볼 수 있다.
　④ 모발에 변화를 주어 임의의 형대로 만들 수 있다.

(2) 아이론의 사용법
　① 적정 온도 : 120~140℃
　② 과열된 아이론을 식히는 방법 : 핸들을 잡고 아래 방향으로 회전시키면서 열을 식힌다.

(3) 아이론 빗의 기능과 사용법
　① 모발을 가지런히 빗질하여 흩어짐과 날림을 방지한다.
　② 프롱의 지름만큼 슬라이스하여 웨이브의 폭을 균등하게 조절한다.
　③ 빗의 위치는 항상 아이론 밑에 넣어 두피의 화상을 방지해야 한다.

2) 블로 드라이

(1) 블로 드라이의 이해
헤어 드라이기의 열풍과 냉풍으로 수분을 제어하면서 각종 빗과 브러시를 사용하여 텐션과 회전력으로 모류의 방향, 볼륨감 등을 형대로 헤어스타일을 연출하는 작업이다.

(2) 블로 드라이의 주요 요소
블로 드라이 작업은 습도 제어, 텐션(모발에 가해지는 힘), 온도, 각도가 중요한 요소다.

(3) 블로 드라이 시술 순서

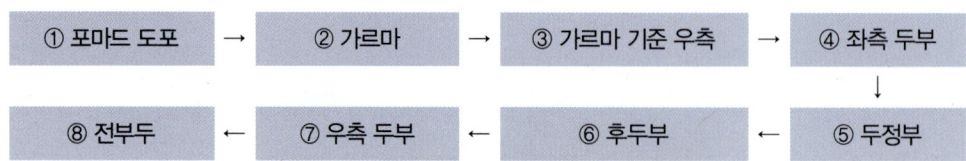

① 포마드 도포 → ② 가르마 → ③ 가르마 기준 우측 → ④ 좌측 두부 ↓
⑧ 전부두 ← ⑦ 우측 두부 ← ⑥ 후두부 ← ⑤ 두정부

UNIT 08 : 스캘프 케어

1 두개피 관리

1) 두개피 관리의 개요

(1) 정의

스캘프 매니플레이션은 '근육을 마사지하다'라는 뜻으로 두피 상태에 따른 두피 손질 및 두피 처치나 처리 과정 (두피의 건강과 모발의 성장을 원활하게 도와주는 관리방법)

(2) 두개피 관리의 효과

① 두피가 자극되어 두피의 신진대사 촉진이 활성화된다.
② 두피의 이물질 및 오염물을 제거하여 두피의 생리기능이 촉진된다.
③ 두피에 영양분을 공급하여 모발의 성장과 발육에 도움을 준다.

2) 두개피 진단 및 관리

(1) 두피 진단

① 문진 : 고객과의 대화 상담 또는 고객 카드 상담으로 고객의 상태를 관찰하고 질문과 응답을 통해 가족력, 과거 병력, 과거 치료법 등을 상세히 체크하여 이상 상태를 파악하는 방법이다.
② 견진(시진) : 확대경이나 육안으로 고객의 두피 및 모발을 관찰하여 홍반, 피지분비 상태, 발진 여부 등의 이상 상태를 파악하는 방법이다.
③ 촉진 : 고객의 두피 및 모발을 손으로 만져서 두피의 탄력, 피지 분비량, 각질 등의 이상 상태를 파악하는 방법이다.

이 외에 진단기를 이용하여 고객의 두피 및 모발의 이상 상태를 관찰하는 방법이있다.
검사 상황을 모니터를 통해 고객에게 직접 보여 줌으로써 두피 및 모발의 문제 점을 파악하고 진단하는 데 있어 고객이 쉽게 이해할 수 있다는 장점을 가진다.

두피 진단

종류	특성
정상 두피	• 두피톤 : 맑은 청백색이나 우윳빛의 연한 살색으로 보인다. • 모공상태 : 각질이나 불순물이 없고 모공이 열려있고 깨끗하다. • 모발개수 : 한 모공에 2~3가닥의 모발이 전체 두피의 50% 이상이다. • 수분함량 : 10~20% 정도이다.
건성 두피	• 두피톤 : 두피가 건조하며 각질이 쌓여 있어 두피의 색상이 탁하다. • 모공상태 : 유·수분이 부족하여 건조한 상태로 각질이 들떠있으며 두피가 갈라져 있는 상태이다 • 수분함량 : 10% 미만이다.
지성 두피	• 두피톤 : 약간의 황색 톤이며 얼룩 현상이 관찰된다. • 각질 정도 : 과다한 피지분비로 인해 과산화 지질이 생성되어 두피 표면이 투명감이 없고 둔탁한 상태이다. • 모공상태 : 피지가 모공에 고여 있어 모공을 막고 있다. • 수분함량 : 20% 이상이다.
비듬성 두피	• 두피톤 : 백색톤 혹은 황색 톤으로 불투명하다. • 모공상태 : 각질세포의 이상증식으로 인해 비듬이 모공 주변을 막고 있다. • 비듬상태 : 작은 입자(건성비듬), 큰 입자(지성비듬)
탈모 진행형 두피	• 두피 톤 : 피지분비가 많고 황색톤이다. • 모발굵기 : 굵기가 가늘어 보인다. • 모공수 : 정수리 부위에 빈모 공수가 관찰된다. • 모발탄력 : 탄력이 없어 두피에 밀착되어 보인다.

(2) 두개피 관리

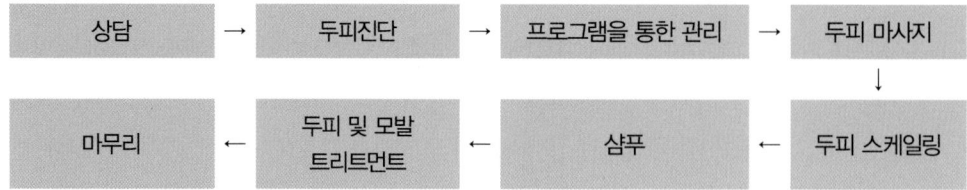

① 물리적인 자극을 이용하는 방법

빗이나 브러시로 두피와 모발을 자극하는 방법 손가락과 손바닥으로 두부 전체를 마사지하는 방법(스캘프매니플레이션) 스팀타월이나 헤어 스티머를 이용하는 온열 방법이다.

② 양모제를 사용하는 방법

헤어 로션, 헤어크림, 헤어토닉, 베이럼 등 제품을 사용하여 모근에 영양 공급과 자극을 주어 모발의 성장을 촉진하고 모발의 탈락을 저지하는 목적으로 사용하는 방법이다.

2 스캘프 매니플레이션(Scalp manipulation)

1) 스캘프 매니플레이션

두피의 정상적인 활동 유지와 두피 건강 증진 및 예방 수단으로 진행하는 마사지로 두피 건강, 탈모 예방, 발모 촉진 효과를 주는 활동이다.

2) 스캘프 매니플레이션 기본동작

스캘프 매니플레이션 기본 동작

종류		특성
강찰법		강한 자극으로 이마에서 후두부까지 두피를 쓰다듬는 방법
경찰법		가벼운 자극으로 이마에서 후두부까지 두피를 쓰다듬는 방법
유연법		강한 유연법, 압박 유연법으로 두피를 주무르거나 들어 올리는 동작
마찰법		압을 주면서 피부를 마찰하는 방법
진동법		손이나 바이브레이터(전기 진동기) 사용하여 피부를 진동시키는 방법
고타법	커핑	손바닥을 컵 모양으로 구부려서 두드리는 방법
	슬래핑	손바닥을 사용하여 두드리는 방법
	태핑	손가락의 바닥면을 사용하는 방법
	해킹	손바닥과 새끼손가락 측면으로 두드리는 방법
	비팅	주먹으로 살짝 비트는 방법

3 모발관리

1) 모발 굵기에 따른 종류

① 취모 : 굵기가 0.02mm이며 배냇머리이다. 모태에 있을 때 4~5개월까지 전신에 발모 된다.
② 연모 : 굵기가 0.08mm이며 솜털이다. 멜라닌 색소가 적어 연갈색을 띠고 있다.
③ 중간모 : 연모와 성모의 중간 굵기인 모발이다.
④ 성모(경모) : 굵기가 0.15 ~0.20mm이며 성인의 머리털, 눈썹, 수염, 음모 등 건강하고 굵은 성인의 모발이다.

2) 모발 형태에 따른 종류

① 직모 : 단면이 원형이며 모낭이 꼿꼿하여 모발이 곧은 것으로 주로 동양인에게 나타나는 모발이다.
② 파상모 : 단면이 타원형이며 모낭이 한쪽이 휘어지게 자라 모발이 곱슬거리는 것으로 주로 서양인에게 나타나는 모발이다.
③ 축모 : 단면이 납작한 타원형이며 모낭 피부 표면으로 휘어지게 자라 모발이 많이 곱슬거리는 것으로 주로 흑인에게 나타나는 모발이다.

3) 모발 주기 및 성장 속도

발생 부위와 모주기		발생 부위와 성장 속도		
종류	수명	종류	1일 성장(mm)	1개월 성장(mm)
모발 수명	남성 3~5년 여성 4~6년	모발	0.35~0.40	10.5~12.0
수염	2~3년	수염	0.38	11.4
액와모	1~2년	액와모	0.23	6.9
음모	1~2년	음모	0.20	6.0
눈썹	4~5개월	눈썹	0.18	5.4
속눈썹	3~4개월	속눈썹	0.18	5.4
솜털	2~4개월	–	–	–

4) 모발에 따른 관리 및 방법

① 헤어 클리핑 (hair clipping)

모발 끝의 모표피가 갈라지거나 벗겨진 부분을 제거하는 방법으로, 모발의 스트랜드를 지간 자르기 인커트로 잡은 후 90° 이상 꺾어 삐져나온 부분의 갈라진 모발을 잘라낸다.

② 헤어 리컨디셔닝(hair reconditioning)

모발을 손상 이전의 건강한 상태로 되돌려 주는 방법으로 모발 상태에 따라 크림 컨디셔너 혹은 핫오일 트리트먼트를 사용한다. 브러시 헤어 스티머, 히팅 캡 등을 사용한다.

③ 신징(singing)

온열 자극을 통해 갈라지거나 부스러진 모발의 모피질에 남아 있는 영양분이 빠져나가지 않도록 하고, 두피의 혈액순환을 촉진시키는 방법으로 신징 기기나 신징 왁스를 사용한다.

④ 헤어 팩(hair pack)

다공성 모나 손상 모에 용이한 방법으로 건강한 모발을 위해 영양 성분을 공급한다.

UNIT 09 : 매뉴얼 테크닉

1 매뉴얼 테크닉 기초

1) 목적

매뉴얼 테크닉은 (마사지)로도 불리며 어원은 그리스어의 masso(문지르다, 주무른다)에서 시작되었다. 고객의 근육조직을 주무르고 문지르는 방법으로 신체조직의 기능을 회복시키고 혈액순환과 신진대사를 촉진시켜 건강한 피부 유지에 목적이 있다.

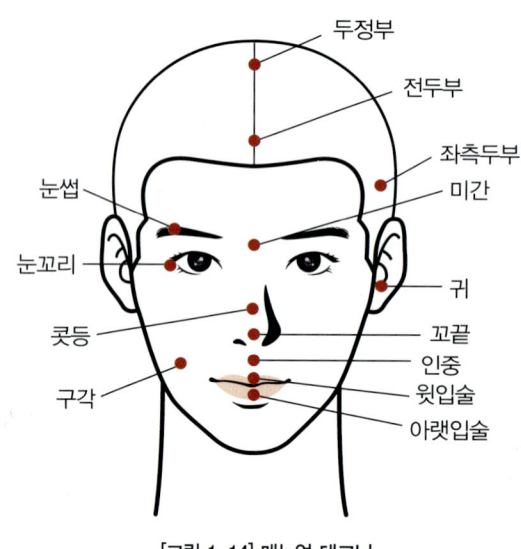

[그림 1-14] 메뉴얼 테크닉

2) 방법 및 효과

(1) 경찰법(stroking or effleurage, 쓰다듬기·문지르기)
　① 방법 : 손바닥을 이용하여 피부 표면을 쓰다듬는 동작으로 피부 표면에 모세혈관을 확장시켜 혈액을 피부 표면에 많이 흐르게 하며 신경을 알맞게 자극한다.
　② 효과 : 진정효과, 림프 배액 촉진 효과, 노화 각질을 제거하므로 세정효과, 켈로이드 생성 억제 효과가 있다.

(2) 강찰법 (friction, 강하게 문지르기)

① 방법 : 쓰다듬기보다 조금 더 깊은 조직에 효과가 있으며 주름이 생기기 쉬운 부위에 주로 많이 실시, 손가락의 첫마디 부분을 이용하여 나선을 그리듯 움직이는 동작, 주로 중지(3번째), 약지(4번째)를 많이 쓴다.

② 효과 : 조직의 혈행촉진, 결합조직을 강화, 탄력 있게 모공의 피지 배출이 잘되게 한다.

(3) 유연법(petrissage, 주무르기)

① 방법 : 피부를 반죽하듯 주무르는 방법으로 무릎관절 및 머리 부분을 제외한 모든 신체 부위에 사용된다. 보통 주무르기의 니딩(kneading)과 당기면서 주무르는 풀링(pulling)이 있다.

② 효과 : 근육의 혈행을 좋게 하므로 근육의 노폐물 제거가 원활해진다. 근육의 피로와 통증을 완화한다.

(4) 고타법(percussion, 두드리기)

① 방법 : 피부를 두드리는 방법으로 넓은 근육 부위의 시술 가능하며 보통 유찰이나 압박법 후에 사용된다.

손바닥을 오목하게 하여 사용하는 커핑(cupping), 손가락의 바닥 면을 사용하는 태핑(tapping), 손바닥을 사용하는 슬래핑(slapping), 주먹을 살짝 쥐어 사용하는 비팅(beating), 손등을 사용하는 해킹(hacking)의 동작 들이다.

② 효과 : 근육위축, 지방 과잉 축적 방지, 시술 부위의 신진대사 촉진 신경조직의 기능을 활성화시킨다.

(5) 진동법(Vibration, 떨기)

① 방법 : 손가락 끝을 피부에 맞대고 힘을 주어 빠르고 율동적으로 진동하는 동작이다.

② 효과 : 근육을 이완시켜 경련, 결합조직의 탄력 증진, 림프와 혈액의 순환을 촉진 시킨다.

2 얼굴 매뉴얼 테크닉

1) 얼굴 매뉴얼 테크닉 정의 및 피부분석

관리자가 고객의 이상 상태를 정확히 파악하기 위한 검사를 진단이라고 한다. 이에 따라 적절한 관리방법 및 처치법을 제시한다.

(1) 얼굴 매뉴얼 테크닉 정의

손을 이용한 5가지 기본동작을 강, 약, 시간 속도, 밀착을 조절하여 다양한 환경의 스트레스에 지친 피부를 회복시키고 신진대사를 촉진시켜 긴장감 있고 안정감있는 피부 상태를 만드는 것으로, 피부를 윤기 있고 건강하게 유지하는 것이다.

(2) 얼굴 매뉴얼 테크닉 피부분석

① 문진 : 고객과의 대화 상담 또는 고객 카드 상담으로 고객의 상태를 관찰한다. 보편적으로 연령, 결혼 여부, 직업, 알레르기 유무, 생리 기간, 식생활, 수면 습기관, 스트레스 유무, 등을 확인하여 이상 상태를 파악하는 방법이다.

② 촉진 : 고객의 피부를 손으로 만져 촉감을 통해 피부의 탄력, 유분의 함량, 피부결, 조직의 두께 등을 관찰하고 이상 상태를 파악하는 방법이다.

③ 견진(시진) : 확대경이나 육안으로 고객의 피부를 관찰하여 모공의 크기, 피부 건조상태, 피부 조직의 상태 등의 이상 상태를 파악하는 방법이다.

UNIT 10 : 미안술

1 미안술의 정의 및 기초

피부에 적당한 자극을 주어 생리 기능을 조절하여, 건강하고 아름다운 피부를 보존시키는 미용술로 화학적 방법인 팩 미안술, 물리적 방법인 전류, 광선 응용 미안술, 마사지 등이 있다.

2 팩 (pack)

1) 팩의 타입

팩은 피부에 피막을 형성시켜 수분 증발을 막아주어 피부를 유연하게 하여주고 유효성분이 침투하기 용이한 조건을 만들어 피부에 탄력 증진 및 잔주름 예방, 모공 속 노폐물 제거, 혈액 및 림프순환 촉진, 보습력 강화 등 피부 건강에 도움을 준다.

(1) 제형에 따른 팩 종류
① 크림타입 : 가장 보편화 된 제품이며 영양, 보습, 유연, 진정, 정화작용을 한다.
② 겔 타입 : 수성의 겔(gel) 형태이며 지성, 여드름, 예민 피부에 진정효과를 준다.
③ 점토 타입 : 흡착 능력이 우수하고 피지, 노폐물 제거, 보습효과가 좋다.
④ 페이퍼 타입 : 활성 성분을 건조 시키고 종이를 용액에 적셔 놓은 형태로 수렴, 피부 진정효과를 준다.

(2) 제거 방법에 따른 팩 종류
① 필름 타입(film type) : 건조 후 떼어 내는 형태이며 각질 세포나 노폐물 제거 작용을 한다.
② 워시 타입(wash type) : 물로 씻어내는 형태이며 보습효과와 상쾌한 느낌을 준다.
③ 티슈 타입(tissue type) : 티슈로 닦아 내는 형태이며 영양 공급, 보습효과가 있다.

2) 팩의 종류

(1) 물질대사를 높여 주는 팩
① 우유 팩 : 미백 작용, 보습효과, 영양 공급
② 벌꿀 팩 : 수렴 작용, 미백 작용
③ 에그 팩 : 흰자 - 잔주름 예방, 세정효과 / 노른자 - 건성 피부에 영양 공급

(2) 기타 팩
① 파라핀(왁스 마스크) : 잔주름 개선
② 머드 팩 : 지방 제거
③ 사과 팩 : 수렴 작용
④ 오일 팩, 난황 팩 : 건성 피부

3 기기를 이용한 미안술

1) 전류와 광선을 응용한 미안술

(1) 전류를 응용한 미안술
① 갈바닉(galvanic) 전류 : 유도 전류에 의해 사용되는 기기로 양극에서 음극으로 흐른다. 양극은 아스트린젠트(수렴성이 큰 화장수) 역할이 살균작용을 돕고, 피부를 수축시키며 모공을 닫아 주며 음극은 혈액순환 촉진을 돕고 모공을 열어 준다.
② 고주파 전류 : 오존을 발생시키고 탈모, 주근깨, 여드름, 사마귀, 살균작용, 표백작용에 효과적이다.
③ 패러딕(parodic) 전류 : 물질대사와 혈액순환을 촉진시키고 피부의 노폐물을 제거하며 잔주름을 감소시키는 데 효과적이다.

(2) 광선을 응용한 미안술
① 자외선(220nm~320nm 정도의 짧은 파장) : 불가시광선으로 살균작용과 여드름 치료 및 비듬성 두피에 효과적이고 혈액순환 및 림프의 순환을 촉진시킨다. 곱사병을 예방할 수 있고 에르고스테린(ergosterin)을 비타민 D로 환원시킨다.

② 적외선(650nm~1,400nm 정도의 짧은 파장) : 피부 조직의 2mm 정도 침투가 가능하고 건성 피부, 비듬성 피부, 주름진 피부에 효과적이다.

2) 기타 기기를 이용한 미안술

① 오존(O_3)기 : 고주파 전류를 이용한 기기로 살균, 표백, 주근깨, 여드름 치료 및 신진대사 촉진에 효과적이다.
② 바이브레이터(vibrator) : 전기를 사용한 진동기기를 뜻하며 통증과 경련에 효과적이다.
③ 우드램프(wood-lamp) : 육안으로는 보이지 않는 피부를 진단하는 피부 특수광선 확대경으로 피부 상태를 색으로 관찰할 수 있다.

UNIT 11 : 퍼머넌트 웨이브(펌)

1 퍼머넌트 웨이브의 기초

1) 퍼머넌트 웨이브(펌)의 역사

① B.C.3000년경 이집트인들이 나일강 유역의 알칼리 토양 진흙을 모발에 바른 후 나무 봉에 감아 태양열에 건조 시켜 웨이브를 만든 것이 기원
② 아이론을 이용한 마셀 웨이브(Marcel Wav)기를 창안하였으나 마셀 웨이브는 습기에 노출되면 결합이 끊어지는 단점이 있었다.
③ 1905년 영국인 찰스 네슬러(Nessler)가 알칼리성의 붕사를 물에 녹여 모발에 도포, 열 기계를 이용한 스파이럴식 퍼머넌트웨이브를 처음으로 창안하였다.
④ 1924년 조셉메이어가 크로키놀식 와인딩 방법을 고안하였다.
⑤ 1941년 미국인 맥도노프가 티오글리콜산을 환원제로 하는 웨이브 제를 제조
⑥ 1990년대 다양한 특수 로드와 기기를 활용한 펌이 유행

2) 퍼머넌트 웨이브의 원리

① 모발에 물리적(로드 와인딩), 화학적(산화, 환원제) 자극을 주어 모발의 형태와 구조를 변경시켜서 웨이브를 만드는 작업이다.
② 제1제(환원제)가 모발 내부의 시스틴 결합을 절단한 후 제2제(산화제)의 작용에 의해 절단된 시스테인을 재결합하는 과정이다.

제1제와 제2제의 특성

종류	특성
제1제(환원제)	모발을 팽윤, 연화시켜서 모발 내부의 시스틴 결합을 절단하는 환원작용
	티오글리콜산 농도 2~7% pH 9~9.6(가장 많이 사용)

종류	특성
제2제(산화제)	시스틴을 재결합시켜 웨이브를 고정하는 산화 작용
	과산화수소, 취소산(브롬산)나트륨, 취소산(브롬산)칼륨: 3~5% 농도

3) 퍼머넌트 웨이브의 도구

2종류(산화제, 환원제)의 솔루션을 이용하는 방법으로 현재 많이 사용되는 방법이다.

① 로드 : 모발을 와인딩하는 도구

② 파지 : 페이퍼라고 하며 모발을 로드에 와인딩할 때 모발의 끝을 정리해주는 역할

③ 고무줄 : 와인딩 후 모발을 로드에 고정시킬 때 사용

④ 꼬리빗 : 한쪽 끝이 막대기 모양으로 되어 있어 파팅, 섹션을 용이하게 하기 위한 빗

2 퍼머넌트 웨이브의 종류와 방법

1) 퍼머넌트 웨이브의 종류

(1) 히팅 퍼머넌트 웨이브

가열된 로드의 열(약 80~100℃)을 이용하여 웨이브를 만드는 방법

(2) 콜드 퍼머넌트 웨이브

① 1욕식 : 1종류(티오글리콜산) 솔루션만을 이용하여 환원된 모발에 산화제를 사용하지 않고 공기 중 산소와 접촉함으로써 자연적으로 산화작용이 이루어지도록 하여 웨이브를 고정시키는 방법

② 2욕식 : 가장 많이 사용하는 방법으로 환원제와 산화제 2종류의 솔루션을 이용하는 방법
(현재 많이 사용되는 방법)

③ 3욕식 : 3종류의 솔루션을 사용하여 굵은 모발 및 손상된 모발 등 웨이브 형성이 어려운 모발에 제1제는 건강모인 경우 퍼머넌트 웨이브제의 침투가 어려우므로 발을 팽윤, 연화시켜 제2제와 제3제의 역할을 도와주는 시술 방법

2) 퍼머넌트 웨이브의 방법

(1) 크로키놀식 와인딩(croquignole winding)

조셉 메이어가 고안한 것으로 모발 끝부터 모근 쪽으로 와인딩하는 기법으로 모발 길이에 상관없이 사용되지만 긴 모발보다는 짧은 모발에 와인딩 시 효과적이다.

크로키놀식 와인딩 섹션은 수평 수직 사선 등 다양하게 응용할 수 있으며 보통 수평 섹션을 사용하는 경우가 많다.

(2) 스파이럴식 와인딩(spiral winding)

찰스 네슬러가 고안한 것으로 스파이럴은 '나선', '소용돌이'라는 뜻으로 모발을 잡고 손목을 나선형으로 돌리거나 모발을 중심으로 로드를 돌려 모근에서 모발 끝으로 또는 모발 끝에서 모근으로 와인딩하는 방법이다. 스파이럴식 와인딩은 긴 모발에 적합하며 모발 끝에서 모근까지 균일한 웨이브를 얻을 수 있다.

(3) 전처리 과정

① 두피 및 모발진단 : 고객 상담을 통해 고객의 두피, 모발 상태를 파악하고 스타일 결정
② 프레샴푸 : 모발의 이물질을 제거하고 제1제 흡수가 용의하기 위한 사전샴푸
③ 프레커트 : 손상모 제거 및 와인딩에 적합한 길이로 커트
④ 프레 트리트먼트 : 퍼머넌트 시술 전 모발손상방지 및 균일한 웨이브 형성을 위한 제품 사용

(4) 퍼머넌트 시술 과정

① 블로킹 : 모발을 로드에 말기 쉽도록 두상을 구획하는 작업
② 와인딩 : 로드와 엔드페이퍼(파지)를 이용하여 모발에 일정한 텐션(tension)을 유지하면서 모발을 로드에 감싸는 작업
③ 와인딩 : 로드와 엔드페이퍼(파지)를 이용하여 모발에 일정한 텐션을 유지하면서 모발을 로드에 감싸는 작업
④ 제1 제 도포 : 환원제가 모발에 잘 침투되도록 펌제를 꼼꼼하게 도포
⑤ 프로세싱 타임 : 와인딩 및 제 1액 도포 후 비닐캡을 씌워서 모발 상태에 따라 적절한 시간으로 방치
⑥ 플레인 린스 : 테스트 컬 이후의 중간린스이며 미온수로 헹군다.

⑦ 제2제 도포 : 산화제(과산화수소) 도포 후 5~7분 방치한다.

　　산화제 취소 산(브롬산) 나트륨, 취소 산(브롬산) 칼륨 7분씩 2번에 나누어 도포한다.

⑧ 컨디셔너 : 로드 제거 후 제품 성분 제거를 위해 미온수로 충분히 씻어낸다.

(5) 퍼머넌트 시술 후처리 과정

① 트리트먼트 : 모발 손상을 방지 및 영양 공급을 위해 트리트먼트 제품 도포

② 타월드라이 : 젖은 모발을 타월을 이용하여 물기 제거

③ 콤아웃 : 드라이 및 아이론을 이용하여 스타일링 작업으로 마무리

UNIT 12 : 염·탈색(헤어 컬러링)

1 헤어 컬러

1) 헤어 컬러의 역사

(1) 고대 시대
인류역사상 가장 오래된 염색의 기원은 약 4,600여 년 전 이집트 고대 3왕조 때 TETA 왕의 어머니 SES 여왕이 헤나(henna)로 염색한 것이라고 기록하고 있다.

(2) 중세 시대
펠라타족(fellatah) 여인들은 헤나(henna) 잎으로 손가락과 발가락을 감싸서 물을 들였고 안티모니(antitmony) 황화물로 눈꺼풀에 화장하고 인디고(indigo:인도의 염료의 뜻에서 남색, 쪽빛)'로 머리카락을 노란색, 자주색, 푸른색으로 염색하였고 이것은 예술과 문학에서의 풍부함이 꽃피우는 시대였다.

(3) 르네상스 시대
베네치아 연인들은 금발 머리를 좋아했던 성향이 있어서 매일같이 모발을 부식성 용액에 흠뻑 적셔서 하루의 가장 더운 시간에 3~4시간 동안 밖에 나가 앉아 있었다. 이것이 바로 티티안(titian)이 유명하게 알린 베네치아풍의 붉은 금발 색조이다.

(4) 현대
1863년 독일이 호프만에 의해 산화 염료 제가 합성되고 1883년 프랑스의 모네에 의해 과산화수소에 의한 모발 염색 기법이 개발되면서 헤어 염색이 발전하여 대중화되는 계기가 되었다.

2) 색채이론

(1) 가산 혼합

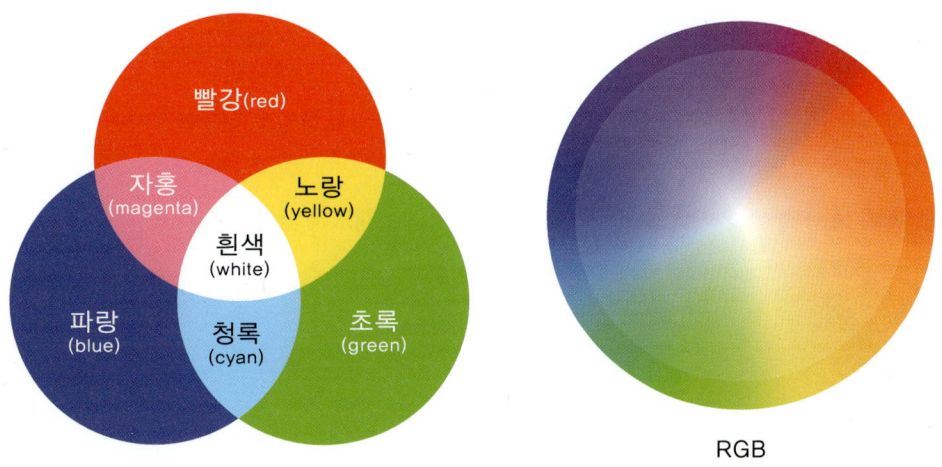

RGB

RGB는 빛의 삼원색인 빨강(red), 녹색(green), 파랑(blue)이다.

두 색을 섞었을 때의 명도가 두 색을 섞기 전의 평균 명도보다 높아지는 것은 가산 혼합(additive color mixing)이라고 한다.

빨강과 녹색을 섞으면 밝은 노랑, 녹색과 파랑을 섞으면 밝은 청록, 파랑과 빨강을 섞으면 밝은 보라가 된다.

삼원색을 모두 섞으면 백색광이 된다.

1차 색보다는 2차 색, 2차 색보다는 3차 색의 명도가 높아지는 것이 가산 혼합의 특징이다.

(2) 감산 혼합

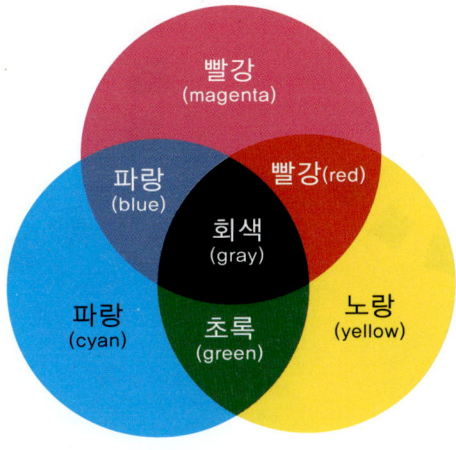

물감의 삼원색은 마젠타(magenta), 노랑(yellow), 사이언(cyan)이다.

두 색을 섞었을 때의 명도가 두 색을 섞기 전의 평균 명도보다 낮아지는 것을 감산 혼합이라고 한다.

헤어 염모제, 물감, 도료, 페인트, 인쇄 잉크 등 식료의 혼합이 여기에 속한다.

빨강과 노랑을 섞으면 주황, 노랑과 파랑을 섞으면 녹색, 파랑과 빨강을 섞으면 보라이다.

3원색을 모두 섞으면 검정에 가까운 무채색이 된다.

1차 색보다는 2차 색, 2차 색보다는 3차 색이 점점 명도나 채도가 낮아진다.

3) 색의 분류

(1) 무채색

명도는 있으나 색상과 채도가 없고 명도의 차이만 갖는 색으로 밝고 어두움만 있는 것을 말한다.

한국산업 규격(KS)에서 무채색의 기본색을 흰색(white), 회색(gray), 검정(black)으로 분류하고 있다.

(2) 유채색

유채색은 빨강(red), 노랑(yellow), 파랑(blue)과 이들이 섞인 색들로 흰색(white)에서 검정(black)까지 무채색 이외의 모든 색을 유채색이라고 한다.

색상, 명도, 채도를 모두 가지고 있으며 혼합하여도 중간 색상이 나와 채도와 색상이 구분된다.

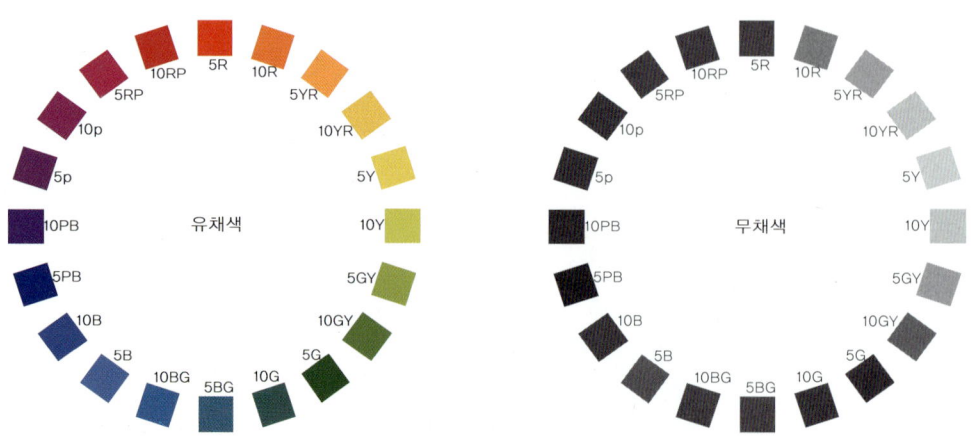

4) 색의 3속성

(1) 명도 (value)

색의 3속성 중 하나로 명도는 빛에 의한 색의 밝고 어두움을 나타내는 속성을 말한다.

명도는 빛의 분광률에 따라서 다르게 나타나며 빛의 특성상 완전한 흰색과 검정은 존재 하지 않는다.

무채색은 명도 0부터 9.5(또는 10)까지 11단계로 나누어져 있으며, 이 무채색의 11단계를 유채색 명도의 기준으로 사용한다.

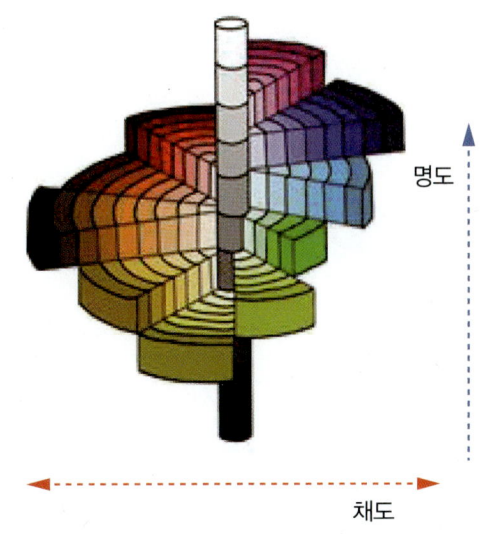

(2) 채도(chroma)

색의 3속성 가운데 하나로 유채색에만 있다.

색상 중에서 흰색이나 검은색의 포함된 양이 많을수록 채도가 낮으며 포함량이 적을수록 채도가 높다.

어떤 색상에서 그 색조의 양을 나타내는 척도이며 채도는 명도가 똑같은 무채색에 대해서 얼마만큼 색조가 많이 들어 있는지를 가리키는 기준으로 색채의 순수성을 설명하는 데 사용되는 용어이다.

(3) 색상(hue)

색의 3속성의 하나로 물체가 반사하는 빛 파장의 차이에 의해 달라지고 유채색에만 있으며 무채색과의 배합에 의해서는 달라지지 않는다.

시각으로 볼 수 있는 범위의 파장을 가진 가시광선의 색을 인식하는 것은 시각, 빛, 개개인의 해석에 따라 다르므로 색은 물리학뿐만 아니라 생리학, 심리학과도 관련되어 있다.

붉은 계통의 색이 가장 긴 파장대에 속하고, 그 아래로 노랑, 초록, 파랑, 보라의 순서로 파장이 짧아진다.

(4) 보색(complementary color)

두 가지 색깔을 겹쳐서 흰색을 만들 때, 그 두 가지 색깔을 보색 또는 보색 관계라고 한다.

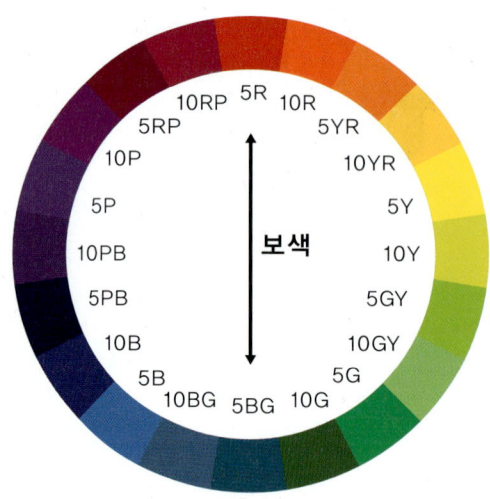

빨강과 초록이 겹쳐서 나타난 노랑은 파랑만 겹치면 흰색이 되므로 노랑과 파랑은 보색 관계가 되며 빨강과 파랑이 겹쳐서 나타난 자홍은 초록과 보색 관계이며, 파랑과 초록이 겹쳐서 나타난 청록은 빨강과 보색 관계로 색상환에서 서로 맞은편에 있는 색상을 말한다.

2 염색(hair coloring)의 분류

1) 염색 (hair coloring)

염색(染色)은 모발의 색을 변화시키는 것으로 모발에 인공 색소를 착색시키는 것이다.
1제와 2제로 구성되어 있어 모발의 큐티클을 팽창시키고 모 피질에 침투하여 멜라닌 색소를 파괴하고 그 자리에 염료가 자리 잡게 되어 원하는 색으로 바꾸는 원리이다.

2) 탈색(bleach)

블리치는 모 피질 내의 멜라닌 색소를 분해하여 모발 본래의 색보다 밝게 만들고 별도의 색을 더하지 않는 방법이다.

3) 코팅(coating)

코팅은 모발 표면에 완전색소의 막을 입혀서 색을 표현하는 것이다.

3 염모제에 따른 염색의 분류

염색의 종류는 염모제의 지속 기간에 따라 일시적 염색, 반영구적 염색, 영구적 염색으로 나눌 수 있으며 염모제의 특성에 따라 식물성 염모제, 광물성 염모제, 유기합성 염모제로 나눌 수 있다.

1) 식물성 염모제

식물의 잎이나 열매 등의 색소가 산성 용액 속에서 케라틴을 염색시킬 수 있는 성질을 이용한다. 헤나(henna)는 pH 5.5의 약산성이며 색상이 적갈색 한 가지로 되어있고 색조만을 더해주는 역할을 한다.

2) 광물성 염모제

납, 구리, 니켈, 카드뮴 등을 기초로 한 염색제로 대부분 유독한 성분을 가지고 있기 때문에 모발 내에 금속 성분이 축적된다.

3) 유기합성 염모제

유기합성 염모제는 파라페닐렌디아민 종류의 아미노화합물에 산화제를 혼합하여 사용하는 유기합성 화학의 방법으로 제조한 염료를 유기합성 염모제라 한다.

모발의 멜라닌 색소가 탈색되어 모발을 밝게 하고 산화 중합 반응을 일으켜 염료를 모 피질까지 침투시켜 발색 되는 원리로 산화 염모제라고도 한다.

4) 염색의 원리

일반적으로 사용되고 있는 합성 염모제에는 산성 염료, 염기성 염료, 산화염료 3종류로 구분하고 있다.

산성 염료, 염기성 염료는 일시적으로 모발에 흡착되지만, 영구 염모제로 불리는 것이 바로 산화 염료이다. 1863년 독일의 호프만(hoffmann)에 의해 파라-페닐렌디아민(para-phenylenediamine, PPD)이 개발되면서 산화염료에 의한 염색이 가능하게 되었다.

제1 제는 산화염료, 알칼리제, 계면활성제 등이 조성, 제2 제는 산화제로 주로 과산화수소 조성, 안정제로 에틸렌다이아민테트라아세트산 EDTA(ethylenediaminetetraacetic acid), pH 조정제 등이 조성된다.

pH8~10의 알칼리 영역에서 전구체, 커플러(coupler) 및 산화제의 비를 조정함으로 모발을 밝게 또는 어둡게 표현할 수 있다.

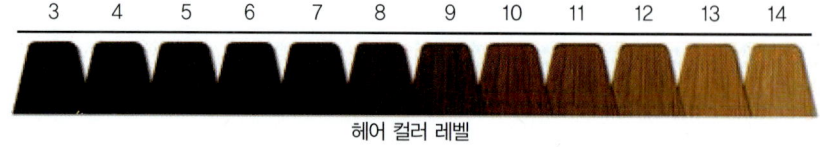

헤어 컬러 레벨

5) 탈색의 원리

알칼리제에 의해 모표피가 열리고 모 피질 내로 들어간 과산화수소로부터 발생된 산소가 유색의 멜라닌 색소를 무색의 옥시-멜라닌으로 산화시키므로 모발의 탈색이 진행된다.

6) 염모제의 구성 성분

(1) 용매
모발 보호와 제품의 사용을 편리하도록 액상화 과정으로 크림, 젤, 오일로 염모제의 농도를 조절하고 모발에 안착되도록 지방질의 성분과 영양 성분들이 들어 있다.

(2) 염료 중간체
오르토(ortho, O-)와 파라(para, P-)계의 전조체로서 염료 중간체는 산화제와 혼합되어 색상을 나타내고 혼합 비율에 따라 다양한 색상을 만들 수 있다.

(3) 전조제 중 단속제 또는 변환제
meta에서 형성된 유도체들로 혼자서는 색상을 나타낼 수 없거나 아주 미미하다.
따라서 염료 중간체(베이스 전조제)와 반응하여 색의 농도와 변화를 주며 자연스럽고 다양한 모발색의 수정이 가능하다.

(4) 다이렉트 염색제 (direct coloring)
색상에 반사 빛이 더해져 모발에 머물러 있는 색상이다.

(5) 알칼리제
암모니아수(NH_4OH)로서 모표피를 팽윤, 연화시켜서 모발 내부로 염료가 침투하도록 도와주고 산화제의 작용을 촉진 시킨다.

(6) 산화방지제
산화에 의한 변질과 제품의 보존을 위해 환원제인 티오글리콜산(thioglycolic acid)을 사용한다.

(7) 금속이온 봉쇄제 (킬레이트제 chelate)
물 또는 원료 중의 화학반응을 저해하는 금속성 이온과 결합하여 불활성화 작용과 산패를 방지하는 효과가 있다.

(8) 산화제

알칼리제와의 반응으로 생긴 산소로 모발 내의 멜라닌 색소를 탈색시키고 염모제 분자들은 고분자 화합물로 결합한다.

고분자 화합물은 모 피질로부터 빠져나가지 못하고 인공 색소로 색을 나타내는 것이다.

H_2O_2는 산화작용을 일으키는 촉매로 알칼리 제인 암모니아를 중화시키기 위하여 과산화수소를 사용한다.

UNIT 13 : 가발술

1 가발

1) 개념
가발이란 인모와 합성섬유를 사용하여 머리 모양을 만들어 쓰는 것을 말한다.

용도에 따른 분류

종류		특성
위그(wig)		두상에 덧쓰거나 클립으로 부착시키는 가발
헤어피스 (Hair Piece)	웨프트 (Weft)	자격증시험 염색과제에 사용하는 실습용 가발
	폴(Fall)	긴 머리를 연출할 때 사용하는 가발
	위글렛 (Wiglet)	두정부의 볼륨을 연출할 때 사용하는 가발
	스위치 (Switch)	땋거나 늘어뜨린 헤어스타일에 사용하는 가발

2 가발 소재에 따른 분류

① 인모 : 사람의 모발로 만든 가발이다. 모발의 윤기가 나고 착용 시 자연스럽다. 퍼머넌트웨이브, 컬러링 등의 시술이 가능하고 스타일링도 하기 쉽다.
② 인조모 : 합성섬유로 사람의 모발과 유사하게 만든 가발이다. 가격이 저렴하고 관리가 쉽지만, 퍼머넌트웨이브나 컬러링 등의 시술이 불가능하다.

3 가발 제작 과정

상담 → 가발 디자인 선정 → 가발 착용 결정 → 패턴 제작 → 가발 제작

4 가발 커트

부분 가발을 쓴 사람을 커트할 때는 가발과 본 머리를 연결시켜 커트를 한 다음 가발을 벗은 후 본 머리를 체크 커트한다.

5 가발 착용방법

① 착용 부위의 모발을 정리·정돈한다.
② 가발을 착용할 위치와 용도에 따라 착용한다.
③ 가발과 기존 모발과의 스타일을 연결한다.

6 홈케어 관리(가발 세척 방법)

① 리퀴드 드라이 샴푸(벤젠, 알코올)로 세정하는 것이 좋다.
② 플레인 샴푸를 할 경우 미온수로 브러싱하면서 세정한다.
③ 보관 시에는 습기가 없고 통풍이 잘 되는 장소의 전용 스탠드에 올려서 보관한다.

CHAPTER 01. 이용 이론 실전 기출 예상문제

Unit 1. 이용의 역사

1. 현대적인 의미의 세계 최초 이용원 창설자는?

① 나폴레옹 1세　　② 마셀
③ 클리퍼　　　　　④ 장 바버

> ◆ 해설
> 1804년 프랑스의 장 바버가 의료시술과 이용 시술을 분리하여 최초의 전문 이발사로 활동하였다.

2. 우리나라의 이용사에 대한 설명 중 맞는 것은?

① 우리나라에 이용의 발달은 대원군이 섭정할 때이다.
② 우리나라에 이용 시작된 것은 1895년 김홍집 내각 때이다.
③ 우리나라에 이용이 시작된 것은 해방 이후이다.
④ 우리나라에 이용이 시작된 것은 한일합방 이후이다.

3. 조선 말기의 단발령과 관련이 없는 사람은?

① 순종 황제　　② 안종호
③ 김홍집　　　④ 유길준

> ◆ 해설
> 1895년 (고종 32년) 고종황제 때 단발령에 따라 안종호, 유길준, 정병하 등이 가위로 두발을 잘랐다.

4. 다음 중 우리나라의 단발령 시행과 가장 관계가 깊은 사람은?

① 김홍집　　② 안종호
③ 김옥균　　④ 서재필

> ◆ 해설
> 1895년 11월 15일 (고종 32년) 김홍집 내각이 단발령을 내리면서 안종호라는 사람이 왕실 최초의 이발사가 되었다.

정답　1 ④　2 ②　3 ①　4 ①

5. 우리나라에 단발령이 내려진 시기는?

① 조선 중엽부터　　② 해방 후부터
③ 6.25 후부터　　　④ 1895년부터

6. 이용의 역사에 이용업은 누가 겸하던 것인가?

① 치과의사　　② 외과 의사
③ 내과 의사　　④ 피부과 의사

7. 이용 업소를 바버샵이라고 한다. 이용 업소 어원은 어디에서 유래된 것인가?

① 사람 이름　　　　② 병원 이름
③ 화장품 회사 이름　④ 가위 이름

◆ 해설
1804년 프랑스의 장 바버가 의료시술과 이용 시술을 분리하여 최초의 전문 이발사로 활동하였다.

8. 이용원의 사인보드 색에 대한 설명 중 틀린 것은?

① 황색 - 피부　② 청색 - 정맥
③ 백색 - 붕대　④ 적색 - 동맥

◆ 해설
이발사이자 외과 의사였던 메야나 킬 이란 사람이 긴급한 환자를 위해 눈에 잘 띄도록 3가지 색의 간판을 고안해냈다. 청색(정맥) 적색(동맥) 백색(붕대)를 의미한다.

9. 이용기구인 바리캉(클리퍼)을 세계에서 처음으로 제작한 나라는?

① 프랑스　② 스위스
③ 스웨덴　④ 일본

◆ 해설
프랑스어 바리캉 마르(Bariquand et marre) 제조회사의 이름에서 유래 되었고 최근에는 클리퍼(Hair clippers)로 명칭 한다.

정답　5 ④　6 ②　7 ①　8 ①　9 ①

Unit 2. 이용의 개요

1. 다음 중 이용 이론의 의미를 가장 바르게 설명한 것은?

① 이용에 필요한 규범을 말한다.
② 이용에서 요구되는 기술을 이치에 맞게 설명 또는 정리한 것이다.
③ 이용기술의 역사를 시대별로 분류하여 나열한 것이다.
④ 단지 기술적 측면을 문헌적으로 정리해 놓은 것이다.

2. 다음 중 이용의 의의에 대한 설명으로 가장 적합한 것은?

① 이용은 문화의 변천에 전혀 영향을 받지 않는다.
② 이용은 고객의 안면만을 단정하게 하는 것이다.
③ 이용은 기술 이전에 서비스이다.
④ 복식 이외의 여러 가지 용모에 물리적 기교를 행하는 방법이다.

3. 이용사의 이용작업 자세가 가장 거리가 먼 것은?

① 작업 중 반지나 팔찌 등 액세서리를 착용하여 최대한 아름답게 꾸미고 시술한다.
② 작업장을 깨끗하게 관리한다.
③ 고객의 의견과 심리를 존중해 우선 고객의 의사에 맞춰 시술한다.
④ 청결한 의복을 갖추고 작업한다.

4. 이용사가 지녀야 할 사명감에 대한 설명으로 가장 거리가 먼 것은?

① 공중위생에 만전을 기하는 공중위생 준수자로서의 사명
② 고객의 요구를 무엇이든지 다 들어주는 봉사자로서의 사명감
③ 건전한 사회풍속을 조장하는 풍속 계도자로서의 사명감
④ 용모를 미려하게 하는 데 최선을 다하는 미의 전도사로서의 사명감

정답 1 ③ 2 ④ 3 ① 4 ②

5. 이용사의 직무에 해당하지 않는 것은?

① 헤어커트 ② 피부 미용
③ 두피 관리 ④ 면체

◆ 해설
이용사의 업무 범위는 이발, 면도, 머리 피부 손질, 머리카락 염색 및 머리 감기이다.

6. 이용사의 복장으로 흰색 가운을 입는 주된 이유는?

① 위생적인 면에서 더러움을 잘 식별할 수 있도록 하기 위해서 입는다.
② 예로부터 백의민족인 우리의 풍습을 지키기 위해서 입는다.
③ 외관상 깨끗한 이미지를 강조하기 위해 입는다.
④ 타 직종과 업종 구별을 위해서 입는다.

7. 이용 시술을 위한 이용사의 작업을 설명한 내용으로 가장 거리가 먼 것은?

① 시술에 대해 구상을 하기 전에 고객의 요구사항을 파악한다.
② 시술 후에는 전체적인 조화를 종합적으로 검토한다.
③ 이용사 자신의 개성미를 우선적으로 표현한다.
④ 고객의 용모에 대한 특성을 신속 정확하게 파악한다.

8. 두부(Head) 내 각부 명칭의 연결이 잘못된 것은?

① 측두부 - 사이드(side) ② 전두부 - 프런트(front)
③ 두정부 - 크라운(crown) ④ 후두부 - 톱(top)

9. 두부(Head)의 명칭 중 네이프(nape)는 어느 부위를 말하는가?

① 앞머리 부분 ② 정수리 부분
③ 후두부 부분 ④ 양옆 부분

정답 5 ② 6 ① 7 ③ 8 ④ 9 ③

10. 이용사가 지켜야 할 사항으로 가장 거리가 먼 것은?

① 매일 샤워와 목욕을 하며 깨끗한 복장을 착용한다.
② 건강에 유의하면서 적당한 휴식을 취한다.
③ 항상 친절하게 하고 구강 위생을 철저히 유지한다.
④ 손님의 의견과 상관없이 소신껏 시술한다.

11. 머리의 명칭 중 크라운을 뜻하는 부위는?

① 머리 옆 양쪽 부분
② 앞머리 부분
③ 정수리 부분
④ 목덜미 부분

12. 두부 부위 중 천정부의 가장 높은 곳은?

① 사이드 포인트(S.P)
② 톱 포인트(T.P)
③ 골덴 포인트(G.P)
④ 백 포인트(B.P)

13. 이발을 위한 두부의 구분에서 이용되는 정중선을 올바르게 설명한 것은?

① 귀를 중심으로 두부 전체를 반분한 선이다.
② 코의 중심을 따라 두부 전체를 수직으로 이등분 한 선이다.
③ E.P 높이를 수직으로 두른 선이다.
④ N.S.P를 연결하여 두른 선이다.

14. 이용사의 바른 업무 자세에 관한 내용 중 틀린 것은?

① 손톱은 항상 짧게 깎고 깨끗한 손을 유지한다.
② 작업 중에 시계나 반지를 착용하지 않는다.
③ 청결한 의복을 갖추고 작업한다.
④ 손님의 의사보다 이용사의 의견에 반드시 따르도록 유도한다.

정답 10 ④ 11 ③ 12 ② 13 ② 14 ④

Unit 3. 이용 용구

1. 이용기구의 부분 명칭 중 모지공, 소지 걸이, 다리 등의 명칭이 쓰이는 기구는?

   ① 아이론 ② 빗
   ③ 가위   ④ 면도

2. 조발술 시 일반적으로 사용하지 않는 기구는?

   ① 가위   ② 빗
   ③ 클리퍼 ④ 아이론

3. 틴닝가위(thinning scissors)를 사용하여 커트할 경우 모발 겉모습이 주는 가장 두드러지는 미적 표현은?

   ① 고전미 ② 자연미
   ③ 고정미 ④ 조각미

4. 빗에 대한 설명으로 적합하지 않은 것은?

   ① 빗 전체의 두께는 균등해야 한다.
   ② 빗살은 균등하며 빗살 끝이 너무 뾰족하지 않아야 한다.
   ③ 빗 전체가 약간 구부러져 있어야 한다.
   ④ 빗 등과 빗 몸체는 안정성이 있어야 한다.

5. 모량을 감소시키는 도구는?

   ① 컬링 아이론 ② 틴닝 가위
   ③ 미니 가위   ④ 세팅기

정답 1 ③ 2 ④ 3 ② 4 ③ 5 ②

6. 브로스(Brosse) 커트의 일반적인 형은?

① 아동조발   ② 여학생 조발
③ 스포츠형의 조발   ④ 롱 스타일의 조발

◆ 해설
브로스(Brosse)는 브러시(Brush)에 프랑스(France) 단어로 솔에 달린 짧은 털처럼 두발을 깎는 것에 비유되어 붙여진 커트 스타일이다.

7. 커트용 가위의 선정 방법에 대한 설명 중 틀린 것은?

① 도금된 것이 좋다.
② 날의 두께가 얇고 회전축이 강한 것이 좋다.
③ 날의 견고함이 양쪽 골고루 똑같아야 한다.
④ 손가락 넣는 구멍이 적합해야 한다.

8. 정발 시 머리 모양을 만드는데 필요한 이용기구로서 가장 알맞은 것은?

① 핸드 푸셔   ② 핸드 드라이어
③ 스탠드 드라이어   ④ 헤어 스티머

9. 다음 중 틴닝가위와 가장 관계가 깊은 것은?

① 지간 자르기   ② 두발 길이 고르기
③ 직선 자르기   ④ 모량조절

10. 가위 각 부위의 명칭 중 정인에 대한 설명으로 옳은 것은?

① 커팅시 엄지에 의해서 조작되어지는 도신이다
② 약지에 의해서 조작되어지는 도신으로 커팅시 조정시켜둔다.
③ 가위의 양쪽 뾰족한 앞쪽 끝을 말한다.
④ 가위의 안쪽 면을 말한다.

정답 6 ③ 7 ① 8 ② 9 ④ 10 ②

11. 면체 시 잘려나가는 수염은 다음 중 어느 부분에 해당하는가?

① 모간 ② 모근
③ 모구 ④ 모피

12. 조발용 가위날에 대한 설명으로 가장 알맞는 것은?

① 동날쪽이 부드러워야 한다.
② 정날쪽이 부드러워야 한다.
③ 양날 중 한쪽은 부드럽고 다른 한쪽은 강해야 한다.
④ 양날의 견고함이 똑같아야 한다.

13. 면체 시 면도기를 사용하는 기본적인 방법에 해당되지 않는 것은?

① 프리핸드 ② 백핸드
③ 장 바버   ④ 스틱핸드

14. 이발용 가위에 대한 설명 중 틀린 것은?

① 시술 시 떨어지지 않도록 손가락을 넣는 구멍이 작아야 한다.
② 날의 두께가 얇고 허리 부분이 강한 것이 좋다.
③ 잠금 나사가 느슨하지 않아야 한다.
④ 날의 견고함이 양쪽 골고루 같아야 한다.

정답 11 ① 12 ④ 13 ③ 14 ①

Unit 4. 세발술(샴푸)

1. 드라이 샴푸에 관한 설명으로 가장 거리가 먼 것은?

   ① 주로 거동이 어려운 환자에게 사용되는 샴푸 방법이다.
   ② 가발에도 사용할 수 있는 샴푸 방법이다.
   ③ 건조한 타월과 브러시를 이용하여 닦아낸다.
   ④ 일반적으로 이용 업소에서 가장 많이 사용하고 있는 샴푸 방법이다.

2. 세발의 효과 또는 목적으로 틀린 것은?

   ① 두피와 모발에 생길 수 있는 병의 감염 예방
   ② 두피의 혈행을 도와 생리기능 촉진
   ③ 모발의 발모 촉진 및 윤기 제거
   ④ 두피와 모발의 청결 유지

3. 다음 중 두피 및 두발의 생리 기능을 높여 주는데 가장 적합한 샴푸는?

   ① 드라이 샴푸   ② 토닉 샴푸
   ③ 리퀴드 샴푸   ④ 오일 샴푸

4. 린스에 관한 사항 중 틀린 것은?

   ① 린스, 컨디셔너, 트리트먼트 등은 성분에서 명확한 구분을 갖는다.
   ② 주성분의 배합량에 따라 린스, 컨디셔너, 트리트먼트라고 부르고 있다.
   ③ 린스는 흐르는 물에 헹군다는 뜻을 가지고 있다.
   ④ 일상적으로 린스제는 컨디셔너로 통용된다.

정답 1 ④ 2 ③ 3 ② 4 ①

5. 비듬 질환이 있는 두피에 가장 적합한 스캘프 트리트먼트는?

   ① 플레인 스캘프 트리트먼트
   ② 드라이 스캘프 트리트먼트
   ③ 댄드러프 스캘프 트리트먼트
   ④ 오일리 스캘프 트리트먼트

6. 표백된 두발이나 잘 엉키는 두발에 가장 효과적인 린스는?

   ① 구연산 린스   ② 플레인 린스
   ③ 크림 린스   ④ 레몬 린스

7. 다음 중 샴푸 시술 시 가장 적합한 물의 온도는?

   ① 18~22℃   ② 24~28℃
   ③ 30~33℃   ④ 36~38℃

8. 다음 샴푸법 중 거동이 불편한 환자나 임산부에 가장 적당한 것은?

   ① 플레인 샴푸(Plain shampoo)   ② 리퀴드 드라이 샴푸(dry shampoo)
   ③ 핫오일 샴푸(Hot oil shampoo)   ④ 에그 샴푸(Egg shampoo)

9. 다음 중 세발하려고 할 때 가장 먼저 사용해야 하는 것은?

   ① 헤어 컨디셔너 크림   ② 헤어 샴푸
   ③ 헤어 린스   ④ 헤어 블리치

정답 5 ③   6 ③   7 ④   8 ②   9 ②

10. 플레인 샴푸를 할 때 시술상의 주의사항이 아닌 것은?

① 샴푸용 물의 온도는 약 38℃ 전후가 적당하다.
② 두발을 쥐고 비벼서 샴푸를 하면 모 표피를 상하게 할 수 있다.
③ 비듬이 심한 고객의 샴푸 시 손톱을 이용하여 샴푸 한다.
④ 손님의 눈과 귀에 샴푸 제가 들어가지 않도록 주의한다.

11. 다음 중 탈모를 방지하기 위한 세발 방법으로 가장 적합한 것은?

① 손끝을 사용하여 두피를 부드럽게 문지르며 헹군다.
② 손톱 끝을 이용하여 두피에 자극을 주며 샴푸를 헹군다.
③ 먼지 제거 정도로만 머리를 헹군다.
④ 샴푸를 할 때 브러시로 빗질을 하여 헹군다.

12. 일반적인 좌식 세발 시 문지르기(manipulation) 순서로 가장 적합한 것은?

① 두정부-전두부-측두부-후두부
② 전두부-두정부-측두부-후두부
③ 후두부-전두부-두정부-측두부
④ 두정부-측두부-후두부-전두부

정답 10 ③ 11 ① 12 ①

Unit 5. 이발(조발)

1. 조발 시술 시 양발의 적당한 거리는?

① 편리한 거리로 한다.　　② 주먹만한 거리가 이상적이다.
③ 어깨넓이의 거리가 이상적이다.　　④ 두 발을 모두 모아 차렷 자세로 한다.

2. 커트 시술 시 작업 순서를 바르게 나열한 것은?

① 구상 - 소재 - 제작 - 보정　　② 구상 - 제작 - 소재 - 보정
③ 소재 - 구상 - 보정 - 제작　　④ 소재 - 구상 - 제작 - 보정

> ◆ 해설
> ㉠ 소재 확인(고객) : 고객의 개성과 요구사항 파악, 헤어디자인을 하기 위한 첫 단계
> ㉡ 구상 : 고객의 개성에 맞는 적절한 디자인 구상
> ㉢ 제작 : 구상된 디자인을 구체적으로 표현
> ㉣ 보정 : 보완 수정을 통해 디자인 완성

3. 커트 작업 시 모발에 물을 분무하는 이유로 가장 거리가 먼 것은?

① 모발이 날리는 것을 막기 위하여
② 기구의 손상을 방지하기 위하여
③ 모발의 손상을 방지하기 위하여
④ 모발을 가지런히 정발하기 위하여

4. 다음 중 틴닝가위와 가장 관계가 깊은 것은?

① 지간 자르기　　② 모발길이 고르기
③ 직선 자르기　　④ 모량 조절

정답　1 ③　2 ④　3 ③　4 ④

5. 장발형 고객이 각진 스포츠 머리형으로 이발하려고 할 때 어느 부분부터 먼저 시작해야 가장 정확한 두발형을 이룰 수 있는가?

① 골덴 포인트
② 백 포인트
③ 센터 포인트
④ 톱 포인트

6. 다음 커트 중 젖은 두발 상태 즉 웨트 커트(wet cut)가 아닌 것은?

① 퍼머넌트 모발 커트
② 레이저 이용 커트
③ 스포츠형 커트
④ 수정 커트

7. 수정 커트 중에서 찔러 깎기 기법은 어느 경우에 사용되어야 가장 적합한가?

① 뭉쳐 있는 두발 숱 부분의 색채 수정 시
② 전두부 수정 시
③ 천정부 수정 시
④ 면체 라인 수정 시

◈ 해설
장발 형으로 길이가 긴 모발은 톱 포인트부터 지간 자르기로 시작하는 것이 좋다.

8. 레이저 커트에 대한 설명 중 맞는 것은?

① 숱치는 가위로 조발하는 것
② 미니 가위로 조발하는 것
③ 막 가위로 조발하는 것
④ 커트용 면도날을 이용하여 조발하는 것

정답 5 ③ 6 ④ 7 ① 8 ④

9. 둥근 스포츠 커트에서 아웃라인의 수정 시 빗살 끝을 두피 면에 대고 깎아나가는 기법과 귀 주변 커팅 기법으로 가장 효과적인 것은?

① 끌어 깎기와 두드려 깎기
② 밀어 깎기와 돌려 깎기
③ 왼손 깎기와 찔러 깎기
④ 연속 깎기와 떠내 깎기

10. 브로스 커트(bross cut) 조발 시에 일반적으로 필요치 않은 기구는?

① 수건, 앞장
② 가위
③ 빗
④ 드라이어

11. 커팅 과정에서 커트 방법으로 적합하지 않은 것은?

① 찔러 깎기 : 주로 스포츠형에서 기초 깎기에 해당한다.
② 끌어 깎기 : 가윗날 끝을 왼쪽 손가락에 고정하여 당기면서 커팅한다.
③ 밀어 깎기 : 빗살 끝을 두피 면에 대고 깎아나가는 기법이다.
④ 수정 깎기 : 모든 커트의 마무리 기법이다.

12. 직사각형 얼굴에 가장 조화를 잘 이룰 수 있는 이발 시술은?

① 좌·우측 부위의 모발 양을 많은 듯하게 양감(量感)을 준다.
② 좌·우측 부위의 모발 양을 적게 한다.
③ 두정부 부위의 모발 양을 많은 듯하게 양감을 준다.
④ 후두부 부위의 모발 양을 많은 듯하게 양감을 준다.

13. 보통 성인 조발 시 전두부의 모발길이 설정 방법으로 가장 적합한 것은?

① 눈으로 가늠하여 자른다.
② 적당한 빗으로 가늠하여 오버 콤(over comb) 기법으로 자른다.
③ 편리한 대로 가늠하여 자른다.
④ 모 다발을 검지와 중지 사이에 끼워 길이를 정한 후 자른다.

정답 9 ② 10 ④ 11 ① 12 ① 13 ④

14. 레이저(razor) 커트 시 1/2 이내로 모발 끝을 테이퍼하였다. 다음 중 사용된 기법이 아닌 것은?

① 스크럽처 커팅　　　② 딥 테이퍼
③ 노멀 테이퍼　　　　④ 레이저(razor) 커팅

15. 웨트 커트를 하는 이유로 가장 적합한 것은?

① 가위의 손상이 적기 때문이다.
② 두피의 당김을 완화시켜 주며 정확한 길이로 자를 수 있기 때문이다.
③ 시간을 단축하기 위해서이다.
④ 깎기 편해서이다.

Unit 6. 면체술(면도)

1. 다음 중 안면부 면체 시술 시 일반적으로 면도날과 피부면과의 각도로 가장 많이 적용되는 것은?

   ① 80 ~ 90° 정도　　　② 60 ~ 70° 정도
   ③ 30 ~ 45° 정도　　　④ 10 ~ 15° 정도

2. 얼굴 면도를 할 때 찜(습포) 수건을 사용하는 주된 목적은?

   ① 표피를 수축시켜 탄력성을 주기 위하여
   ② 차가운 면도기를 피부에 접착하기 전에 따뜻한 감을 주기 위하여
   ③ 손님의 긴장감을 풀어주기 위하여
   ④ 수염과 피부가 유연해져 면도의 시술효과를 높이기 위하여

3. 손님의 우측 볼을 처음 면체할 때 가장 적당한 면도기 잡는 형태인 것은?

   ① 푸시 핸드(Push hand)
   ② 백 핸드(Back hand)
   ③ 펜슬 핸드 스트로크(Pencil hand stroke)
   ④ 스틱 핸드(Stick hand)

4. 면체술에서 얼굴 면체 시 면도칼의 1회 운용 속도가 가장 알맞는 것은?

   ① 0.5 ~ 1초　　　② 3 ~ 4초
   ③ 6 ~ 7초　　　　④ 8 ~ 10초

5. 면체 시 면도 잡는 기본적인 방법에 해당되지 않는 것은?

   ① 프리핸드　　　② 백핸드
   ③ 노말핸드　　　④ 스틱핸드

정답　1 ③　2 ④　3 ①　4 ②　5 ③

6. 면체 시술 시 시술자가 위생 마스크를 하는 근본적인 이유는?

① 고객의 건강만을 위해서
② 호흡기 질환의 감염예방을 위하여
③ 단정한 모습을 하기 위해서
④ 시술자의 침묵을 지키기 위하여

7. 얼굴 인중 부분을 면체할 때 면도 사용방법으로 가장 이상적인 것은?

① 면도날 안쪽으로 조심스럽게 한다.
② 면도날 끝으로 조심스럽게 한다.
③ 편리한 대로 하여도 관계없다.
④ 면도날 중앙으로 조심스럽게 한다.

8. 면도 시술 방법 중 틀린 것은?

① 부드럽게 수염이 난 방향으로 한다.
② 피부에 자극을 주지 않기 위해서 칼을 가볍게 사용한다.
③ 스팀타월을 자주 사용하여 수염을 부드럽게 한다.
④ 피부를 깨끗이 하기 위하여 깊이 파도록 한다.

9. 면도기의 종류와 특징 중 칼 몸체의 핸들이 일자형으로 생긴 것은?

① 스틱 핸드
② 일도
③ 양도
④ 펜슬

정답 6 ② 7 ② 8 ④ 9 ②

10. 면도용 비누의 조건으로 틀린 것은?

① 피부에 자극을 주지 않을 것
② 세정력이 뛰어날 것
③ 습윤성이 있어 거품이 빨리 건조되지 않을 것
④ 모에 영향을 주어 부드럽게 할 것

11. 면체(면도) 또는 세발 후 사용되는 화장수는 안면에 주로 어떤 작용을 하는가?

① 수렴 작용　　　　② 세정 작용
③ 탈수 작용　　　　④ 침윤 작용

Unit 7. 정발술(헤어스타일링)

1. 정발술에서 헤어드라이어를 하는 목적은?

① 머리의 외형, 형태, 모양을 만들기 위해서
② 머리의 윤이 나며 머리 질이 좋게 하기 위해서
③ 고객의 취향에 맞추기 위하여
④ 블로 드라이하면 모발이 상하지 않기 때문에

2. 체계적인 드라이어 정발 순서로서 가장 먼저 시술해야 할 두부 부위는?

① 뒷머리 부분
② 가르마 부분
③ 측두부
④ 두정부

3. 아이론의 사용에 있어 가장 적합한 온도 범위는?

① 140℃ ~ 160℃
② 110℃ ~ 130℃
③ 80℃ ~ 100℃
④ 60℃ ~ 80℃

4. 정발술의 마무리 과정의 설명으로 부적합한 것은?

① 전체적인 조화를 살핀다.
② 조화 통일에 불충분한 곳을 일부 수정, 보완한다.
③ 마무리가 끝날 때까지 정신집중을 흩트리지 않는다.
④ 구상을 일부 변경시켜 마무리한다.

정답 1 ① 2 ② 3 ② 4 ④

5. 정발 시 둥근 얼굴에 조화를 이루는 두발형이 될 수 있는 가르마의 기준으로 가장 적당한 것은?

① 7 : 3 가르마　　　　　　② 8 : 2 가르마
③ 6 : 4 가르마　　　　　　④ 5 : 5 가르마

◆ 해설
얼굴형에 조화를 이루는 가르마의 기준
- 네모난 얼굴 : 4 : 6
- 긴 얼굴 : 8 : 2
- 둥근 얼굴 : 7 : 3
- 타원형 얼굴 : 5 : 5

6. 헤어드라이어 사용 시 건조한 모발을 과도하게 드라이를 하였을 경우 어떠한 현상이 일어날 수 있는가?

① 비듬이 없어진다.
② 모발에 수분이 부족 되어 백발 화가 촉진된다.
③ 윤기가 없어지며 모발이 절모, 지모가 생긴다.
④ 피부의 각질층을 자극하여 피부의 분비 기능을 왕성하게 한다.

7. 정발술에서 고전(올백)형을 브러시로 시술하려고 한다. 어느 브러시로 하여야 가장 좋은가?

① 도포용 브러시　　　　　　② 롤(회전) 브러시
③ 평면 강모 브러시　　　　　④ 쿠션 브러시

8. 다음 중 정발술에서 드라이어보다 아이론을 많이 사용 시술하는 모발에 해당하는 것은?

① 흰 머리카락
② 곱슬머리 머리카락
③ 부드러운 머리카락
④ 짧고 뻣뻣한 머리카락

정답　5 ①　6 ③　7 ③　8 ④

9. 정발 시술 시 포마드를 바르는 방법으로 가장 적합한 것은?

① 모발 표면에만 포마드를 바른다.
② 포마드를 바를 때 특별히 지켜야 할 순서는 없으므로 자유롭게 바르면 된다.
③ 모발의 속부터 표면까지 포마드를 골고루 바른다.
④ 손님의 두부를 반드시 동요시키면서 포마드를 바른다.

10. 헤어 드라이를 시술하는 과정에서 단단한 헤어 스타일을 만들려 할 때 가장 좋은 방법은?

① 모근부터 열을 가하여 상부로 향하면서 구부린다.
② 머리끝 부분부터 구부려 내려간다.
③ 빗으로 자꾸만 반복하면 된다.
④ 드라이어기의 열을 높여 주면 된다.

정답 9 ③ 10 ①

Unit 8. 스캘프 케어

1. 스캘프 트리트먼트 목적이 아닌 것은?

① 두피나 두발에 영양을 공급하고 염증을 치료한다.
② 먼지나 비듬을 제거한다.
③ 모발에 지방을 공급하고 윤택함을 준다.
④ 혈액순환과 두피 생리 기능을 원활하게 한다.

2. 비듬 질환이 있는 두피에 가장 적합한 스캘프 트리트먼트는?

① 플레인 스캘프 트리트먼트
② 드라이 스캘프 트리트먼트
③ 오일리 스캘프 트리트먼트
④ 댄드러프 스캘프 트리트먼트

◆ 해설
- 플레인 스캘프 트리트먼트 : 정상 두피
- 드라이 스캘프 트리트먼트 : 건조 두피
- 오일리 스캘프 트리트먼트 : 지성 두피
- 댄드러프 스캘프 트리트먼트 : 비듬 제거용

3. 탈모증세 중 지루성 탈모증에 관한 설명으로 가장 적합한 것은?

① 동전처럼 무더기로 머리카락이 빠지는 증세
② 상처 또는 자극으로 머리카락이 빠지는 증세
③ 나이가 들어 이마 부분의 머리카락이 빠지는 증세
④ 두피 피지선의 분비물이 병적으로 많아 머리카락이 빠지는 증세

4. 다음 중 두피 및 모발의 생리 기능을 높여 주는 데 가장 적합한 샴푸는?

① 드라이 샴푸
② 토닉 샴푸
③ 리퀴드 샴푸
④ 오일 샴푸

정답 1 ① 2 ④ 3 ④ 4 ②

5. 두피 및 모발의 생리 기능을 높여 주며 아울러 비듬을 제거해주는 샴푸에 해당되는 것은?

① 드라이 샴푸 ② 토닉 샴푸
③ 리퀴드 드라이 샴푸 ④ 오일 샴푸

6. 두피 관리 중 헤어토닉을 두피에 바르면 시원함을 느끼는데 이것은 주로 어느 성분 때문인가?

① 글라이세딘 ② 알코올
③ 붕산 ④ 캠퍼

7. 남성 모발의 일반적인 수명은?

① 1 ~ 2년 ② 3 ~ 5년
③ 5 ~ 7년 ④ 9 ~ 12개월

◆ 해설
모발의 수명 : 남성 3 ~ 5년, 여성 5 ~ 6년이다.

8. 두피 처리 시 사용하는 헤어토닉의 작용에 대한 설명 중 틀린 것은?

① 두피를 청결하게 한다.
② 가려움이 없어진다.
③ 비듬의 발생을 막는다.
④ 두피의 혈액순환은 양호해지나 모근은 약해진다.

9. 모발 영양관리에 있어서 모발에 영양분이 부족하면 나타나는 현상 중 잘못된 것은?

① 모발 끝이 갈라진다.
② 모발이 부스러진다.
③ 모발이 굵고 억세진다.
④ 모발에 탈지 현상이 나타난다.

정답 5 ② 6 ② 7 ② 8 ④ 9 ③

10. 모발의 성장에 대한 일반적인 설명 중 틀린 것은?

① 겨울보다는 여름에 더 빨리 자란다.
② 정상적으로 하루를 기준으로 20~100개 정도의 모발이 빠진다.
③ 성장기 - 휴지기 - 변화기 순의 단계를 거친다.
④ 탈모증이 아닌 이상 모발은 모낭으로 빠져나가기 전에 새로운 모발이 그 모발을 대체할 준비가 되어 있다.

◆ 해설
모발의 주기 : 성장기 → 퇴행기 → 휴지기 → 생성기 순이다.

11. 다음 중 건강한 두피에 대한 설명으로 옳은 것은?

① 피지분비가 과잉되어 각화 작용이 원활한 두피
② 피지분비가 항상 부족한 두피
③ 각화 작용이 원활하지 않은 두피
④ 정상적인 피지분비와 각화 작용이 순조로운 두피

12. 헤어토닉 사용에 대한 다음 설명 중 틀린 것은?

① 두피의 가려움이 없어진다.
② 비듬의 발생을 막는다.
③ 모근을 튼튼하게 하여 탈모를 예방한다.
④ 두피용은 유성(油性)의 것만 있다.

Unit 11. 퍼머넌트 웨이브(펌)

1. 헤어 퍼머넌트 시술 중에서 프레커트(pre-cut)란?
   ① 사후 커트
   ② 사전 커트
   ③ 중간 커트
   ④ 수정 커트

   ◆ 해설
   프레커트(pre-cut)란 손상 모 제거와 헤어펌와인딩에 적합한 길이로 커트하는 것

2. 콜드 퍼머넌트 웨이브(cold permanent wave) 제1액의 주성분은?
   ① 과산화수소
   ② 취소산 나트륨
   ③ 티오글리콜산
   ④ 브롬산칼륨

3. 콜드 퍼머넌트 웨이브(cold permanent wave) 시술 시 모발의 진단 항목과 거리가 가장 먼 것은?
   ① 경모 혹은 연모 여부
   ② 발수성 모 여부
   ③ 모발의 성장주기
   ④ 염색모 여부

4. 모발 끝 선에서부터 시작되는 와인딩 기법으로 1925년 죠셉메이어에 의해 고안된 와인딩 기법은?
   ① 스파이럴식
   ② 압착식
   ③ 크로키놀식
   ④ 고정식

   ◆ 해설
   • 크로키놀식 : 모발 끝 선에서 모근 쪽으로 와인딩 하는 기법, 모근 쪽은 폭이 넓고 모발 끝 선은 웨이브의 폭이 좁게 형성
   • 스파이럴식 : 모근에서 모발 끝 선 쪽으로 와인딩 하는 기법, 모근에서 모발 끝 선까지 웨이브의 폭이 일정하게 형성

정답 1 ② 2 ③ 3 ③ 4 ③

5. 일반적으로 퍼머넌트 웨이브(permanent wave)가 잘 형성되지 않는 모발은?

① 염색한 두발　　② 다공성 두발
③ 흡수성 두발　　④ 발수성 두발

6. 퍼머넌트 웨이브 제1제의 주성분이 아닌 것은?

① 시스테 아민　　② 브롬산칼륨
③ 티오글리콜산　　④ 시스테인

7. 모발 끝부터 모근 쪽으로 와인딩하는 크로키놀식 와인딩에 해당되지 않는 것은?

① 호리존탈 (가로 와인딩)　　② 스파이럴식 (트위스트 와인딩)
③ 버티컬 (세로 와인딩)　　④ 다이애거널 (사선 와인딩)

8. 아이론 헤어펌의 모발 결합은?

① 염 결합　　② 시스틴 결합
③ 수소결합　　④ 펩타이드결합

◆ 해설
모발 단백질에서 수소결합은 아미노산의 산성 부위에 있는 수소 원자가 다른 아미노산의 산성 부위에 있는 산소 원자를 끌어당길 때 일어난다.

9. 프로세싱 타임을 가장 잘 설명한 것은?

① 처음과 마지막 와인딩한 로드를 풀어 1제 작용 정도를 확인하는 것을 의미한다.
② 로드를 말기 쉽도록 두상을 구획하는 작업을 의미한다.
③ 로드와 파지를 이용하여 모발을 감싸는 작업을 의미한다.
④ 1제 도포 후 2제 도포하기 전까지의 방치 시간을 의미한다.

정답　5 ④　6 ②　7 ②　8 ③　9 ④

10. 퍼머넌트 웨이브 시술을 하기 전의 조치사항 중 틀린 것은?

① 필요 시 샴푸를 한다.
② 정확한 헤어 디자인을 구상한다.
③ 린스 또는 오일을 바른다.
④ 모발의 건강 상태를 파악한다.

11. 다음 보기에서 연화 체크 방법으로 맞지 않은 것은?

① 밝아지는 색깔로 연화를 점검한다..
② 모발은 비벼보면 까슬한 느낌이 있다.
③ 모발을 꺾어보면 휘어진다.
④ 모발을 3~4가닥 당겨보았을 때 0.5~1배 장력이 생긴다.

> ◈ 해설
> 모발에서의 안정화를 가져다주는 -S-S-결합을 환원제로 결합력을 끊어 부드럽게 만드는 과정

정답 10 ③   11 ②

Unit 12. 염·탈색(헤어 컬러링)

1. 색의 삼원색으로 맞은 것은?

   ① 빨강, 노랑, 흰색　　　② 빨강, 노랑, 검정
   ③ 빨강, 파랑, 노랑　　　④ 빨강, 노랑, 주황

2. 빛의 삼원색으로 맞은 것은?

   ① 빨강, 노랑, 흰색　　　② 빨강, 녹색, 파랑
   ③ 빨강, 파랑, 노랑　　　④ 빨강, 노랑, 주황

3. 모발의 색은 흑색, 적색, 갈색, 금발색, 백색 등 여러 가지 색이 있다. 다음 중 주로 검은 모발의 색을 나타나게 하는 멜라닌은?

   ① 유멜라닌(eumelanin)
   ② 티로신(tyrosine)
   ③ 페오멜라닌(pheomelanin)
   ④ 멜라노사이트(melanocyte)

   ◆ 해설
   주로 동양인에게 유멜라닌 색소가 많고 과립 입자이며 서양인에게 페오멜라닌 색소를 많이 가지고 분말 입자 형태를 가지고 있다.

4. 다음 중 염색 시간과 방치 시간이 가장 짧으며 충분한 컨디셔닝이 필요한 모발은?

   ① 저항성 모발　　　② 흡수성 모발
   ③ 발수성 모발　　　④ 흰 모발

   ◆ 해설
   흡수성 모발은 모발 손상이 되어 있기 때문에 멜라닌 색소 제거와 착색 과정이 비교 짧은 시간에 진행된다.

정답　1 ③　2 ②　3 ①　4 ②

5. 모발을 밝은 갈색으로 염색한 후 다시 자라난 모발에 염색하는 것을 무엇이라 하는가?

① 영구적 염색　　　　　　② 패치테스트
③ 스트랜드 테스트　　　　④ 리터치

◆ 해설
새로 자라난 버진헤어에 밝은 갈색으로 되돌아가다 의미로 리터치라고 표현한다.

6. 모발염색 시 일반적으로 사용하는 과산화수소의 적정 농도는?

① 12%　　　　　　　　　② 3%
③ 9%　　　　　　　　　　④ 6%

◆ 해설
극손상 모의 톤다운 시술 시 과산화수소 3%를 사용할 경우도 있지만, 일반적으로 과산화수소 6%를 사용하며 과산화수소 9%. 는 두피 화상을 초래하므로 주의 사용하여야 한다.

7. 블랙으로 6개월 전 염색을 했던 고객에게 7레벨의 색을 내려고 한다. 작업을 하기 전 스트랜드 테스트에 대한 설명 중 옳은 것은?

① 희망 색으로 염색이 가능한지 테스트해 보는 작업이다.
② 자외선에 의한 반응이 달라질 수 있으므로 모발의 가장 위쪽으로 하는 것이 좋다.
③ 실제 사용할 염모제가 없는 경우 유사 제품으로 테스트해도 된다.
④ 모발 손상 도를 고려하여 방치 시간은 10분 이내로 가급적 짧게 둔다.

◆ 해설
스트랜드 테스트는 희망 색의 발색 여부를 확인하는 작업이다. 눈에 두드러지게 보이는 톱 부분의 모발보다 네이프 부분 모발에 사용하려는 동일한 염모제로 배합 및 방치 시간을 준수하며 테스트해야 한다.

정답　5 ④　6 ④　7 ①

8. 알칼리성 산화 염모제의 pH는?

① pH 6~7 ② pH 7~8 ③ pH 8~9 ④ pH 9~10

◆ 해설
수용액 중에 수소 이온(H+)과 수산화 이온(OH-)의 농도의 비를 말하며 수산화 이온이 많아지면 pH 수치가 높아지고 알칼리성(염기성)이 된다.
따라서 케미컬 산화 염모제는 9~10 정도이며 최근에 기화성이 강한 염모제도 출시되고 있다.

9. 헤어 컬러 작업을 하기 전 패치테스트에 관한 문제이다. 옳지 않은 것은?

① 패치테스트는 염색하기 전 48시간 전에 해야 하고, 가려움이나 이상이 있을 경우 바로 제거한다.
② 패치테스트는 한 번의 결과로 판단하며, 그다음 염색부터는 하지 않아도 무관하다.
③ 테스트하는 부위는 팔의 안쪽이나 귀 뒤가 적당하다.
④ 테스트 방법은 1제와 2제를 혼합하여 소량을 발라준다.

◆ 해설
알레르기는 발생 원인과 시기가 다양하므로 과거 부작용 없이 사용했던 염모제라 할지라도 매번 패치테스트를 하는 것이 원칙이다.

10. 색에 대한 설명 중 옳지 않은 것은?

① 색의 삼원색은 빨강, 파랑, 노랑이다.
② 일정량의 보색을 혼합하면 무채색이 된다.
③ 노란색의 보색은 녹색이다.
④ 색의 3요소는 색상, 명도, 채도이다.

◆ 해설
색상환에서 마주 보고 있는 색을 보색이라고 하며, 노란색의 보색은 보라색이다.

정답 8 ④ 9 ② 10 ③

11. 염색 시술 후 고객에게 사후처리에 대한 설명을 해주었다. 다음 중 옳지 않은 것은?

① 모발 세척 시 미지근한 물로 헹구는 것이 좋다.
② 세정력이 좋은 알칼리 샴푸를 사용하는 것이 좋다.
③ 컬러 전용 샴푸를 사용하는 것이 좋다.
④ 강한 자외선은 모발을 퇴색될 수 있으므로 주의한다.

◆ 해설
알칼리 성분은 모표피를 이완시켜 컬러의 탈색 현상이 나타날 수 있으므로 수축 작용이 있는 약산성제품으로 샴푸 하는 것이 좋다.

12. 다음 중 산화 형 영구 염모제의 염료가 아닌 것은?

① 과황산칼륨
② 파라페닐렌디아민
③ 파라아미놀페놀
④ 파라톨루엔디아민

◆ 해설
탈색제 분말의 경우 과황산칼륨, 과황산암모늄, 메타규산나트륨 같은 알칼리제 성분들이 대표적이다.

13. 헤어 컬러 시술에 따른 2 제의 활용법에 대한 설명으로 옳은 것은?

① 흰머리 염색 시 2 제의 농도는 9%가 적합하다.
② 톤다운을 위한 멋 내기 염색 시 2 제의 농도는 9%가 적합하다.
③ 채도만 바꾸고자 하는 톤인톤 시술 시는 9%가 적합하다.
④ 명도를 높이고자 하는 톤 업 시술 시는 9%가 적합하다.

◆ 해설
헤어 컬러의 목적에 따라 사용하는 산화제를 구분하여 선택해야 한다.
현재보다 명도를 높이는 톤 업(tone up)일 경우 6% 또는 9%의 산화제가 효과적이며 채도만 바꾸고자 하는 같은 색조 배색(tone in tone)의 경우에는 6% 또는 3%가 효과적이다.
현재보다 명도는 낮추는 톤 다운(tone dowon)의 경우 3%가 가장 효과적이다.

14. 다음 중 염색 시술 시 방치 시간이 가장 짧으며 충분한 컨디셔닝이 필요한 모발은?

① 지성 모발

② 다공성 모발

③ 발수성 모발

④ 백 모발

◆ 해설
다공성 모발이란 모발의 간충물질이 소실되어 모발 조직 중에 공동이 많고 보습 작용이 적어져 모발이 건조해지기 쉬운 손상 모를 말한다.

정답 14 ②

Unit 13. 가발술

1. 두상의 특정한 부분에 볼륨이 필요할 때 사용하는 것이 아닌 것은?

   ① 위그(wig)　　　　　　② 위글렛(wiglet)
   ③ 폴(fall)　　　　　　　④ 스위치(switch)

2. 가발의 조건으로 맞지 않은 것은?

   ① 장시간 착용에도 두피에 피부염 등 이상이 없어야 한다.
   ② 통풍이 잘되어 땀 등에서 자유로워야 한다.
   ③ 착용감이 가벼워 산뜻해야 한다.
   ④ 건강한 모발로 무게감을 주어 착용에 안전감이 있어야 한다.

3. 다음 중 인모 가발에 대한 설명으로 잘못된 것은?

   ① 비교적 가격이 저렴하다.
   ② 드라이나 아이론을 이용하여 스타일 변경이 가능하다.
   ③ 자연스러우며 고급스럽다.
   ④ 펌이나 염색 등의 시술 처리가 가능하다.

4. 가발 착용 시 견인성 탈모가 발생될 수 있는 착용 방법은?

   ① 테이프 부착방법　　　② 접착제 부착방법
   ③ 클립식 착용방식　　　④ 벨크로 착용방식

5. 인모 가발의 샴푸 방법으로 맞는 것은?

   ① 세정력이 좋은 알칼리 샴푸를 사용한다.
   ② 알칼리성이 낮은 양질의 샴푸를 사용한다.
   ③ 깨끗하게 비벼서 샴푸 한다.
   ④ 고온의 물로 샴푸 한다.

정답　1 ①　2 ④　3 ①　4 ③　5 ②

02 Chapter

피부학

Unit 1 | 피부와 부속기관
Unit 2 | 피부 유형별 분류
Unit 3 | 피부와 영양
Unit 4 | 피부질환
Unit 5 | 피부와 광선
Unit 6 | 피부 면역
Unit 7 | 피부 노화
◈ 실전 기출 예상문제

UNIT 01 : 피부와 부속기관

1 피부 구조 및 기능

1) 피부의 구조

인체의 근육과 기관을 덮어 보호하는 상피조직으로 표피, 진피, 피하지방으로 구성되어 외부환경으로부터 신체를 보호하고 체온을 조절하며 감각을 느낄 수 있게 한다.

피부는 표피, 진피, 피하지방층으로 이루어져 있다.

표피는 피부의 가장 표면에 위치하여 각질을 생성하고 피부를 보호하는 역할을 하고 진피는 표피 아래 존재하는 조직으로 한선, 피지선, 모낭, 혈관, 림프관, 신경, 근육 등이 포함되어 있다.

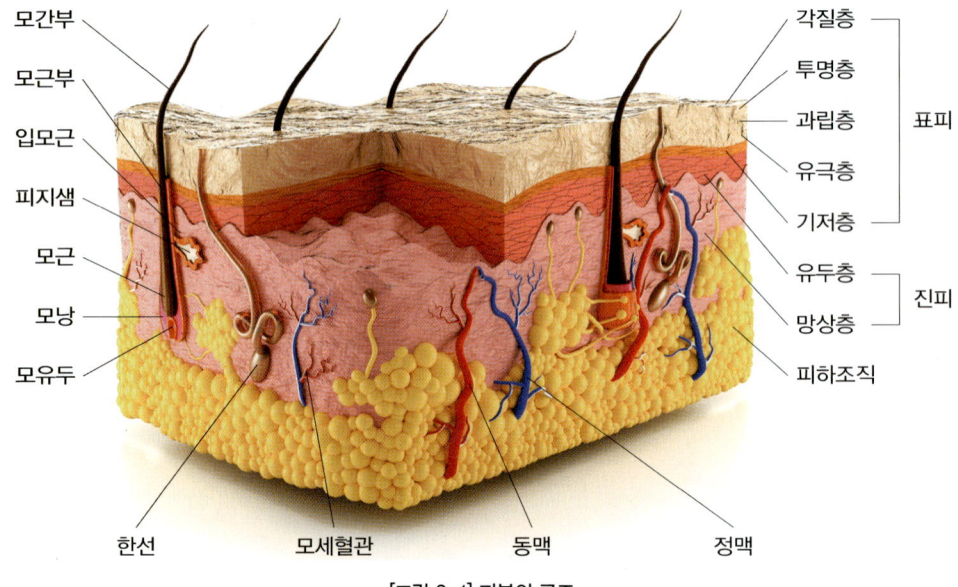

[그림 2-1] 피부의 구조

2) 표피(epidermis)의 구조와 기능

(1) 표피(epidermis)의 구조

표피는 동물체의 표면을 덮고 있는 피부의 상피 조직으로서 각질층, 투명층, 과립층, 유극층, 기저층으로 이루어져 있다.

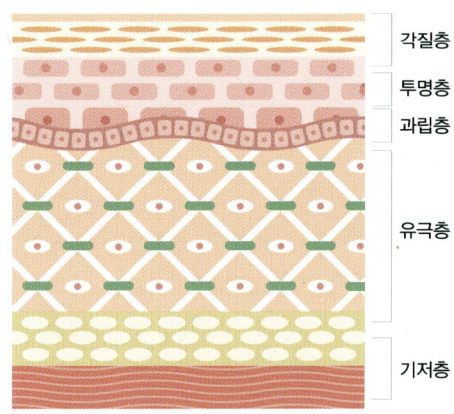

[그림 2-2] 표피의 구조

① 각질층(horny layer)

피부의 가장 바깥쪽에 위치하며 무핵의 세포층으로 약 20~30개의 층으로 이루어져 있으며 표피 두께의 3/4을 차지하고 있다. 각질(keratin)은 단백질이 딱딱하게 각화된 상태로 바깥층에 가까울수록 세포 사이에 틈이 생겨 자연 탈락한다.

기저층에서 분열된 세포가 각질층까지 밀려 올라와 탈락하는 세포 주기는 약 28일이다.

② 투명층(clear layer)

두꺼운 표피에 존재하는 투명한 층으로 손바닥과 발바닥처럼 피부가 두꺼운 부위에서 관찰된다. 투명층의 세포질은 무색투명한 엘레이딘(eleidin) 이라는 반유동성 물질로 구성되어 수분 침투를 방지하고 피부를 윤기 있게 한다.

③ 과립층(granular layer)

3~5개의 층으로 이루어져 있으며 과립층의 세포질 안에는 케라토하이알린(keratohyalin) 이라는 과립형 물질을 포함하고 있어서 각질화가 시작되는 곳이며 빛을 산란시켜 자외선을 흡수하고 외부 물질에 대해 방어기능과 수분 유출을 막아주는 기능을 한다.

④ 유극층(pickle-cell layer)

세포들은 크고 타원형으로 핵이 존재하여 세포재생이 가능하다. 유극층에 존재하는 세포 사이에는 영양 공급에 관여하는 물질대사인 림프액이 흐르고 면역기능을 담당하는 랑게르한스 세포(langerhanscell)가 존재한다.

⑤ 기저층(basal layer)

기저층은 진피와 접해있는 입방형의 세포로 단일 층의 유핵세포로 표피를 진피에 고정 시키는 역할을 한다.

기저층에는 줄기세포(stem cell)와 멜라닌생성 세포(melanocyte)가 존재하고 있으며, 멜라닌생성 세포는 피부가 자외선에 노출되면 자극을 받아 멜라닌(melanin) 색소를 다량 생산해서 방출하게 되고 멜라닌 색소는 진피 내의 색소세포와 함께 피부색을 결정하는 중요한 요소 중의 하나가 된다.

(2) 표피(epidermis)의 구성 세포

① 각질 형성 세포(keratinocyte)

표피의 주요 구성 성분으로 표피세포 대부분을 차지하고 있으며 피부의 각질(keratin)을 생성하면서 각화된다.

표피는 기저층, 유극층, 과립층, 투명층, 각질층인 5개의 층으로 구성되어 있으며, 기 저층에서 각질 형성 세포가 세포분열을 위한 DNA(deoxyribonucleicacid)의 합성과 복제 및 RNA(ribonucleic acid)를 생성한다.

② 멜라닌 형성 세포(melanocyte)

멜라닌소체(melanosome)와 단백질을 이용하여 피부색에 관여하는 멜라닌(melanin)이라는 색소를 생성하는 세포로 표피의 기저층의 각질 형성 세포들 사이에 위치하고 있다.

멜라닌의 생성은 티로신(tyrosine)에서 시작되고 티로시나아제(tyrosinase) 효소에 의해서 산화 중합되어 생성된 멜라닌 입자를 멜라노사이트의 가지라 할 수 있는 덴드라이트(dendrite)는 케라티노사이트로 멜라닌 입자들을 투입 시키는 역할을 한다.

③ 랑게르한스 세포(langerhans cell)

면역 시스템 활성화에 관여하며 신경과도 밀접한 관계가 있어 랑게르한스 세포의 기능 조절에 영향을 미치며 세포 표면에 면역과 관련된 항체 수용체와 보체 수용체가 존재하고 있어서 외부의 이물질 침입에 선제 방어반응을 인지 및 중계하는 역할을 한다.

T세포와 연계된 항원 전달 과정에 관여하여 감염과 염증에 대한 피부 반응을 조절하는 기능을 담당하고 피부의 수지상 세포로 피부에서 항원을 잡아 가까운 림프절로 이동하여 림프구에게 항원을 제공하는 세포의 일종이다.

④ 머켈 세포(merkel cell)

각질 형성세포와 유사한 비 각질성 수지상 세포인 감각 신경 계통의 세포이다.

감각 신경이 풍부하여 촉각을 담당하는 촉각 수용성 신경 말단 기관의 일종으로 주로 표피의 기저층에 존재하며 표피에 광범위하게 분포되어 있다.

(3) 진피

표피 아래에 있는 0.5 ~ 4mm로 비교적 두꺼운 층으로 혈관과 신경, 림프관, 에크린선, 아포크린선, 피지선 등의 피부 부속기관이 분포되어 있다.

진피층의 주요 구성 세포는 섬유아세포(nerve cell) 비만세포(mast cell) 혈관내피 세포(vascular endothelial cell) 신경세포(nerve cell) 등이 존재한다.

진피는 유두층과 망상 층으로 구분되며 진피의 구성 섬유로 교원섬유(collagen fiber)와 탄력섬유(elastic) 세망섬유(reticular fiber) 등으로 구성되어 있다.

① 유두층(papillary layer)

진피의 표층으로 혈관과 림프관이 존재하고 통증을 감지하는 통각수용기(자유 신경 말단)와 촉각을 감지하는 촉각 수용체가 존재하고 유두층에 존재하는 모세혈관을 통해 표피의 기저층에 산소와 영양을 공급하여 피부 건강에 영향을 준다.

② 망상 층(reticular layer)

진피의 80%를 차지하고 있으며 그물 형태를 이루고 교원섬유(collagen fiber)와 탄력섬유(elastic fiber) 같은 결합조직 섬유로 이루어져 있다.

콜라겐(collagen)과 엘라스틴(elastin)은 섬유아세포(fibroblast)에서 합성되며, 섬유아세포의 상태에 따라 피부 탄력도에 영향을 미친다.

(4) 진피의 구성 세포(dermis compose cell)
① 섬유아세포(fibroblast)
콜라겐, 엘라스틴, 기질을 합성하는 결합조직 세포

② 대식세포(macrophage)
면역 담당 세포

③ 비만세포(mast cell)
비정상적 비만세포 증식으로 알레르기 반응을 일으키는 세포

(5) 피부조직의 기능
① 보호 기능 : 외부 자극 (각종 세균, 미생물, 자외선)에 대한 보호
② 체온조절 기능 : 혈관 확장과 수축으로 열과 땀을 분비하여 체온조절
③ 분비 및 배설 기능 : 피지와 땀으로 각종 노폐물을 피부 표면으로 배
④ 감각기능 : 통각, 촉각, 냉각, 압각, 온각(통각이 가장 넓게 분포)
⑤ 호흡 기능 : 산소흡수, 이산화탄소 방출

(6) 피하지방(subcutaneous layer)
진피와 밀접한 관계를 맺고 있어 진피와 피하조직 사이의 경계는 명확하지 않다.
피하지방층은 피부와 근육 사이의 결합조직으로 지방세포 집단이 지방층을 형성하여 피하지방의 형태로 저장되어 있다.
피하지방의 기능은 단열성(斷熱性)으로 열에 대한 전도율이 낮기 때문에 인체에 방한 역할과 몸의 충격을 흡수하여 신체를 보호하고, 인체에 필요한 에너지원을 저장하며 체형을 결정하는 역할을 한다.

(7) 피하조직

피하조직은 진피와 근육 사이에 위치하고 피부의 가장 아래층에 해당한다.

	외부 충격을 방어하여 피부를 보호
	체온조절 및 보호 기능
피하조직의 기능	에너지 저장 기능
	수분조절 기능
	탄력성 유지 및 체내 신진대사 조절 기능

(8) 피부 부속기관의 구조 및 기능

한선(sudoriferouse glans)은 전신에 분포되어 땀을 만들어 피부 밖으로 분비하는 외분비선으로 땀샘(sweat glans)이라고도 한다.

땀샘은 우리 몸의 전체에 분포하는데 땀샘에 따라 존재하는 위치에 조금의 차이가 있다.

에크린샘은 입술의 경계부, 소음순, 귀두부, 손발톱에는 존재하지 않는다. 아포크린땀샘은 겨드랑이, 바깥귀길, 눈꺼풀 등에만 분포되어 있다.

에크린샘의 주된 기능은 저장액을 만들어 몸의 표면에서 증발시키면서 체온을 낮추는 기능을 한다. 대부분의 에크린샘은 열 자극에 의해 반응하고 손바닥, 발바닥, 겨드랑이의 아포크린땀샘은 통증이나 불안 등 정서적 자극에도 반응한다.

① 에크린선(eccrine gland)

에크린선은 입술의 경계부, 소음순(labia minor), 귀두(glans) 표피 내면 등을 제외한 전신에 존재하고 아포크린선보다 훨씬 많은 약 230만 개 정도 분포되어 있다.

에크린선은 땀을 생산하고 무색·무취·무미로 체온조절과 노폐물 배출을 담당하여 체온을 조절하는 역할을 한다.

② 아포크린선(apocrine gland)

아포크린선은 태아에는 거의 모든 피부에서 발견되지만, 점점 퇴화하여 출생 시에는 겨드랑이, 생식기 주변, 외이도(externalauditory meatus), 콧방울, 하복부 주위에 한정적으로 분포한다.

아포크린선은 pH가 5.5~6.5이며 호르몬의 영향을 받아 아포크린선의 기능이 활발해지고 분비물 속의 글리코겐(glycogen)이라는 물질이 세균에 의하여 분해되어 지방산과 암모니아로 변하게 되어 불쾌한 냄새가 발생한다.

소한선(에크린선)	입술, 생식기, 손, 발톱을 제외한 전신에 분포(손, 발바닥, 이마에 집중분포) 되어 무색무취의 맑은 액체를 분비하여 체온조절 및 노폐물 배출역할
대한선(아포크린선)	귀, 겨드랑이, 배꼽 주위, 성기 주위 등 특정 부위에 존재 공기에 산화되어 특유의 냄새 발생(액취증)

땀의 구성 성분

종류	특성
수분(water)	99
염화나트륨(NaCl)	0.8
요소(urea)	0.1
유기산(organic acid)	0.03
아미노산(amino acid)	0.02
암모니아(NH_4)	0.01

③ 피지선(sebaceous gland)

손바닥, 발바닥 등 털이 없는 부위를 제외한 거의 모든 전신의 피부에 존재하고 신체 부위에 따라 크기, 형태, 분포도 면에서 차이가 있다.

얼굴과 두부는 팔, 다리보다 피지샘의 크기가 크고 그 수도 많이 존재하며 머리, 얼굴, 가슴, 등, 겨드랑이, 음낭 부위에 많이 분포되어 있다.

진피의 망상층에 위치하고 손바닥과 발바닥을 제외한 전신에 분포 수분 증발 억제 작용과 모발의 윤기와 광택 유지하고 피부의 pH를 약산성으로 유지 시켜 세균 및 이물질 침투를 방지하고 성인 1일 피지량은 약 2g 정도 분비된다.

3) 모발

(1) 모발의 개요

모발의 구성	케라틴 단백질, 멜라닌 색소, 지질, 수분. 미량원소 등
모발의 성장 속도	0.34~0.35mm(1일), 1~1.5cm(30일)
모발의 사이클	생성기→ 성장기 → 퇴화기 → 휴지기
모발의 수명	3~6년 (남성 : 3~5년, 여성 : 4~6년)

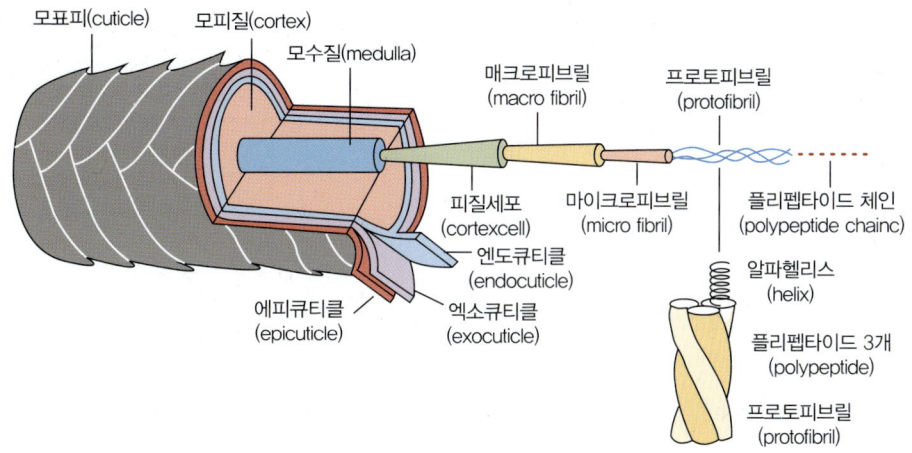

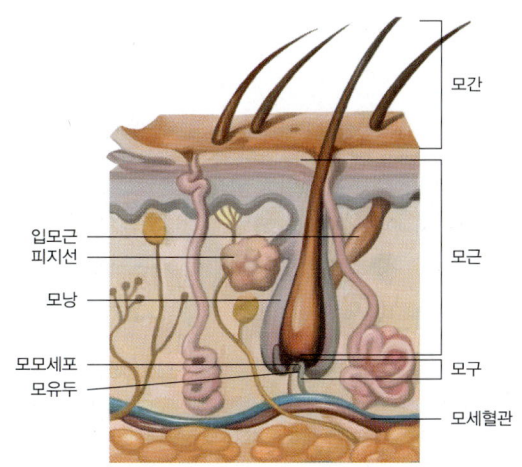

[그림 2-3] 모발의 구조

모간부와 모근부

종류		특성
모간부	모표피	얇은 비늘 모양으로 평균 8층, 한 겹이 3층(엔도큐티클, 엑소큐티클, 에피큐티클)으로 구성
	모피질	18종의 아미노산, 수분, 멜라닌색소, 지질, 미량원소로 구성
	모수질	수질 세포로 공기 함유
모근부	모낭	모근을 싸고 있는 백열등 전구 모양의 조직
	모구	모근의 뿌리 부분
	모유두	모낭 끝에 위치하고 모세혈관을 통해 모발에 영양공급
	모모세포	모유두에 인접한 세포층으로 세포 분열을 하여 모발을 형성

UNIT 02 : 피부 유형별 분류

1 피부 유형에 따른 특징과 관리방법

1) 정상피부
① 특징 : 결이 부드러우며 맑고 탄력이 있는 피부로 수분과 피지 분비량이 적당한 피부
② 관리방법 : 유·수분관리로 수분 공급을 위해 물을 충분히 마시도록 노력한다.

2) 건성피부
① 특징 : 유분과 수분함량이 부족하여 윤기가 없고 피부탄력 저하가 발생한 피부
② 관리방법 : 유분과 수분이 함유된 화장품을 사용하고 알코올 성분을 많이 함유한 화장품은 사용하지 않는 것이 좋다.

3) 지성피부
① 특징 : 여드름과 뾰루지가 잘 생기며 모공이 넓고 피부가 두꺼우며 피지 분비가 많은 피부
② 관리방법 : 딥클렌징제를 이용해 메이크업이나 피지 제거와 세정을 주기적으로 진행하고 수면 부족이나 스트레스, 변비 등은 여드름이나 뾰루지를 유발하므로 피하는 것이 좋다.

4) 민감성 피부
① 특징 : 난방, 추위, 바람, 자외선 등에 쉽게 붉어지고 모세혈관이 확장되어 실핏줄이 보이는 피부
② 관리방법 : 무향, 무색, 무알코올 화장품을 선택하는 것이 좋다.

5) 복합성 피부
① 특징 : T존 부위는 피지 분비가 많고, U존 부위는 건성으로 지성과 건성이 겹친 피부
② 관리방법 : 이마, 코 주위의 과잉 피지를 제거하고 볼의 수분을 공급하여 이상적인 피부관리가 필요하다.

UNIT 03 : 피부와 영양

1 영양소

인간의 생명과 건강 유지, 성장 및 신체조직의 재생에 필요한 식품 속의 성분을 말한다.

1) 영양소의 구성

① 3대 영양소 : 탄수화물, 단백질, 지방
② 5대 영양소 : 탄수화물, 단백질, 지방, 비타민, 무기질
③ 6대 영양소 : 탄수화물, 단백질, 지방, 비타민, 무기질, 물

2) 영양소의 기능

영양소	종류	기능
열량 영양소	지방, 탄수화물, 단백질	힘이 나게 하거나 몸에서 열이 나게 하는 일
구성 영양소	단백질, 무기질, 물	혈액 및 뼈와 근육을 만들어주는 일
조절 영양소	무기질, 비타민, 물	심장 박동, 혈액 응고, 성장 호르몬 분비 등 생리 기능을 조절해 주는 일

3) 3대 영양소의 종류

(1) 탄수화물

- 기능 : 우리 몸을 움직이는 주 에너지원
- 하루 섭취량 : 자기 몸무게 1kg당 5g(하루 전체 필요량 중 50 ~ 60%)
- 함유 식품 : 곡류(현미, 통밀, 쌀, 보리, 밀, 옥수수, 귀리 등) 감자, 고구마, 떡, 빵, 국수, 콩 과자류 등

(2) 단백질

- 기능 : 신체조직 구성, 효소나 호르몬 합성에 쓰임

- 하루 섭취량 : 자기 몸무게 1kg당 0.8 ~ 1g(하루 전체 필요량 중 5 ~ 15%)
- 함유식품 : 육류, 가금류(닭, 오리), 달걀, 우유, 대두, 생선, 치즈, 유제품 등

(3) 지방
- 기능 : 에너지 공급원, 내장기관을 보호하면 비타민의 흡수와 운반을 도움
- 하루 섭취량 : 가장 많은 열량 비율을 가진 영양소이며 자동으로 섭취(하루 전체 필요량의 20 ~ 35%)
- 함유 식품 : 식물성기름(콩기름, 면실유, 옥수수기름, 땅콩기름 등), 생선, 육류, 버터, 우유, 달걀노른자 등

4) 비타민과 무기질

(1) 비타민
- 기능 : 생리 대사의 보조역할, 세포의 성장촉진, 신경안정
- 종류 : 지용성 비타민(A, D, E, K) 수용성 비타민(B_1, B_2, B_{12}, C)
- 피부의 영향 : 피부 재생 촉진(A), 피부 면역성 향상(K), 콜라겐 형성(C), 피부병 치료(P) 등

(2) 무기질
- 기능 : 효소와 호르몬의 주성분, 근육의 탄력성 유지
- 종류 : 칼슘, 인, 마그네슘, 나트륨, 칼륨, 황, 아연, 구리, 요오드, 크롬, 코발트 등
- 피부의 영향 : 피부 신진대사 촉진(칼슘), 산소와 영양소를 피부에 운반(철), 수분 조절(칼륨) 등

비타민의 기능과 특징

종류	기능	결핍증상	함유식품
비타민 A	피부재생, 노화방지	성장부진, 야맹증, 피부건조증	간, 생선 간유, 전지분유, 계란, 푸른 잎채소(당근, 시금치 등), 해조류
비타민 D	뼈의 발육촉진	구루병, 골격과 치아의 발육부진	생선 간유, 기름진 생선, 난황
비타민 E	황산화기능, 노화지연	빈혈, 피부노화	식물성 기름(콩, 옥수수, 목화씨, 해바라기씨, 기름 등), 마가린, 쇼트닝
비타민 K	혈액응고관여, 모세혈관강화	혈액응고지연	녹색 채소, 과일, 곡류, 우유, 고기 등

종류	기능	결핍증상	함유식품
비타민 B_1	피부면역증진	각기병, 여드름	맥주효모, 돼지고기, 두류, 곡류의 배아
비타민 B_2	보습과 성장촉진	구순염, 습진	육류, 닭고기, 생선, 유제품, 두류, 녹색야채, 곡류, 난류
비타민 B_{12}	혈액생산, 세포재생	빈혈, 피부염	육류, 간, 생선, 우유 및 유제품, 난류 등
비타민 C	노화예방, 피부탄력유지	괴혈병, 색소침착	채소(풋고추, 고춧잎, 피망, 케일, 양배추, 시금치 등), 과일(키위, 오렌지, 딸기 등)

2 영양소가 피부에 미치는 영향

1) 탄수화물
- 피부세포에 활력을 증진, 보습효과, 체온조절, 피로회복에 도움을 준다.
- 과잉섭취 시 피지 분비량 증가, 피부염이 발생할 수 있다.

2) 단백질
- 손, 발톱을 건강하게 유지, 피부 건조방지, 피부 재생에 도움을 준다.
- 과잉섭취 시 수분부족 현상이 나타난다.

3) 지방
- 피부 건조방지, 피부 재생에 도움을 준다.
- 과잉섭취 시 피부 탄력성 및 보습력이 저하된다.

4) 비타민
- 비타민 A : 피부재생촉진
- 비타민 C : 콜라겐 형성
- 비타민 K : 피부면역성 향상
- 비타민 P : 피부병 치료에 효과적

5) 무기질
- 칼슘 : 피부 신진대사 촉진
- 칼륨 : 수분조절
- 철 : 산소와 영양소를 피부에 운반

UNIT 04 : 피부질환

1 원발진과 속발진

1) 원발진
건강한 피부에 처음으로 질병의 초기 병변이 나타나는 증상

원발진의 종류

종류	특성
반점	피부 주변 부위와 경계가 있는 색이 다른 반점(주근깨, 기미, 작은 점 등)
반	반점보다 1cm 이상 큰 점, 화염상모반, 몽고반점 등
구진	직경 1cm 미만의 크기로 융기된 병변으로 주위 피부보다 붉음
판	구진이 커지거나 융합된 넓은 병변
결절	경계가 명확하고 딱딱한 덩어리가 만져지는 융기
종양	직경 2cm 이상의 혹처럼 큰 결절
팽진	가렵고 부어서 넓적하게 올라와 있는 일시적 부종성 병변
소수포	맑은 액체가 포함된 물집, 직경 1cm를 기준으로 구분
농포	농을 포함한 융기된 병변으로 1cm 미만
낭포	표면이 융기되어 있으며, 피하지방층까지 침범하여 통증을 유발

2) 속발진

원발진의 병변이 더욱 심화하여 진행되어 변화된 병변

속발진의 종류

종류	특성
인설	피부 표면으로부터 탈락되는 층상의 각질 덩어리
가피	혈청과 농 및 혈액이 말라붙은 병변
찰상	소양증 등으로 긁어생긴 병변
미란	표피가 떨어져 나간 병변
궤양	표피와 함께 진피까지 패인 상태의 병변
반흔	진피 심부에 생긴 피부결손 부위에 새로운 조직의 증식으로 생긴 흉터
균열	질병이나 외상에 의해 피부가 갈라진 상태
켈로이드	진피의 콜라겐이 과다 생성되어 흉터가 굵고 크게 표면 위로 융기한 흔적
위축	진피의 세포나 성분이 감소로 피부가 얇아진 상태
태선화	표피 전체와 진피 일부가 가죽처럼 두꺼워지며 광택이 없는 현상

2 피부질환

1) 색소 이상 증상

(1) 색소 과침착 : 멜라닌세포가 손상된 특정한 부위에 색소 증가
  ① 표피 : 기미, 주근깨, 갈색 반점, 흑색종
  ② 진피 : 몽고반점

(2) 저색소 침착 : 멜라닌 합성이 부족하여 감소
  ① 백색증 : 멜라닌 세포에서 멜라닌 합성이 결핍되는 선천성 유전질환
  ② 백반증 : 멜라닌 세포 소실에 의해 다양한 크기와 형태의 백색 반들이 피부에 나타나는 후천성 탈색소 질환

2) 습진에 의한 피부질환

(1) 접촉성 피부염 : 피부를 자극하거나 알레르기 반응을 일으키는 물질에 노출되었을 때 나타나는 피부질환

(2) 지루성 피부염 : 머리, 이마, 겨드랑이 등 피지의 분비가 많은 부위에 잘 발생하는 만성염증성 피부질환

(3) 아토피성 피부염 : 만성적으로 재발하는 심한 가려움증이 동반되는 피부 습진질환

3) 감염성 피부질환

(1) 바이러스성 피부질환
① 단순포진 : 입술과 얼굴에 잘 생기며 피부에 작열감과 통증이 있고 수포가 생기는 질환
② 대상포진 : 수두 대상포진 바이러스(Varicella – zoster virus, VZV)에 감염 후 후근신경절에 잠복하고 있던 바이러스가 재활성화되어 발생하는 질환
③ 수두 : 급성 바이러스 질환으로 급성 미열로 시작되고 전신적으로 가렵고 발진성 수포가 발생
④ 홍역 : 제2군 법정전염병으로 measles virus에 의해 전염되는 특징적인 발진을 동반하는 호흡기염 질환

(2) 진균성 피부질환
① 원인균 : 효모균과 피부사상균에 의해 발병되어 나타나는 피부질환
② 종류 : 족부백선(무좀), 두부백선(두피에 발병), 조갑백선(손·발톱 무좀), 완선(사타구니습진), 칸디다증(붉은 반점과 소양증을 동반)

4) 열에 의한 피부질환

(1) 화상

손상정도에 따른 화상의 종류

구분	손상정도
1도 화상	표피층만 손상된 상태로 화상을 입은 부위에 홍반, 국소 열감, 통증 수반
2도 화상	표피 전체와 진피층까지 손상되어 수포 발생
3도 화상	피부 전체와 신경 손상까지 동반한 상태
4도 화상	피부의 전층과 근육, 신경, 뼈, 조직까지 손상된 상태

(2) 땀띠(한진) : 땀샘관이 막혀서 피부의 여러 층으로 땀이 방출되면서 피부에 있는 땀구멍에 생기는 작은 다발성 병변

(3) 열성 홍반 : 피부에 화상을 입지 않을 정도로 강렬한 열에 장시간 노출되어 피부의 홍반과 과색소침착을 일으키는 질환

UNIT 05 : 피부와 광선

1 자외선

태양 광선의 스펙트럼을 사진으로 찍었을 때 가시광선의 바깥쪽에 나타나는 짧은 파장으로 눈에 보이지 않는 빛

자외선의 종류

자외선 종류	자외선 파장	자외선 기능
UV - A	320 ~ 400nm	오존층에 흡수되지 않으며 적은 에너지양으로 피부를 빨갛게 만드는 작용을 하지만 오래 노출될 경우 피부암 발생의 가능성
UV - B	280 ~ 320nm	비타민 D를 생성하는 등의 작용을 하며 대부분 오존층에 흡수되지만, 일부가 지표에 도달
UV - C	100 ~ 280nm	염색체 변이와 단세포 유기물을 죽이는 등 해로운 영향을 주고 대부분 성층권의 오존층에 흡수되며 인간의 피부가 타는 현상이나 피부암 유발

1) 자외선이 피부에 미치는 영향

자외선의 해로운 부분은 대기 중 성층권에 존재하는 오존층에 흡수되어 지구상의 생명체를 보호(살균 및 소독, 비타민 D 형성, 혈액순환 촉진)하는 역할을 하고 오존층이 파괴되어 자외선이 지표에 도달하는 양이 많아지게 되면 인간이나 다른 생명체의(일광화상, 색소 침착, 홍반 반응, 광 노화 현상 등 악영향을 끼치게 된다.

2 적외선

스펙트럼에서 가시광선의 적색의 바깥쪽에 나타나는 광선으로, 가시광선보다 파장이 길며, 눈에 보이지 않지만 물체에 흡수되어 열에너지로 변하는 특성이 있다.

적외선의 종류

적외선 종류	적외선 파장	적외선 기능
근적외선	0.8μm ~ 2μm	진피에 침투, 소독과 멸균, 근육치료에 이용
적외선	2μm ~ 4μm	표피전층침투, 진정효과, 탈취효과
원적외선	4μm ~ 1,000μm	고분자재료의 가열이나 유기 용체의 건조에 이용

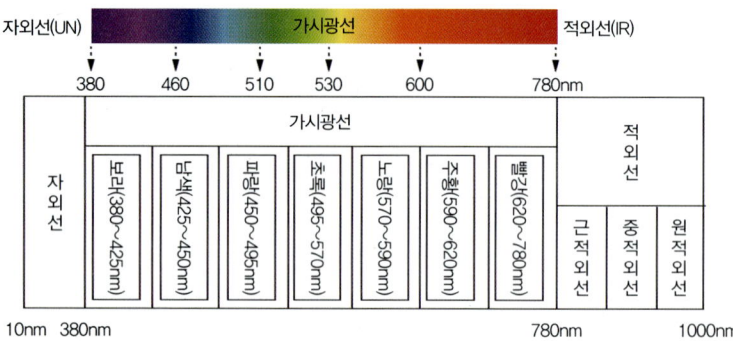

[그림 2-4] 적외선의 종류

1) 적외선의 효과

소독과 멸균, 관절 및 근육치료에 사용되며 적외선 레이저빔으로 외과수술에 이용되기도 하며 온도가 낮은 지구 표면에서 방출하는 것은 모두 적외선이다.

3 가시광선

파장 범위는 380 ~ 780nm(나노미터)로 사람은 보통 색채로 빛을 인식한다. 가장 파장이 큰 색이 빨간색이고 이보다 큰 파장은 적외선으로 넘어가 사람의 눈에 잡히지 않는다. 파장이 가장 작은 색은 보라색으로 이보다 더 작은 파장은 자외선과 X선이 있다. 일곱 가지 색이 합쳐지면 하얀색으로 보이는데, 평소에 빛이 하얗게 보이는 것은 이 때문이다.

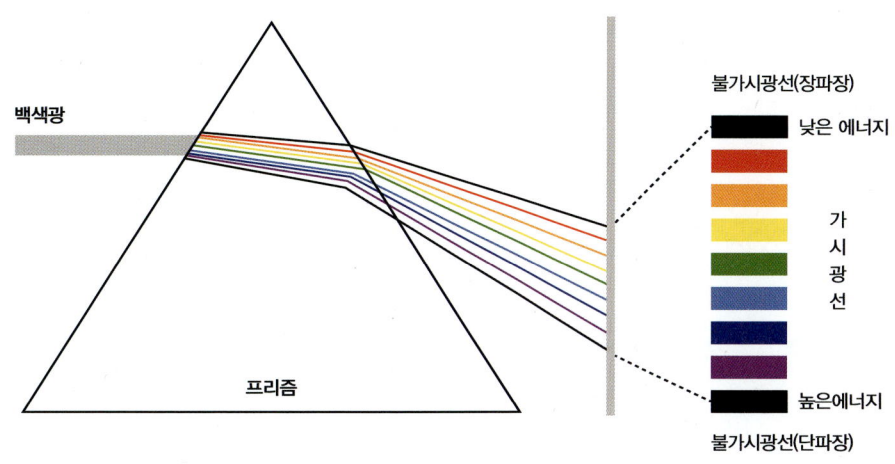

[그림 2-5] 가시광선

UNIT 06 : 피부 면역

1 면역의 종류와 작용

1) 면역의 정의
사람이나 동물의 몸 안에 들어온 항원에 대하여 항체가 만들어져서 같은 항원이 침입하여도 두 번 다시 발병하지 않도록 저항력을 가지는 일

2) 면역의 종류와 작용

(1) 선천적 면역 : 인체가 병원체의 감염 여부에 관계없이 선천적으로 가지는 방어기전

(2) 후천적 면역 : 많은 종류의 병원체에 각각 대응할 수 있는 특이한 면역 방어기전

면역의 구분

구분		특성
능동면역	자연 능동면역	전염병 감염에 의해 형성된 면역
	인공 능동면역	예방접종의 결과로 획득된 면역
수동면역	자연 수동면역	모체로부터 생성된 면역
	인공 수동면역	면역 혈청 주사에 의해 획득된 면역

면역 반응(면역 메커니즘)

종류	기능
B 림프구	항원을 인지한 후 항체를 분비해서 주로 감염된 세균을 제거하는 기능
T 림프구	세포성 면역이라 하여 항원을 인지하여 림포카인이라는 물질을 분비하거나 직접 감염된 세포를 죽이는 역할

UNIT 07 : 피부 노화

1 피부 노화의 정의

시간의 경과에 따라 세포 기관 또는 개체에 나타나는 진행적인 변화를 말하며 피부에 일어나는 쇠퇴 현상

피부 노화 현상

구분	원인	특징
내인성 노화 (생리적 노화)	나이에 따른 과정성 노화	• 표피와 진피가 얇아진다. • 피부가 건조해지고 잔주름 증가 • 면역(랑게르한스 세포 감소) • 신진대사 기능 저하
광노화 (환경적 노화 현상)	생활여건, 외부 환경 노출로 일어나는 노화 현상	• 각질층이 두꺼워진다. • 주근깨, 색소침착 • 면역성 감소(랑게르한스 세포 감소) • 과도한 색소침착

CHAPTER 02. 피부학 실전 기출 예상문제

Unit 1. 피부와 부속기관

1. 다음 중 피부 구조에 대한 설명으로 맞지 않은 것은?

① 피부는 표피, 진피, 피하조직으로 나누어진다.
② 피하조직은 피지선을 의미한다.
③ 표피의 가장 아래쪽은 기저층이다.
④ 진피는 유두층과 망상층으로 구성된다.

2. 피부 색소의 멜라닌을 만드는 색소형성세포는 어느 층에 위치하는가?

① 유극층　　　　　② 기저층
③ 과립층　　　　　④ 각질층

◆ 해설
기저층은 표피의 가장 아래층에 있으며 세포 분열을 형성하는 층으로 멜라닌을 형성하는 색소 형성 세포를 가지고 있다.

3. 피부 구조에서 진피 중 피하조직과 연결되어있는 것은?

① 망상층　　　　　② 유두층
③ 기저층　　　　　④ 유극층

◆ 해설
망상층은 진피의 가장 두꺼운 층으로 피하조직과 연결되어 있다.

4. 다음 중 멜라닌 생성저하 물질인 것은?

① 콜라겐　　　　　② 엘라스틴
③ 비타민 C　　　　④ 티로시나아제

◆ 해설
비타민 C는 수용성 비타민으로 멜라닌 색소 과립의 생성을 억제하는 작용이 있고 결핍되면 저항력이 감퇴된다.

정답　1 ②　2 ②　3 ①　4 ③

5. 다음 중 교원섬유와 탄력섬유로 구성되어 있으며 신경세포 임파액 등 많은 조직이 분포되어 있는 곳은?

① 표피
② 임파선
③ 피하조직
④ 진피

◆ 해설
교원섬유, 탄력섬유, 평활근섬유로 구성되어 있고 표피 아래에 존재하는 것은 진피이다.

6. 무핵층으로 손바닥과 발바닥에 주로 있는 층은?

① 과립층
② 기저층
③ 각질층
④ 투명층

◆ 해설
- 과립층 : 수분 증발을 막아주는 기능
- 기저층 : 표피의 가장 아래에 위치, 세포 형성 기능
- 각질층 : 표피의 최상층, 피부 보호 기능
- 투명층 : 외부로부터 수분 침입을 막아주는 기능

7. 다음 중 촉각을 감지하는 감각 세포는?

① 랑게르한스 세포
② 섬유아 세포
③ 멜라닌형성 세포
④ 머켈 세포

◆ 해설
머켈 세포는 기저층에 위치하며 촉각 세포로서 감각을 감지한다.

정답 5 ④ 6 ④ 7 ④

8. 다음 중 최전방 수비병으로 면역과 가장 관계가 깊은 세포는?

① 랑게르한스 세포　　② 머켈 세포
③ 멜라닌 세포　　　　④ 각질형성 세포

◆ 해설
랑게르한스 세포는 유극층에 위치하며 피부 면역을 담당한다.

9. 교원섬유(Collagen)와 탄력섬유(Elastin)로 구성되어 있어 강한 탄력성을 지니고 있는 곳은?

① 진피　　② 근육
③ 표피　　④ 피하조직

◆ 해설
진피의 결합 조직층, 상아질, 연골조직 등에 있는 단백질. 교원질, 아교질이라고도 하며 엘라스틴(elastin)은 결합조직 내에서 탄성력이 높은 단백질이다. 교원섬유(콜라겐 섬유), 탄력섬유(엘라스틴 섬유)

10. 다음 중 아포크린선의 분포가 가장 많은 부위는?

① 이마　　② 콧등
③ 겨드랑이　④ 등

◆ 해설
아포크린선은 겨드랑이, 유두, 배꼽, 음부 등에 분포되어 있다.

11. 피부의 새로운 세포 형성은 어디에서 이루어지는가?

① 투명층　　② 과립층
③ 기저층　　④ 유극층

◆ 해설
기저층은 표피의 가장 아래에 존재하며 새로운 세포 형성과 멜라닌 색소를 함유하고 있다.

정답　8 ①　9 ①　10 ③　11 ③

12. 케라토히알린 과립은 피부 표피의 주로 어느 층에 존재하는가?

① 과립층　　　　　　② 유극층
③ 기저층　　　　　　④ 투명층

◆ 해설
과립층의 세포 내에는 케라토히알린 과립(Keratohyalin granule)이 존재하며 수분 증발을 저지하고 외부로부터 이물질 침투에 대한 방어를 한다.

13. 피부 세포의 각화 주기는 보통 며칠인가?

① 45일　　　　　　② 28일
③ 60일　　　　　　④ 90일

◆ 해설
피부의 각화 주기는 기저층에서 생성되어 각질층까지 올라와 박리될 때까지 기간은 약 28일 소요된다.

14. 각질층이 함유하고 있는 수분의 함유량은?

① 5%　　　　　　② 10 ~ 30%
③ 40 ~ 45%　　　　　　④ 50 ~ 60%

◆ 해설
각질층에 천연보습인자가 존재하며 정상적으로 유지시켜 주기 위한 최소한의 각질층 수분함량은 10% 정도이고, 건강한 피부에서 각질층의 수분함량은 약 30%이다.

정답　12 ①　13 ②　14 ②

15. 건강한 피부의 가장 이상적인 pH는?

① 9.0 ~ 10.0　　　　　② 6.5 ~ 8.0
③ 1.0 ~ 2.0　　　　　　④ 4.5 ~ 6.5

◆ 해설
피부의 최적 pH는 약산성인 5.5일 때 피부에 해로운 박테리아, 독소, 습기 등을 차단하는 피부 장벽을 유지할 수 있다.

16. 피부에 가장 많이 분포하는 감각은?

① 촉각　　　　　　　　② 온각
③ 통각　　　　　　　　④ 압각

◆ 해설
감각점의 분포 수 : 통점(아픔) > 압점(누름) > 촉점(접촉) > 냉점(차가움) > 온점(따뜻함)

17. 천연보습인자(NMF)에 속하지 않는 것은?

① 글리세린　　　　　　② 아미노산
③ 암모니아　　　　　　④ 젖산염

◆ 해설
천연보습인자(NMF)는 각질층에 존재하며 아미노산, 젖산염, 요소, 암모니아, 칼륨, 마그네슘 등으로 구성되어 콜라겐과 엘라스틴 사이사이에 들어가 세포의 구조를 팽팽하게 유지해 피부 표면을 주름 없이 매끄럽게 유지시키는 역할을 한다.

18. 진피의 80 ~ 90%로 대부분을 차지할 정도로 가장 두꺼운 부분이며 그물 모양으로 구성되어 있는 층은?

① 유두층 ② 과립층
③ 망상층 ④ 유극층

◆ 해설
망상층은 망상(그물 모양의 막 구조) 결합조직으로 구성되어 있다.

19. 피부 표피층 중에서 가장 두꺼운 층으로 세포 표면에는 가시 모양의 돌기를 가지고 있는 것은?

① 과립층 ② 기저층
③ 유극층 ④ 각질층

◆ 해설
유극층은 표피 중 가장 두꺼운 층으로 림프액이 흐르고 있어 표피의 영양을 공급하고 있는 살아 있는 세포이다.

20. 피지선에 대한 설명으로 틀린 것은?

① 피지를 분비하는 선으로 진피층에 위치한다.
② 피지선은 손바닥에는 존재하지 않는다.
③ 피지의 분비량은 10 ~ 20g 정도이다.
④ 피지선이 많은 부위는 코 주위이다.

◆ 해설
피지샘은 진피의 망상층에 위치하고 손바닥과 발바닥을 제외한 신체 모든 부위에 분포해 있고 성인의 1일 피지 분비량은 약 1 ~ 2g 정도이다.

정답 18 ③ 19 ③ 20 ③

21. 액취증의 원인이 되는 아포크린(한선)이 분포되어 있지 않은 곳은?

① 겨드랑이 ② 손·발바닥
③ 배꼽 주변 ④ 성기 주변

◆ 해설
아포크린샘은 겨드랑이, 성기 주변, 귀, 유두, 배꼽 주변에 분포하고 있으며 분비 당시에는 지방과 콜레스테롤이 함유된 무균성, 무취성이지만 피부에 상주하고 있는 세균의 작용으로 지방산과 암모니아로 분해되어 특징적인 냄새가 난다.

22. 다음 중 피부의 각질, 털, 손톱, 발톱의 구성성분인 케라틴을 가장 많이 함유한 것은?

① 동물성 단백질 ② 동물성 지방질
③ 식이섬유 ④ 탄수화물

◆ 해설
표피세포의 가장 바깥쪽에 있는 모발, 양모, 깃털, 뿔, 손톱, 발톱, 발굽 등의 주성분으로 동물체 보호역할을 하는 구조단백질

23. 다음 중 모간부에 해당되는 것은?

① 모구 ② 모유두
③ 모낭 ④ 모피질

◆ 해설
· 피부 밖으로 나와 있는 모간부 : 모표피, 모피질, 모수질
· 피부 속 모낭에 있는 모근부 : 모낭, 모구, 모유두

24. 다음 중 멜라닌색소를 함유하고 있는 부분은?

① 모피질 ② 모구
③ 모표피 ④ 모수질

> ◆ 해설
> 모발은 모표피, 모피질, 모수질의 세 층으로 가장 바깥에 있는 모표피에는 케라틴이라는 반투명 단백질이 비늘 모양으로 덮여 있다. 모표피의 안쪽에 있는 모피질은 모발 대부분을 차지하는 조직으로 단백질의 섬유가 모여서 이루고 있으며 멜라닌 색소를 풍부하게 함유하고 있다. 또 가장 안쪽에 있는 모수질에는 구멍이 많으며 벌집 같은 모양의 세포로 이루어져 있다.

25. 모발의 구성성분 중 가장 많이 있는 것은?

① 멜라닌 ② 케라틴 단백질
③ 지질   ④ 미량 원소

> ◆ 해설
> 모발의 성분 : 케라틴 단백질 80 ~ 90%, 수분 10~15%, 멜라닌 색소 3% 이하, 지질 1 ~ 8%, 미량원소 0.6 ~ 1%

26. 하루에 성장하는 모발의 길이는?

① 0.35 ~ 0.40mm ② 0.8 ~ 1.0mm
③ 1.1 ~ 1.7mm   ④ 1.8 ~ 2.0mm

> ◆ 해설
> 모발은 하루 0.35 ~ 0.40mm, 1개월 10.5 ~ 12.0mm 성장한다.

27. 다음 중 모발의 성장 단계를 바르게 나타낸 것은?

① 성장기 → 휴지기 → 퇴화기 → 생성기
② 휴지기 → 생성기 → 퇴화기 → 성장기
③ 퇴화기 → 성장기 → 생성기 → 휴지기
④ 성장기 → 퇴화기 → 휴지기 → 생성기

◆ 해설
모발의 사이클 : 성장기 3 ~ 6년, 휴지기 1 ~ 2주, 퇴화기 5 ~ 6주, 생성기
머리카락이 자라는 것은 각 개인의 영양 상태, 신체 부위, 인종, 나이, 기온 등에 따라서 그 정도가 달라지며, 일반적으로 봄과 초여름에 모발 성장이 왕성하며 가을이 되면 많은 휴지기 상태로 들어가 탈모가 증가된다.

28. 손톱 및 발톱의 설명으로 틀린 것은?

① 케라틴과 아미노산으로 이루어져 있다.
② 단단하고 탄력이 있어야 건강하다.
③ 조근은 손톱의 성장이 시작되는 부분이다.
④ 손톱은 하루에 10mm 정도 자란다.

◆ 해설
손발톱의 성장은 모두 손발톱 기저(손발톱이 손·발가락에 붙어 있는 부분)에서 1일 0.1mm 정도 자란다.

❈ Unit 2. 피부의 유형분석

1. 피부 유형에 대한 설명으로 맞게 짝지어진 것이 아닌 것은?

① 복합성 피부 : 얼굴에 두 가지 이상의 피부 유형이 있다.
② 노화 피부 : 잔주름과 색소 침착이 일어난다.
③ 민감성 피부 : 피부의 각질층이 두껍다.
④ 지성 피부 : 모공이 크며 번들거린다.

> ◆ 해설
> 민감성 피부는 피부조직이 매우 섬세하고 얇으며 피부 표면이 투명한 경우가 많다. 웃거나 찡그리거나 할 때 표정에 의한 피부 주름이 일시적으로 잘 나타난다.

2. 피부가 두터워 보이고 모공이 크며 화장이 쉽게 지워지는 피부 타입은?

① 건성 피부   ② 지성 피부
③ 민감성 피부   ④ 중성 피부

> ◆ 해설
> 피지선 활동이 왕성해져서 여드름이 나는 것은 물론 트러블이 많고 기름이 많아서 화장이 쉽게 지워지고 피부가 칙칙해 보인다.

3. 다음 중 민감성 피부에 대한 설명으로 가장 적합한 것은?

① 피지의 분비가 적어서 거친 피부
② 멜라닌 색소가 많은 피부
③ 어떤 물질에 예민하게 반응을 일으키는 피부
④ 피지 분비가 왕성한 피부

> ◆ 해설
> 민감성 피부는 특정 물질에 알레르기 반응을 일으킨다든지 화장품 사용에도 매우 예민하게 반응을 하는 피부

정답 1 ③   2 ②   3 ③

4. 건성 피부의 특징으로 맞은 것은?

① 중성 피부라고 하며, 가장 이상적인 피부 상태이다.
② 피부가 얇고 피부 결이 섬세해 보이나 탄력이 없다.
③ 부드러우면서 탄력성이 좋고 주름이 없다.
④ 유분과 수분의 밸런스가 맞고, 윤기가 있다.

> ◈ 해설
> 건성 피부는 가능한 피지를 빼앗기는 클렌저를 쓰지 말고 물로만 세안하거나, 클렌저를 쓸 경우에는 최대한 피지를 제거하지 않으면서 보습막을 남기는 제품을 선택해야 한다.

5. 지성 피부 관리법으로 맞지 않는 것은?

① 피부 수축의 수렴 화장수를 사용한다.
② 모든 형태의 클렌징 사용이 가능하다.
③ 피지 과잉 분비를 억제하는 수렴 화장수를 사용한다.
④ 보습과 피지 제거 기능이 있는 팩을 사용한다.

> ◈ 해설
> 지성피부는 피지조절 기능이 강화된 지성 전용 제품이나 오일프리 로션을 사용하여 번들거림을 줄이고 매트한 기초손질을 할 수 있도록 한다.

정답 4 ② 5 ②

❋ Unit 3. 피부와 영양

1. 콜라겐을 합성하고 상처 회복 촉진과 항산화 작용을 하는 비타민은?

① 비타민 D   ② 비타민 C
③ 비타민 B_2 ④ 비타민 B_1

◆ 해설
비타민 C는 콜라겐(피부, 힘줄, 뼈, 지지조직물을 구성하고 상처를 치료해주는 단백질)을 합성, 혈관의 구조강도를 일정하게 유지하고, 특정 아미노산의 대사와 관련이 있으며, 부신 호르몬을 합성 및 유리시킨다.

2. 다음 중 자외선에 의해 합성되며 칼슘과 인의 대사를 도와주고 발육을 촉진시키는 비타민은?

① 비타민 A   ② 비타민 B
③ 비타민 C   ④ 비타민 D

◆ 해설
비타민 D는 자외선에 의해 합성되며 뼈를 튼튼하게 하고 키가 크는 데 도움을 주는 성장 비타민이다.

3. 탄수화물을 과잉 섭취했을 때 나타나는 현상은?

① 당뇨병 위험이 높아진다.   ② 체중이 감소한다.
③ 기력이 부족하다.   ④ 발육이 부진하다.

◆ 해설
탄수화물을 과잉 섭취하면 인슐린을 지나치게 분비시켜 체내 지방을 축적시키며 콜레스테롤을 축적시켜 당뇨나 고혈압 등을 유발할 수 있다.

정답 1 ② 2 ④ 3 ①

4. 무기질의 설명으로 맞지 않은 것은?

① 조절 작용을 한다.
② 에너지 공급원으로 이용된다.
③ 수분과 산, 염기의 평형 조절을 한다.
④ 뼈와 치아를 공급한다.

◆ 해설
- 다량 무기질 : 칼슘, 인, 마그네슘, 나트륨, 칼륨, 염소 등
- 미량 무기질 : 철분, 아연, 구리, 요오드, 셀레늄, 불소 등
- 열량 영양소 : 지방, 단백질, 탄수화물

5. 비타민 결핍으로 불임증 및 생식 불능과 피부의 노화 작용 등과 가장 관계가 깊은 것은?

① 비타민 B 복합체
② 비타민 D
③ 비타민 A
④ 비타민 E

◆ 해설
비타민 E가 결핍되면 생식불능과 근위축증, 빈혈, 피로, 비만, 치매, 신경계 발달에도 문제가 생길 수 있다.

Unit 4. 피부질환

1. 피부진균에 의하여 발생하며 습한 곳에서 발생 빈도가 가장 높은 것은?

① 족부백선 ② 티
③ 모낭염 ④ 봉소염

◈ 해설
손발 무좀 환자와 직접적인 피부접촉을 통하여 감염되거나 공동 수영장이나 목욕탕 바닥, 발수건, 신발 등을 통하여 감염될 수 있다.

2. 다음 중 속발진에 속하는 것은?

① 면포 ② 결절
③ 종양 ④ 태선화

◈ 해설
- 원발진 : 피부질환의 초기 증상으로 반점, 구진, 결절, 종양, 팽진, 소수포, 농포가 있다.
- 속발진 : 2차적 피부질환으로 미란, 찰상, 인설, 가피, 태선화, 반흔 등이 있다.

3. 다음 중 바이러스성 피부질환은?

① 단순포진 ② 주근깨
③ 기미 ④ 여드름

◈ 해설
단순포진 바이러스 I 형은 보통 입과 입 주위 그리고 인체의 허리선 이상에서 발생하는 단순포진을 말한다.

정답 1 ① 2 ④ 3 ①

4. 다음 중 여드름의 발생 순서로 맞는 것은?

① 구진 → 면포 → 농포 → 결절 → 낭종
② 낭종 → 구진 → 농포 → 결절 → 면포
③ 면포 → 구진 → 농포 → 결절 → 낭종
④ 면포 → 구진 → 결절 → 농포 → 낭종

◆ 해설
여드름은 털을 만드는 모낭에 붙어 있는 피지선에 발생하는 만성염증성 질환으로 면포 → 구진 → 농포 → 결절 → 낭종 순으로 발생한다.

5. 직경 1~2mm의 둥근 백색 구진으로 안면(특히 눈 하부)에 발생하는 것은?

① 피지선 모반   ② 표피낭종
③ 비립종   ④ 한관종

◆ 해설
비립종은 백색이나 황색의 얕은 각화 낭종으로 직경 1 ~ 2 mm의 둥근 구진이 뺨과 눈꺼풀 등에서 발생하거나 속발성의 경우 이환부에 발생한다.

6. 화상의 구분 중 피부의 표피, 진피층은 물론 피하조직까지 손상받고 피부감각이 상실되는 것은?

① 1도 화상   ② 2도 화상
③ 3도 화상   ④ 4도 화상

◆ 해설
3도 화상 : 피부의 표피, 진피층은 물론 피하조직까지 손상받은 경우로, 피부는 건조하며 밀랍 같은 흰색 또는 타버린 갈색이나 검은색으로 변하며 피부감각을 상실하여 핀으로 찔러도 통증을 느끼지 못한다.

정답 4 ③   5 ③   6 ③

7. 다음 중 태선화에 대한 설명으로 옳은 것은?

① 표피 전체와 진피의 일부가 가죽처럼 두꺼워지는 현상이다.

② 표피세포 수의 감소와 관련이 있으며 종종 진피의 변화와 동반된다.

③ 불규칙한 모양의 굴착으로 점진적인 괴사에 의해 표피와 함께 진피의 소실이 오는 것이다.

④ 진피와 심부에 생긴 결손을 새로운 결체조직의 생성으로 정상치유 과정의 하나이다.

> ◆ 해설
> 태선화 현상이란 장기간에 걸쳐 반복하여 긁거나 비벼서, 피부가 코끼리 피부처럼 되는 현상

7 ①

Unit 5. 피부와 광선

1. 다음 중 광노화 현상을 발생시키는 광선은?

① 원적외선　　　　　　② 가시광선
③ 적외선　　　　　　　④ 자외선

◆ 해설
자외선 B의 경우 일광화상 및 피부암 발생, 광노화 현상, 색소침착 등 해로운 작용이 있지만 비타민 D를 만드는 긍정적인 작용도 있다.

2. 다음 중 적외선에 의한 피부 반응으로 맞은 것은?

① 혈액순환과 신진대사 촉진　　② 일광화상 및 일광 알레르기
③ 색소 침착 및 홍반 반응　　　④ 광노화 현상

◆ 해설
스펙트럼에서 가시광선의 적색 바깥쪽에 나타나는 광선으로, 가시광선보다 파장이 길며, 눈에는 보이지 않지만 물체에 흡수되어 열에너지로 변하는 특성이 있다.

3. 다음 중 적외선에 설명으로 맞지 않은 것은?

① 혈액순환 및 신진대사 촉진　　② 통증 완화 및 진정 효과
③ 근육 이완과 수축　　　　　　④ 살균 및 소독

◆ 해설
자외선에 의한 살균은 세균, 바이러스, 곰팡이 등의 대부분의 세균에 대해 효과적이다.

정답　1 ④　2 ①　3 ④

4. 자외선 B의 차단지수의 단위는?

① WHO　　　　　　　　　② BTS
③ SPF　　　　　　　　　　④ FDA

◆ 해설
자외선 차단제의 효능은 자외선 차단지수(Sun Protection Factor : SPF)로 자외선 B의 차단지수를 표시하고 자외선 A의 차단지수는 UVA 지수, PPD(Persistent Pigment Darkening) 또는 PA(Protection of A)로 표시한다.

정답　4 ③

Unit 6. 피부 면역

1. 피부의 면역에서 항체를 형성하여 면역 역할을 수행하는 림프구는?

① A 림프구 ② T 림프구
③ B 림프구 ④ Q 림프구

◈ 해설
B세포는 박테리아·바이러스 같은 항원과 결합하여 자극을 받으면 동종의 혈장세포 클론으로 증식하여 항체 분자를 만들어 항원을 중화 또는 파괴시킨다.

2. 면역의 종류와 작용에 대하여 잘못 설명된 것은?

① 선천적 면역은 태어날 때부터 가지고 있는 면역 체계이다.
② 후천적으로 형성된 면역에는 능동면역과 수동면역이 있다.
③ 면역은 특정 병원체나 독소에 대한 저항력을 가지는 상태이다.
④ 후천적 면역은 자연면역이라고도 한다.

◈ 해설
- 후천적 면역 또는 특이적 면역 또는 2차 방어작용 또는 획득 면역은 질병에 걸렸거나 예방접종 등을 함으로써 얻어지는 면역을 말한다.
- 선천적 면역은 비특이적 면역, 1차 방어작용, 자연면역, 내재 면역으로, 식물, 곰팡이, 곤충이나 일부 원시적 형태의 다세포 생물들은 자연면역 체계만을 가지고 있다.

정답 1 ③ 2 ④

3. 질병을 앓고 난 후의 결과로 획득된 면역은?

① 자연 능동면역 ② 자연 수동면역
③ 인공 능동면역 ④ 인공 수동면역

◈ 해설
- 자연 능동면역 : 질병을 앓고 난 후 획득되는 것으로 이물질에 대한 기억을 통해 재발하지 않는다. 예) 수두, 홍역, 볼거리
- 인공 능동면역 : 예방접종을 통해 심한 질병을 피하게 하는 것
  예) 소아마비, 홍역, 풍진, 결핵, 장티푸스, 콜레라 등
- 자연 수동면역 : 태아가 모체로부터 받는 면역
- 인공 수동면역 : 인체감마 글로불린 주사, 다른 사람이나 동물에 의해 이미 만들어진 항체주입
  예) 광견병, 파상풍, 뱀에 물린 경우 등

4. B 림프구에 관한 내용으로 맞지 않은 것은?

① 기억세포 형성으로 영구 면역에 관여한다.
② 골수에서 형성된다.
③ 피부나 장기 이식 시 거부반응에 관여한다.
④ 체액성 면역을 주도한다.

◈ 해설
T세포가 특정 항원에 의해 자극되면 보조 T세포는 B세포가 항체를 형성하도록 자극하는 물질이 포함된 림포카인을 분비한다.

❖ Unit 7. 피부노화

1. 광노화와 내인성 노화의 피부 두께 변화를 바르게 연결한 것은?

① 광노화 - 얇아짐, 내인성 노화 - 얇아짐
② 광노화 - 두꺼워짐, 내인성 노화 - 두꺼워짐
③ 광노화 - 두꺼워짐, 내인성 노화 - 얇아짐
④ 광노화 - 얇아짐, 내인성 노화 - 두꺼워짐

2. 광노화 현상으로 잘못 설명된 것은?

① 표피와 진피가 얇아짐
② 면역성 감소
③ 기미 발생
④ 색소 침착

◈ 해설
- 광노화는 피부결이 거칠고 보다 더 건조하며 피부탄력은 현저하게 감소하여 처진 모습이나 깊은 피부주름, 피멍과 피지샘 과형성과 같은 병변도 흔히 관찰된다.
- 내인성 피부노화는 평소 햇볕에 가려진 피부에 나타나는 변화로서 피부결은 매끈하지만 다소 건조한 편이며, 창백한 피부색과 가늘고 얕은 주름이 관찰되고 피부 탄력의 감소는 경미한 편이다.

3. 자외선에 장시간 노출되었을 때 피부 변화를 일으켜서 노화로 진행되는 현상은?

① 생리적 노화
② 내인성 노화
③ 피부 노화
④ 광노화

정답 1 ③ 2 ① 3 ④

4. 경구투여로 자외선을 차단하는 물질은?

① 벤조페논 유도체　　　　　② 베타-카로틴
③ 디벤조일 메탄 유도체　　　④ 캄파 유도체

> ◆ 해설
> • 베타 – 카로틴 : 비타민A 전구체로 많이 먹으면 표피에 저장되고 이 물질은 자외선A를 차단한다.
> • 벤조페논 유도체, 디벤조일 메탄 유도체, 캄파 유도체 등은 자외선을 흡수하여 자외선 에너지를 열, 진동으로 변동시키는 화학적 방법에 의해 피부를 보호하는 물질이다.

5. 물리적 방법으로 자외선을 산란시켜 피부 속으로의 침투를 막는 물질이 아닌 것은?

① 벤조페논 유도체　　　　　② 산화아연
③ 규산염　　　　　　　　　　④ 탤크

> ◆ 해설
> • 자외선 흡수제 : 벤조페논 유도체, 파라아미노벤조인산 유도체 등
> • 자외선 산란제 : 산화아연, 규산염, 탤크 등

정답　4 ②　5 ①

03

Chapter

소독학

Unit 1 | 소독의 정의 및 분류
Unit 2 | 미생물 총론
Unit 3 | 병원성 미생물
Unit 4 | 작업장 환경 위생소독
◈ 실전 기출 예상문제

UNIT 01 : 소독의 정의 및 분류

1 소독 용어 정의

소독(disinfection)은 감염을 일으킬 수 있는 병원성 미생물을 사멸, 제거하여 감염의 위험성을 제거하는 조작이다.

소독 용어 정의

구분	정의
멸균	포자를 포함한 모든 미생물을 살균 또는 제거하여 세균, 균류가 존재하지 않는 무균 상태를 만드는 것
살균	아포를 제외한 병원성 미생물의 완전한 파괴를 의미하는 물리적·화학적 처리하는 것
소독	병원성 미생물을 활동하지 못하게 하거나 제거하여 감염을 방지하는 것
방부	병원성 미생물의 발육과 작용을 정지시켜서 부패나 발효되어 변질되는 것을 방지하는 것
제부	화농창에 소독제를 도포하여 화농균을 사멸시키는 것
감염	병원체가 사람이나 동식물에 침입하여 발육 증식하는 것
오염	물체 내부나 표면에 병원체가 붙어 있는 것

2 소독 기전(소독 메커니즘)의 종류

소독 기전에 따른 종류

소독 기전	종류
산화 작용	과산화수소, 염소, 오존
균체 단백질 응고 작용	산, 알칼리, 알코올, 석탄산, 크레졸, 포르말린
균체 효소의 불활성화 작용	알코올, 석탄산, 역성비누

소독 기전	종류
가수분해 작용	강산, 강알칼리
염의 형성 작용	중금속염

3 소독법의 분류

소독법의 종류는 자연소독법(희석, 태양광선 등), 물리적 소독법, 화학적 소독법이 있다.

1) 물리적 소독법

(1) 건열에 의한 방법
화염멸균법, 건열멸균법, 소각법 등이 있다.

(2) 습열에 의한 방법
자비소독법, 고압증기살균법, 유통증기멸균법, 간헐멸균법, 저온살균법 등이 있다.

(3) 기타 물리적 소독법
자외선멸균법, 세균 여과법, 초음파소독 등이 있다.

물리적 소독법의 종류

물리적 소독법	종류	방법
건열에 의한 방법	화염멸균법	알코올램프, 천연가스 등을 이용하여 불꽃에 20초 이상 가열하여 미생물을 태우는 방법(유리, 도기, 금속 제품 등 불연성 제품)
	건열멸균법	건열 멸균기 150 ~ 170℃에서 1 ~ 2시간 멸균 처리하는 방법 (주사기, 유리, 도기 제품)
	소각법	병원 미생물에 오염된 물건을 불에 태우는 방법, 가장 안전한 소독법(환자 의복, 환자 개인물품)

물리적 소독법	종류	방법
	자비소독법	100℃ 끓는 물에 15 ~ 20분 처리하는 방법 (금속성 식기, 면 의류, 타월, 도기)
습열에 의한 방법	고압증기살균법	고압증기멸균기 사용 – 아포를 포함한 모든 미생물멸균 (기구, 의류, 고무제품, 거즈) • 10파운드 : 115℃에서 30분 • 15파운드 : 120℃에서 20분 • 20파운드 : 127℃에서 15분
	유통증기멸균법	증기 솥을 100℃로 30 ~ 60분 처리 (물에 넣을 수 없는 제품)
습열에 의한 방법	간헐멸균법	100℃의 증기로 30분 3일에 걸쳐 3회 반복 (유통 증기 소독법으로 적당하지 않은 경우 사용)
	저온살균법	60~70℃에서 30분 가열 – 아포가 없는 결핵, 디프테리아, 살모넬라균 살균에 이용(우유, 과즙 살균)
기타 물리적 멸균법	자외선멸균법	자외선에 의한 소독법 (무균실, 제약공장, 식품, 기구, 플라스틱 제품, 음료수)
	세균 여과법	세균 여과기로 세균을 제거하는 방법 (특수 약품, 혈청 등 열을 가할 수 없는 물질에 이용)
	초음파소독	초음파 기기를 10분 정도 사용하여 소독[미생물(나선균) 소독]

2) 화학적 소독법

(1) 알코올

① 에틸알코올은 주당의 원료로 쓰이고 인체에 무해

② 소독용으로 70 ~ 75% 사용

③ 수지, 피부, 가위, 칼, 솔 등 소독에 사용

(2) 역성비누(양이온 계면활성제)

① 피부에 자극이 없고 소독력이 높음

② 이·미용사의 손 세정에 적당(1% 수용액)

③ 계면활성제 중 가장 항균 활성이 높음

④ 양이온으로 대전되어 세균과 곰팡이를 구성하고 있는 단백질이나 셀룰로스에 강하게 흡착하여 세포의 구조 파괴

(3) 과산화수소
   ① 2.5 ~ 3.5% 농도를 사용
   ② 무포자균 살균에 효과적
   ③ 상처 부위, 인두염, 구내염 구강 세척 사용

(4) 승홍수(염화 제2수은) – 수은 화합물
   ① 피부 소독에 0.1%(1/1,000) 수용액 사용
   ② 독성이 강하고 금속을 부식시킴
   ③ 무색, 무취, 살균력이 강하고 단백질을 응고시킨다(대소변, 토사물, 객담에 부적당).

(5) 석탄산(페놀) : 세균 단백의 응고작용, 세포 용해작용, 효소계의 침투 작용
   ① 소독약의 살균지표로 사용
   ② 손 소독은 3%, 기구소독은 5% 수용액을 사용
   ③ 냄새가 독하고 독성이 강함
   ④ 오염 의류, 침구, 배설물(넓은 지역의 방역용 소독제로 적당)
   ⑤ 알코올 혼합(소독력 저하), 식염 첨가(소독력 증가), 고온(소독력 증가)

(6) 크레졸
   ① 석탄산의 2배 소독 효과가 있으며, 피부 자극이 적음
   ② 손 및 피부 소독 시 1% 용액, 화장실 소독 시 3% 용액 사용
   ③ 냄새가 매우 강함

(7) 머큐로크롬 – 수은 화합물
   ① 2% 농도 사용
   ② 창상용, 상처 외상에 사용
   ③ 조직에 대한 자극성 없음

(8) 질산은 – 은 화합물
   ① 신생아 점안 시 1% 용액을 0.1ml, 구내염 10%, 방광과 요도세척 시 0.01% 사용

(9) 요오드팅크 – 요오드 화합물
① 요오드화칼륨을 에틸알코올에 녹인 용액
② 창상용, 상처 외상에 사용

(10) 포르말린
① 1 ~ 1.5% 수용액, 온도가 높을 때 소독력 강함
② 세균, 아포, 바이러스 등 미생물에 강한 살균 효과
③ 고무제품 의류 소독

(11) 생석회
① 산화칼륨을 98% 이상 포함하고 있는 고체나 분말체
② 공기에 오랜 시간 노출되면 살균력 저하
③ 토사물, 분변, 하수, 오물 등의 소독에 적절

소독 대상물에 따른 분류

소독 대상물	소독제
대소변, 배설물, 토사물	소각법, 석탄산, 크레졸, 생석회분말
의복, 침구류, 모직물, 타월	일광소독, 증기소독, 자비소독, 크레졸, 석탄산
도자기류, 자기류	석탄산, 크레졸, 승홍, 포르말린
고무제품, 피혁 제품, 모피	석탄산, 크레졸, 포르말린
화장실, 쓰레기통, 하수구	석탄산, 크레졸, 포르말린
병실	석탄산, 크레졸, 포르말린
환자	석탄산, 크레졸, 승홍, 역성비누
이·미용실 실내소독	포르말린, 크레졸
이·미용실 기구소독	크레졸, 석탄산
금속 제품	에탄올, 자외선, 자비, 증기소독
서적, 종이	폼알데하이드 소독

UNIT 02 : 미생물 총론

1 미생물의 정의

육안으로 관찰할 수 없는 크기의 생물(미생물 : 짚신벌레, 해캄, 콜레라균, 장티푸스, 야광충, 누룩곰팡이)

미생물 관련 주요 사건과 인물

연도	사건	인물
1665년	세포(cell)의 발견	로버트 훅(영국)
1674년	미생물 최초관찰	안토니 반 레벤후크(네덜란드)
1864년	저온 살균법 고안	루이 파스퇴르(프랑스)
1882년	결핵균 발견	로베르트 코흐(독일)

2 미생물의 분류

1) 병원성 미생물

세균(구균, 간균, 나선균), 리케차, 바이러스, 진균, 원생동물, 클라미디아 등

2) 비병원성 미생물

발효균, 효모균, 곰팡이균, 유산균 등

UNIT 03 : 병원성 미생물

1 병원성 미생물의 분류

(1) 세균

세균의 구분

구분		특성
구균	포도상구균	31개의 종을 포함하는 토양미생물로 화농성 질환의 병원균, 식중독 원인균
	연쇄상구균	인두염, 편도선염, 편도선 주위 농양, 부비강염, 중이염, 유양돌기염의 원인균
간균		감기, 홍역, 탄저병, 파상풍, 결핵, 디프테리아의 원인균
나선균		콜레라, 매독, 재귀열의 원인균

(2) 바이러스
① 완전한 세포 구조를 이루지 않고, 핵산과 그것을 둘러싼 단백질 껍질의 형태로 존재
② 숙주세포에 따라 동물 바이러스, 식물 바이러스, 세균 바이러스로 구분
③ 독감, 중증 급성 호흡기 증후군(SARS), 홍역, 후천성 면역 결핍 증후군(AIDS), 간염 등

(3) 리케차
① 비(非)리케차성 세균과 비슷한 크기이나 바이러스와 마찬가지로 모든 리케차는 동물 세포 안에서만 생식
② 이·벼룩·응애류·진드기 등 절지동물의 자생기생
③ 사람을 비롯한 가축, 고양이, 개 등에도 감염되는 인수 공통의 미생물 병원체

(4) 진균
① 곰팡이, 효모, 버섯 등을 포함한 72,000종 이상의 균종으로 구성하는 미생물군
② 무좀 백선의 피부병 유발

진균 감염증의 원인균

분류	속(genus)	감염부위
피부사상균증 (Dermatophytes)	백선균속 (Trichophyton)	발가락 사이 귀 끝 얼굴 몸통, 배 피부가 겹치는 곳 귀 주변 발톱
	소아포균속 (Microsporum)	
	표피균속 (Epidermophyton)	

(5) 원생동물

① 원충류라고 하며 한 개의 세포로 구성

② 중간숙주에 의해 전파

③ 위족, 섬모, 편모 등이 있어 운동이 가능

④ 인체에 질병을 일으키는 아메바성 이질균, 말라리아원충, 질염, 수면병 병원체

(6) 클라미디아

① 포유류, 조류의 호흡기계, 비뇨생식기계의 질병 유발

② 리케차와 유사한 특성을 갖지만 대사계는 같지 않으며 이분 분열로 증식

③ 트라코마의 결막감염, 성병림프육아종, 자궁경관염, 앵무새병 등을 유발

2 병원 미생물의 구조

(1) 세포막

① 균체를 둘러싼 막

② 영양을 흡수하여 균체에 공급하거나 보호 역할

(2) 세포질

① 콜로이드 물질로 형성

② 균이 발육 과정에 과립상으로 변화

(3) 핵
　① 균의 생명과 유전 관계
　② 증식에 중요한 역할

3 미생물의 증식환경

(1) 영양원
　① 탄소, 질소, 무기염류, 발육소 등이 충분한 공급
　② 화학반응 에너지를 이용한 화학 영양성 세균과 숙주세포의 에너지를 이용한 기생 영양성 세균

(2) 수분
　① 세균의 80 ~ 90%를 수분으로 구성하고 대부분 미생물은 상대습도가 낮은 건조한 상태에서 증식
　• 건조한 환경에 민감한 균 : 임질균, 수막염균
　• 건조한 환경에 강한 균 : 결핵균, 아포균

(3) 산소
　① 호기성균 : 산소가 있을 때 성장(곰팡이, 효모, 식초산균)
　　예 : 결핵균, 백일해균, 디프테리아균, 진균 등
　② 혐기성균 : 산소가 없을 때 생육
　　예 : 보툴리누스균, 파상풍균 등
　③ 통기성균 : 산소 유무에 관계없이 증식
　　예 : 살모넬라균, 포도상구균, 대장균 등

(4) 온도

미생물 종류별 발육의 최적 온도

종류	온도
저온성균	15℃ ~ 20℃
중온성균	27℃ ~ 35℃
고온성균	50℃ ~ 65℃

(5) 수소이온농도(pH)

① 일반적으로 약산과 약알칼리 pH 6 ~ 8 사이에서 최고의 발육

② 대부분 병원성 세균들은 pH 5.0 이하의 산성과 pH 8.5 이상의 알칼리성에서 사멸

(6) 삼투압(Osmotic pressure)

염이나 당분의 농도가 높으면 미생물로부터 수분이 빠져나와 원형질 분리현상이 일어나 미생물 사멸

4 병원성 미생물의 전염 경로

전염 경로에 따른 병원성 미생물

전염 경로	병원성 미생물
직접접촉	매독, 임질
간접접촉	장티푸스, 디프테리아
비말접촉	결핵, 디프테리아, 백일해, 성홍열
진액접촉	결핵, 디프테리아, 두창, 성홍열
경구감염	콜레라, 이질, 폴리오, 장티푸스, 파라티푸스
경피감염	광견병, 뇌염, 파상풍, 십이지장충
수인성감염	장티푸스, 파라티푸스, 이질, 콜레라

UNIT 04 : 작업장 환경 위생소독

1 실내 환경 위생소독

헤어 이·미용실 위생소독

장소	위생소독
작업장	– 환기장치를 설치하여 청정하고 신선한 공기가 순환되도록 한다. – 적당한 조명을 유지한다. – 작업장 시설물에 먼지, 머리카락, 화약 약품이 묻은 채 방치되지 않도록 관리한다. – 에어컨, 제습기의 필터를 주기적으로 청소 및 소독한다. – 청소가 용이하고 미끄럽지 않은 바닥 재질로 시공한다.
입구, 카운터 및 대기실	– 입구 및 카운터 주변, 고객대기실을 항상 청결하게 유지·관리한다. – 진열장 및 옷장을 청결하게 관리한다.
샴푸실 및 화장실	– 샴푸대, 거울 선반 등을 청결하게 유지·관리한다. – 샴푸대 주변의 물기로 인해 미끄러지지 않도록 유지·관리한다.

2 도구 및 기기 위생소독

이·미용 기구의 소독기준 및 방법(공중위생관리법 시행규칙)

소독	소독기준 및 방법
자외선소독	1cm²당 85㎼ 이상의 자외선을 20분 이상 쬐어준다.
건열멸균소독	섭씨 100℃ 이상의 건조한 열에 20분 이상 쐬어준다.
증기소독	섭씨 100℃ 이상의 습한 열에 20분 이상 쐬어준다.
열탕소독	섭씨 100℃ 이상의 물에 10분 이상 끓인다.
석탄수소독	석탄산수(석탄산 3%, 물 97%의 수용액)에 10분 이상 담가둔다.
크레졸소독	크레졸수(크레졸 3%, 물 97%의 수용액)에 10분 이상 담가둔다.
에탄올소독	에탄올수용액(에탄올 70% 수용액)에 10분 이상 담가두거나 에탄올수용액을 머금은 면 또는 거즈로 기구의 표면을 닦아준다.

CHAPTER 03. 소독학 실전 기출 예상문제

1. 다음 중 화학적 소독 방법에 속하는 것은?

① 자외선소독   ② 자비소독
③ 일광소독   ④ 과산화수소

◆ 해설
과산화수소는 분석 시약의 산화제, 견사나 양모 등의 표백제, 플라스틱 공업에서 비닐 중합의 촉매로도 사용된다.

2. 인체의 피부 소독에 사용되지 않는 소독제는?

① 머큐로크롬   ② 생석회수
③ 과산화수소   ④ 역성비누

◆ 해설
생석회수는 화장실, 토사물, 하수 주변 등에 사용한다.

3. 피부소독 약품으로 적당하지 않은 것은?

① 포르말린   ② 승홍수
③ 과산화수소   ④ 크레졸

◆ 해설
메틸알코올을 산화하여 만든 폼알데하이드의 35% 수용액으로 실내 소독용과 생물 표본의 보존용 등에 사용된다.

4. 이·미용에 사용하는 타월과 용구의 소독 방법으로 적합하지 않은 것은?

① 염소소독   ② 증기소독
③ 건열멸균소독   ④ 자비소독

◆ 해설
염소소독은 화학적 소독 방법으로 수돗물, 수영장, 식품, 식기 소독 등에 사용된다.

정답 1 ④ 2 ② 3 ① 4 ①

5. 미생물을 대상으로 한 작용이 강한 것부터 순서대로 옳게 배열된 것은?

① 소독 〉 살균 〉 멸균 〉 청결 〉 방부
② 멸균 〉 살균 〉 소독 〉 방부 〉 청결
③ 살균 〉 멸균 〉 소독 〉 방부 〉 청결
④ 멸균 〉 소독 〉 살균 〉 청결 〉 방부

◈ 해설
소독력의 크기 : 멸균 〉 살균 〉 소독 〉 방부 순이다.

6. 다음 중 물리적 소독법에 해당하는 것은?

① 크레졸소독
② 승홍수소독
③ 석탄산소독
④ 건열소독

◈ 해설
건열멸균법은 150~170℃에서 1~2시간 정도 멸균한다.
의료용 기구, 의약품 용기, 유리 기구, 금속 제품에 사용

7. 유리 제품의 소독 방법으로 가장 적합한 것은?

① 건열 멸균기에 24시간 넣고 소독한다.
② 건열 멸균기에 1~2시간 넣고 소독한다.
③ 끓는 물에 넣고 5분간 가열한다.
④ 찬물에 넣고 75℃까지만 가열한다.

◈ 해설
건열멸균법은 150~170℃에서 1~2시간 정도 멸균한다. 의료용 기구, 의약품 용기, 유리 기구, 금속 제품에 사용한다.

정답: 5 ②　6 ④　7 ②

8. 저온 소독법으로 주로 처리할 수 있는 것은?

① 고무제품   ② 식품
③ 금속제품   ④ 유리제품

> ◆ 해설
> 저온 소독법은 프랑스 파스퇴르에 의해 발명되었으며 우유, 주류, 아이스크림 등 살균에 사용된다.

9. 아포(spore)를 가지고 있는 병원균의 소독법으로 적당한 것은?

① 고압증기 멸균소독   ② 자비소독
③ 알코올소독   ④ 크레졸 소독

> ◆ 해설
> 고압증기 멸균소독은 아포형성균 멸균에 가장 좋은 방법으로 120℃에서 20분간 소독한다.

10. 다음 중 내열성이 강해서 자비소독으로 큰 효과가 없는 것은?

① 콜레라균   ② 장티푸스균
③ 살모넬라균   ④ 아포형성균

> ◆ 해설
> 아포형성균은 세균의 휴지상태나 내구형으로 열, 약품에 저항력이 크다.

11. 다음 소독약 중 결핵균에 대해 소독 효과가 가장 약한 것은?

① 크레졸비누액   ② 역성비누
③ 승홍수   ④ 석탄산수

> ◆ 해설
> 역성비누는 수지소독, 기구소독에 사용하며 결핵균소독에는 효과가 약하다.

정답 8 ② 9 ① 10 ④ 11 ②

12. 다음 중 세균의 단백질을 응고시켜 살균하는 것은?

① 자외선　　　　　　　② 적외선
③ 석탄산수　　　　　　④ 염소

◆ 해설
석탄산수는 세균 단백질 응고작용, 용해작용을 한다.

13. 다음 중 습열 멸균법에 속하는 것은?

① 자비 소독법　　　　② 화염 멸균법
③ 여과 멸균법　　　　④ 소각 소독법

◆ 해설
습열 멸균법은 자비소독법, 고압증기 멸균법, 유통증기 멸균법, 저온 살균법 등이 있다.

14. 이·미용업소에서 종업원이 손을 소독할 때 가장 보편적이고 적당한 것은?

① 과산화수소　　　　　② 역성 비누
③ 석탄수　　　　　　　④ 승홍수

◆ 해설
역성 비누는 식품공장, 병원용 소독제, 이·미용업소에서 손을 소독할 때 가장 보편적으로 쓰이는 양이온 계면활성제

15. 소독약의 살균력 지표로 가장 많이 이용되는 것은?

① 폼알데하이드　　　　② 크레졸
③ 석탄산　　　　　　　④ 알코올

◆ 해설
석탄산은 다른 소독약의 효력을 비교할 때의 표준으로 되어 있다.
다른 살균제의 효력을 페놀(석탄산)의 효력과 비교한 지수(페놀계수)

정답　12 ③　13 ①　14 ②　15 ③

16. 다음 중 소독 방법에 수증기를 동시에 혼합하여 사용하는 것은?

① 석회수 소독　　　② 석탄산수 소독
③ 포르말린 소독　　④ 승홍수 소독

◈ 해설
포르말린 소독 시 포르말린 1 : 물 34의 비율로 희석 용액을 사용한다.

17. 결핵환자의 객담 소독으로 가장 적절한 방법은?

① 일광 소독　　　② 알코올 소독
③ 자비 소독　　　④ 소각 소독

◈ 해설
소각소독법은 재생이 불가능하여 결핵환자의 객담 소독으로 가장 적절하다.

18. 에틸알코올의 소독력이 가장 높은 농도는?

① 100%　　　② 70%
③ 50%　　　 ④ 30%

◈ 해설
소독용 알코올(에틸알코올)은 약 70% 농도가 소독력이 가장 높다.

19. 피부 상처 소독에 적당하지 않은 것은?

① 과산화수소　　② 머큐로크롬
③ 요오드팅크제　④ 승홍수

◈ 해설
승홍수는 금속을 부식시킬 수 있으며 유리, 도자기, 목제품 등의 소독에 적합하다.

정답　16 ③　17 ④　18 ②　19 ④

20. 저온 살균법을 고안한 프랑스의 화학자, 미생물학자는?

① 파스퇴르　　　　② 안톤 판 레벤후크
③ 로버트 훅　　　　④ 로버트 코흐

◆ 해설
- 안톤 판 레벤후크 : 1674년 미생물을 최초로 관찰
- 로버트 훅 : 1665년 세포의 발견
- 로버트 코흐 : 1882년 결핵균 발견

21. 다음 중 알코올 소독으로 적당하지 않은 것은?

① 고무제품　　　　② 피부상처
③ 가위　　　　　　④ 주사기

◆ 해설
알코올 소독으로 고무, 플라스틱 제품을 녹이는 단점이 있다.

22. 손 소독에 가장 적당한 크레졸수의 농도는?

① 1%　　　　　　② 0.1 ~ 0.3%
③ 10 ~ 15%　　　④ 70 ~ 80%

◆ 해설
크레졸수는 페놀 화합물로 3%의 수용액을 주로 사용하며 손이나 피부 소독에 1% 수용액이 사용된다.

23. 다음 중 비병원성 미생물인 것은?

① 세균　　　　　　② 발효균
③ 바이러스　　　　④ 리케차

◆ 해설
비병원성 미생물은 발효균, 효모균, 곰팡이균, 유산균 등이 있다.

정답　20 ①　21 ①　22 ①　23 ②

24. 이·미용실에서 사용하는 가위 등의 금속 제품 소독에 적합하지 않은 것은?

① 알코올
② 승홍수
③ 역성 비누액
④ 크레졸

◆ 해설
승홍수는 염화 제이수은을 1,000 ~ 5,000배의 물과 희석시킨 수용액으로 독성이 매우 강하며 금속을 부식시킨다.

25. 이·미용실 기구(가위 레이저) 소독으로 가장 적합한 제품은?

① 70% 페놀
② 70% 알코올
③ 7% 크레졸 비누액
④ 70배 희석 역성비누

◆ 해설
에탄알코올 소독은 70%의 농도로 수지, 피부, 가위, 칼 등 소독에 이용된다.

26. 미생물 증식의 3대 요건으로 맞는 것은?

① 영양소, 수분, 온도
② 단백질, 지방, 탄수화물
③ 수소, 산소, 질소
④ 자외선, 적외선, 가시광선

27. 소독액 농도표시법에 소독액 1,000,000ml 중 포함되어 있는 소독약의 양을 나타내는 단위는?

① 피피엠(ppm)
② 밀리그램(mg)
③ 퍼밀(‰)
④ 퍼센트(%)

◆ 해설
- 미량 함유 물질의 농도를 표시할 때 사용하는데 1g의 시료 중에 100만 분의 1g, 물 1t 중의 1g, 공기 1㎥ 중의 1cc가 1ppm이다.
- 용질량/용액량 × 1,000,000 = ppm

정답 24 ② 25 ② 26 ① 27 ①

04

Chapter

공중보건학

Unit 1 | 공중보건학 총론
Unit 2 | 질병관리
Unit 3 | 가족 및 노인보건
Unit 4 | 환경보건
Unit 5 | 산업보건
Unit 6 | 식품 위생과 영양
Unit 7 | 보건행정
◈ 실전 기출 예상문제

UNIT 01 : 공중보건학 총론

1 공중보건학 개념

1) 공중보건학 정의

환경위생의 향상, 전염병의 관리, 개인위생의 개별교육, 질병의 조기진단과 예방을 위한 의료서비스의 조직, 건강을 적절하게 유지하는 데 필요한 삶의 표준을 보장하기 위한 사회적 목표로 조직적인 지역사회의 공동노력을 통하여 질병을 예방하고 수명을 연장시키며, 신체적·정신적 효율을 증진시키는 기술이며 과학이다.

2) 공중보건학의 대상

개인이 아닌 전국민(지역사회 주민 전체, 인간 집단 전체)

3) 목적

질병예방, 수명연장, 신체적·정신적 건강 및 효율의 증진

4) 세계보건기구(World Health Organization, WHO)

세계보건기구는 보건위생 분야의 국제적인 협력을 위하여 1948년 4월 7일 설립된 UN(United Nations : 국제연합) 전문기구로서 한국은 1949년에 가입하였다.

2 건강과 질병

신체적, 정신적, 사회적으로 완전히 안녕한 상태를 의미한다(WHO 헌장).

1) 질병

숙주, 병인, 환경 요인의 부조화로 발생

질병 발생의 원인

요소	특징	예
숙주	인간 숙주의 요소	연령, 성별, 유전, 저항력, 생활습관, 영양상태, 스트레스 등
병인	질병 발생의 직접적인 원인	세균, 바이러스, 기생충, 곰팡이, 성인병, 직업병, 중독증, 성인병 등
환경	병인과 숙주를 제외한 모든 요인	기후, 지형, 인구분포, 생활환경 등

3 인구 보건

1) 인구 구성

성별, 연령별, 인종별, 직업별, 사회 계층별, 교육 수준별 등으로 표시

2) 인구 피라미드

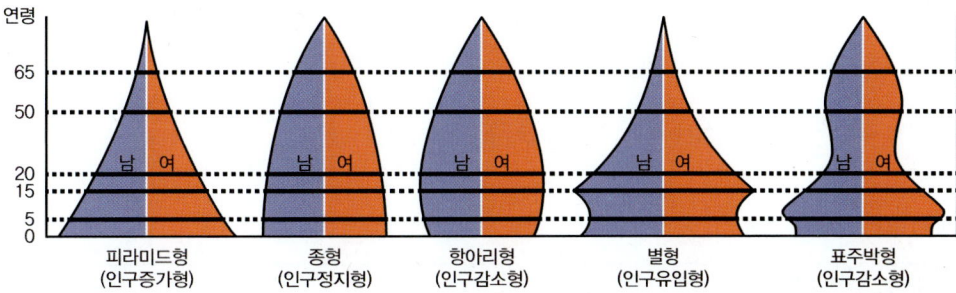

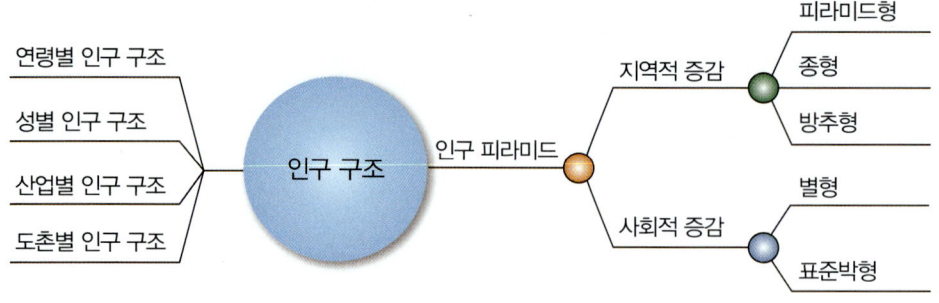

[그림 3-1] 인구 피라미드의 형태

① 피라미드형(인구증가형) : 출생률이 사망률보다 높은 형(후진국형)
② 종형(인구정지형) : 출생률과 사망률이 같은 형(이상적인 형태)
③ 항아리형(인구감소형) : 출생률보다 사망률이 높은 형(선진국형)
④ 별형(인구유입형) : 생산연령인구의 전입이 늘어나는 형(도시형)
⑤ 표주박형(인구감소형) : 생산연령인구의 전출이 늘어나는 형(농촌형)

4 보건 지표

1) 보건지표의 개념

국가나 지역사회의 건강 상태 및 보건 실태를 측정하는 것

WHO 3대 건강 수준 지표

건강 수준 지표	내용
평균수명	출생자가 향후 생존할 것으로 기대하는 평균 생존 연수
보통사망률(조사망률)	일정 기간 동안의 평균 인구 1,000명에 대한 사망자 수
비례사망지수	연간 총 사망수에 대한 50세 이상의 사망자수를 퍼센트(%)로 표시한 지수

UNIT 02 : 질병관리

1 역학

1) 역학의 정의
질병이 발생했을 때, 통계적 검정을 통해 질병의 발생 원인과 분포를 파악하고 원인을 규명하여 예방·차단하는 것

2) 역학의 목적
① 질병의 발생 원인 규명
② 질병 발생 및 유행의 확산 방지 역할
③ 질병의 자연사에 관한 연구
④ 공중보건 정책을 개발하기 위한 기초 자료 제공

(1) 감염병
병원체가 인체에 침입하여 증식함으로써 새로운 환자를 만들 수 있는 질병

(2) 감염병의 3대 요인
감염병의 3대 요인은 감염원, 감염경로, 감수성숙주를 들 수 있다.

감염원의 3대 요인

요인	특징	역할
감염원	전염병의 병원체를 전파시키는 근원	환자보균자, 감염동물, 오염식품, 오염수 등
감염경로	전염병의 병원체가 생체에 침입하는 경로	접촉감염, 공기 전파, 동물매개 전파, 개달물 전파
감수성 숙주	숙주가 침입한 병원체에 반응하는 성질	숙주의 감수성이 높으면 감염병 유행 숙주의 감수성이 낮으면 감염병 소멸(면역)

(3) 감염병 발생과정

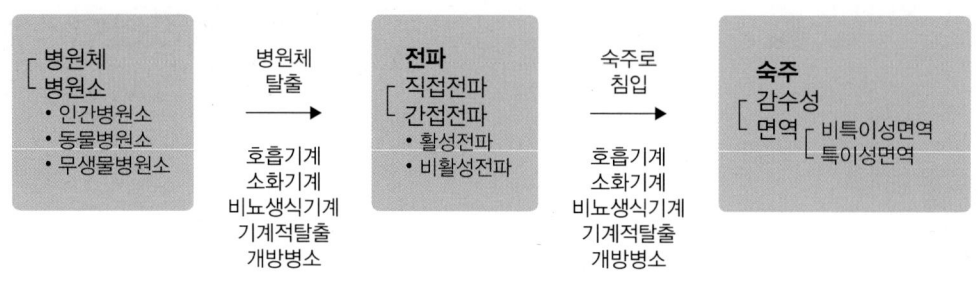

[그림 3-2] 감염병 발생과정

① 병원체 : 숙주에 기생하면서 질병을 발생시키는 미생물

병원체의 종류

병원체		특징	감염병 종류
바이러스		살아있는 조직 세포에서 증식	AIDS, 일본뇌염, 홍역, 인플루엔자, 풍진, 공수병 등
리케차		세균과 유사	발진열, 발진티푸스, 쯔쯔가무시병 등
세균	간균	작대기 모양	디프테리아, 장티푸스, 결핵균
	구균	둥근 모양	포도상구균, 연쇄상구균, 폐렴균, 임균
	나선균	S형, 나선형	콜레라균
진균, 사상균		버섯, 곰팡이, 효모	무좀, 피부병

② 병원소 : 병원체가 침입하여 증식·발육하고 있는 장소. 즉, 병원체가 증식하면서 다른 숙주에 전파될 수 있는 상태로 저장되는 장소

    ㉠ 인간 병원소

- 건강보균자 : 병원체가 침입하였으나 증상이 없고 병원체를 배출하는 보균자 감염병 관리가 어려움(B형바이러스, 디프테리아, 폴리오, 일본뇌염)
- 잠복기보균자 : 발병 전 잠복 기간에 병원체를 배출하는 보균자(홍역, 백일해, 유행성이하선염)
- 회복기보균자 : 감염병이 치료되었으나 병원체를 배출하는 보균자(세균성이질)

ⓒ 동물 병원소

동물 병원소의 종류

병인	병원소	관련 질병
동물	쥐	페스트, 발진열, 살모넬라
	고양이	톡소플라스마증, 살모넬라
	토끼	야토병
	개	공수병(광견병)
	돼지	일본뇌염, 구제역, 탄저, 살모넬라
	소	결핵, 탄저, 파상열
곤충	모기	일본뇌염, 말라리아, 뎅기, 황열
	이	발진티푸스, 재귀열
	벼룩	흑사병, 발진열
	파리	콜레라, 이질, 장티푸스

ⓒ 인수공통병원소

사람과 가축의 양쪽에 이환되어 감염을 일으키는 감염병이다.

인수공통병원소의 종류

동물	감염병
쥐	페스트, 살모넬라
돼지	일본뇌염, 렙토스피라
개	광견병, 렙토스피라
산토끼	야토병
소	결핵
조류	조류 인플루엔자
원숭이	적리, B바이러스, 에볼라출혈열
설치류	신증후성출혈열, 야토병, 페스트, 살모넬라, 렙토스피라
고양이	톡소플라즈마증

3) 감염병의 전파

(1) 직접 전파 : 매개체 없이 전파

① 성병, 피부병, 매독(직접 접촉 감염)

② 결핵, 홍역, 인플루엔자, 유행성이하선염(기침, 재채기로 감염)

(2) 간접 전파 : 매개체를 통해 간접적으로 전파

① 디프테리아, 결핵(호흡기를 통해 감염)

4) 법정 감염병 분류 및 종류(감염병의 예방 및 관리의 관한 법률 제2조)

법정 감염병 분류체계 개편 2024년 1월 1일
질환별 특성(물/식품매개, 예방접종대상 등)에 따른 군(群)별 분류에서 심각도·전파력·격리수준을 고려한 급(級)별 분류로 개편

(1) 제1급 감염병

① 특성 : 생물테러 감염병 또는 치명률이 높거나 집단 발생의 우려가 커서 발생 또는 유행 즉시 신고. 음압격리와 같은 높은 수준의 격리가 필요한 감염병 / 17종

② 감시방법 : 전수

③ 신고 : 즉시

(2) 제2급 감염병

① 특성 : 전파 가능성을 고려하여 발생 또는 유행 시 24시간 이내에 신고, 격리가 필요한 감염병 / 21종

② 감시방법 : 전수

③ 신고 : 24시간 이내

(3) 제3급 감염병

① 특성 : 발생을 계속 감시할 필요가 있어 발생 또는 유행 시 24시간 이내 신고하여야 하는 감염병 / 28종

② 감시방법 : 전수

③ 신고 : 24시간 이내

(4) 제4급 감염병

① 특성 : 유행 여부를 조사하기 위하여 표본감시 활동이 필요한 감염병 / 23종

② 감시방법 : 표본

③ 신고 : 7일 이내

법정 감염병 분류체계 개정 후(2024년 1월 1일)

구분	감염병 종류	
제1급감염병 (17종)	에볼라바이러스병, 마버그열, 라싸열, 크리미안콩고출혈열, 남아메리카출혈열, 리프트밸리열, 두창, 페스트, 탄저, 보툴리눔독소증, 야토병, 신종감염병증후군, 중증급성호흡기증후군(SARS), 중동호흡기증후군(MERS), 동물인플루엔자인체감염증, 신종인플루엔자, 디프테리아	
제2급감염병 (21종)	결핵, 수두, 홍역, 콜레라, 장티푸스, 파라티푸스, 세균성이질, 장출혈성대장균감염증, A형간염, 백일해, 유행성이하선염, 폴리오, 수막구균감염증, b형헤모필루스인플루엔자, 폐렴구균감염증, 한센병, 성홍열, 반코마이신내성황색포도알균(VRSA)감염증, 카바페넴내성장내세균속균목(CRE)감염증, E형간염, 풍진(선천성) 풍진(후천성)	
제3급감염병 (28종)	파상풍, B형간염, 일본뇌염, C형간염, 말라리아, 레지오넬라증, 비브리오패혈증, 발진티푸스, 발진열, 쯔쯔가무시증, 렙토스피라증, 브루셀라증, 공수병, 신증후군출혈열, 후천성면역결핍증(AIDS), 크로이츠펠트-야콥병(CJD) 및 변종크로이츠펠트-야콥병(vCJD), 황열, 뎅기열, 큐열, 웨스트나일열, 라임병, 진드기매개뇌염, 유비저, 치쿤구니야열, 중증열성혈소판감소증후군(SFTS), 지카바이러스감염증, 엠폭스(Mpox), 매독(1기)매독(2기)매독(3기)매독(선청성)매독(잠복)	
제4급감염병 (23종)	코로나바이러스감염증-19, 회충증, 편충증, 요충증, 간흡충증, 폐흡충증, 장흡충증, 수족구병, 임질, 클라미디아감염증, 연성하감, 성기단순포진, 첨규콘딜롬, 사람유두종바이러스감염증, 반코마이신내성장알균(VRE)감염증, 메티실린내성황색포도알균(MRSA)감염증, 다제내성녹농균(MRPA)감염증, 다제내성아시네토박터바우마니균(MRAB)감염증, 인플루엔자, 엔테로바이러스감염증	
	장관 감염증	살모넬라균감염증, 장염비브리오균감염증, 장독소성대장균(ETEC)감염증, 장침습성대장균(EIEC)감염증, 장병원성대장균(EPEC)감염증, 캄필로박터균감염증, 클로스트리듐퍼프린젠스감염증, 황색포도알균감염증, 바실루스세레우스균감염증, 예르시니아엔테로콜리티카감염증, 리스테리아모노사이토제네스감염증, 그룹A형로타바이러스감염증, 아스트로바이러스감염증, 장내아데노바이러스감염증, 노로바이러스감염증, 사포바이러스감염증, 이질아메바감염증, 람블편모충감염증, 작은와포자충감염증, 원포자충감염증, 아데노바이러스감염증.

구분		감염병 종류
제4급 감염병 (23종)	급성 호흡기 감염증	사람보카바이러스감염증, 파라인플루엔자바이러스감염증, 호흡기세포융합바이러스감염증, 리노바이러스감염증, 사람메타뉴모바이러스, 사람코로나바이러스감염증, 마이코플라스균감염증, 클라미디아균감염증.
	해외유입 기생충 감염증	리슈만편모충증, 바베스열원충증, 아프리카수면병, 주열흡충증, 샤가스병, 광동주혈선충증, 악구충증, 사상충증, 포충증, 톡소포자충증, 메디나충증.

5) 신고방법

① 의료기관 관할 시군구 보건소장에게 구두·전화 고지하는 것을 원칙으로 함
  (질병 관리본부 고지 시 긴급상황실 043-719-7878 연락)
② 질병관리본부장, 또는 관할지역 보건소장에게 구두·전화 등의 방법으로 신고서 제출 전에 알려야 함
③ 의사, 치과의사, 한의사, 의료기관장, 부대장(군의관), 감염병원체 확인기관의 장

6) 벌칙강화

법률 제11조 관련 감염병 신고 의무자의 보고·신고 의무 위반, 거짓 보고·신고 및 보고·신고 방해자에 대한 벌칙
  ① 개정 전 : 벌금 200만 원 이하
  ② 개정 후 : 제1, 2급 감염병 - 벌금 500만 원 이하
    제3, 4급 감염병 - 벌금 300만 원 이하

2 기생충 질환 관리

기생충의 종류

기생충	기생위치	종류
선충류	소화기, 근육, 혈액 등에 기생	회충, 구충(십이지장충), 요충, 편충
흡충류	숙주의 간, 폐 등에 흡착하여 기생	간흡충(간디스토마), 폐흡충(폐디스토마), 장흡충, 요코가와흡충
조충류	숙주의 소화기관에 기생	유구조충, 무구조충, 광절열두조충(긴촌충)

1) 숙주와 기생충

(1) 육류 매개 기생충

육류 매개 기생충 종류

기생충	중간숙주
무구조충(민촌충)	소
유구조충(갈고리촌충)	돼지
만손열두조충	닭

(2) 어패류 매개 기생충

어패류 매개 기생충 종류

기생충	제1중간숙주	제2중간숙주
간흡충(간디스토마)	우렁이	잉어, 붕어, 피라미
폐흡충(폐디스토마)	다슬기	가재, 참게
요코가와흡충	다슬기	은어, 숭어
광절열두조충(긴촌충)	물벼룩	송어, 연어

3 성인병 관리

1) 성인병의 종류

고혈압, 고지혈증(이상지질혈증), 간질환(간염, 간경화증, 간암, 알코올성 간질환), 당뇨병과 비만증, 대사증후군, 퇴행성 관절염 등이 있다.

2) 성인병의 특징

(1) 병증의 원인과 시기, 다원적인 발병으로 발병의 원인을 찾기 어렵다
(2) 병증을 두세 가지 이상을 가지고 있으며 만성적인 증세를 보이고 합병증을 수반하는 경우가 많다.
(3) 성인병 발병은 일차적인 유전적 요인이 이차적인 환경적 요인으로 발병되어 나타난다.

4 정신 보건

1) 정신 보건
정신질환의 유지와 정신장애의 예방 및 치료를 통하여 국민의 정신 건강을 유지 및 발전시키려고 하는 것이다.

2) 정신 보건 활동
사회의 급격한 변화 속에서 정신 건강과 관련된 환자의 조기 발견, 입원과 치료, 퇴원 후 후속 치료, 환자의 처우 개선, 가족에 대한 사회 지원, 완치 후 사회 복귀, 등

5 이·미용 안전사고

1) 안전사고
위험이 발생할 수 있는 장소에서 안전 교육 미비, 안전 수칙 위반, 부주의 등으로 사람 또는 재산에 피해를 주는 사고

2) 이·미용 안전사고
① 이·미용 시술 중 시술자 및 고객의 안전 수칙 위반으로 인해 발생하는 고객과 시술자의 안전사고
② 이·미용 시술 시 미용 제품 및 도구 사용상의 부주의로 인한 고객과 시술자의 안전사고

3) 이·미용 안전사고와 예방 대책
① 시술장의 청결 상태 및 위생을 항상 철저하게 유지·관리하여야 한다.
② 시술장의 환기와 조명을 적절하게 유지하여야 한다.
③ 시술장의 전기 및 화재 안전 수칙을 준수하여야 한다.
④ 시술 도구의 소독과 위생 점검을 주기적으로 시행하여야 한다.
⑤ 시술 도구 및 재료의 사용 방법을 충분히 숙지 후 시술에 임해야 한다.
⑥ 안전사고 발생 시 초기 응급조치와 사후 조치 방법을 충분히 숙지하여야 한다.

UNIT 03 : 가족 및 노인보건

1 모자보건

1) 목적
모성의 건강 유지와 생명을 보호하고 육아의 대한기술을 터득하여 출산과 양육을 도모하고 국민보건 향상에 기여함

2) 대상
임신, 분만 및 수유 기간의 모성과 취학 전 영유아(6세 미만)를 대상으로 한다.

3) 모자 보건의 3대 목표
산전 관리, 산욕 관리, 분만 관리

2 노인보건

1) 목적
노인건강증진을 위해 노인성 질환을 예방 및 조기 발견하고, 적절한 치료 요양으로 노후의 보건복지 증진에 기여함

2) 노인보건의 대상

노인보건의 대상은 65세 이상의 노인(보건복지법)을 말한다.

고령인구에 따른 사회 분류

고령화의 진행				
65세 이상의 인구가 전체 인구의				
7% 이상	→	14% 이상	→	20% 이상
고령화사회		고령사회		초고령사회

UNIT 04 : 환경보건

1 환경보건

1) 개념
인체 건강에 잠재적으로 영향을 줄 수 있는 제반 요인(자연환경, 생물학적 환경, 사회적 환경)을 평가하고 지속 가능한 이용을 도모하여 자연환경의 보전 및 국민의 보건 여가와 정서 생활의 향상을 기하기 위하는 것

2) 기후
① 기후의 3대 요소 : 기온(대기온도), 기습(습도), 기류(기온과 기압 차이로 발생하는 공기 흐름)
② 기후의 4대 요소 : 기온, 기습, 기류, 복사열(태양광선 중 적외선에 의한 열과 발열 물체에 의한 두 가지 경우가 있다.)

2 대기 환경

1) 대기의 구성
(1) 질소(78%), 산소(21%), 아르곤(0.93%), 이산화탄소(0.04%), 기타(0.03%)
① 산소(O_2) : 무색, 무미, 무취의 조연성 가스이며, 액체산소는 담청색으로 물보다 무겁고(비중 : 1.14), 비등점이 -183℃로 기화할 경우 액체산소 1L가 기체산소 798L로 확산된다.
② 질소(N_2) : 무색, 무취하고 생명을 영향은 주지 않지만 식물성장에 중요하며 비료의 핵심 성분
③ 이산화탄소(CO_2) : 2개의 산소 원자와 1개의 탄소 원자가 완전연소를 거쳐 결합한 화학물질. 중심 원자는 탄소이며, 결합각은 180°이다.

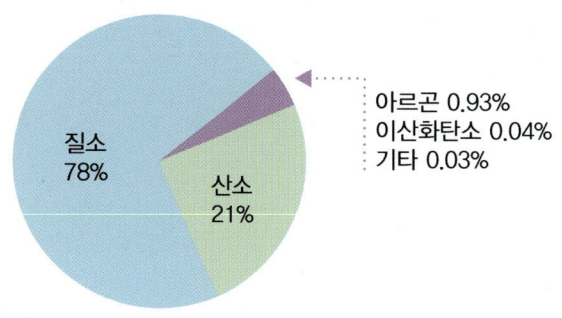

[그림 3-3] 대기의 구성 요소

(2) 대기의 유해 성분

① 일산화탄소(CO) : 무색의 유독성 기체. 산소부족상태에서 탄소 또는 유기연료를 연소시킬 때 발생한다. 헤모글로빈과 결합하는 능력이 강하고, 결합 후 해리가 잘 되지 않기 때문에 질식사의 원인이 되기도 한다.

② 아황산가스(SO_2) : 이산화황 또는 아황산가스. 무색으로 자극적인 냄새가 있어 호흡기 계통에 유해하다. 석탄과 석유에 포함되어있는 황분이 연소에 의해 산소와 결합해서 발생한다. 대기오염의 최대 원인이다.

③ 오존(O_3) : 산소 원자 세 개로 구성된 기체. 자극성 있는 기체로, 공기보다는 약간 무겁고 물에는 잘 녹지 않으며, 폭발성과 독성이 있다.

2) 대기오염

(1) 1차 오염물질
직접 대기에 배출되는 물질로는 분진, 연기, 재, 안개, 매연 등이 있으며, 가스상 물질로는 황산화물, 질소산화물, 일산화탄소가 있다.

(2) 2차 오염물질
1차 오염물질이 합성되어 새로이 생성된 물질로 오존, 스모그, 알데하이드 등이 있다.

3 수질 환경

1) 음용수 오염 측정지표(대장균, 일반세균)

나라별 음용수 오염 측정지표

구분	항목	단위	한국	일본	미국	WHO
미생물	일반세균	CFU/㎖	100	100	…	불검출
	대장균	mpn/100㎖	불검출	불검출	…	불검출
	대장균은 수도수 중에 검출되지 않아야 하며, 검출되었을 경우 부적합한 처리를 하였거나 처리 후의 오염을 나타낸다. 일반 세균은 응집 여과 소독 과정의 처리 효율에 대한 지표로써 사용된다.					

2) 하천 오염의 측정지표

(1) 생물학적 산소요구량(BOD)

① 유기물이 세균에 의해 산화분해될 때 소비되는 산소량을 말한다.

② 단위 : ppm

③ BOD요구량이 높을수록 오염도가 높다.

(2) 용존산소량(DO)

① 물속에 녹아있는 산소량

② 단위 : ppm

③ DO가 낮을수록 물의 오염도가 높다.

④ DO가 높을수록 깨끗한 물이다.

(3) 화학적 산소요구량(COD)

① 유기물을 산화시킬 때 소모되는 산소량

② 단위 : ppm

③ 공장폐수 오염도 측정지표로 사용

④ COD가 높을수록 오염도가 높다.

3) 수질 오염 질환

수질 오염 질환으로 수은 중독과 카드뮴 중독이 있다.

수질 오염 질환의 종류

중독	관련 질환	증상
수은 중독	미나마타병	신경마비, 언어장애, 두통
카드뮴 중독	이타이이타이병	골연화증, 전신권태

음용수 소독법

소독종류	소독방법
자비소독	물을 끓여서 소독
염소소독	상수도 소독 방법
자외선	일광 소독
오존	오존 소독

4 주거 및 의복 환경

1) 주거 환경

(1) 채광(자연조명)의 조건

① 창문의 면적 : 방바닥 면적의 1/5~1/7, 벽 면적의 70%

② 창의 입사각 : 28° 이상

③ 창의 개각 : 4 ~ 5° 이상

인공조명

구분	특징	종류
전체조명	전체적으로 밝게 하는 조명	강당, 가정
부분조명	부분을 밝게 하는 조명	스탠드
직접조명	조명효율이 크고 경제적이나 불쾌감을 줄 수 있음	서치라이트
간접조명	눈의 보호를 위해 가장 좋은 조명	형광등

(2) 조명의 조건
① 눈이 부시지 않고 그림자가 생기지 않아야 한다.
② 폭발이나 화재의 위험이 없어야 한다.
③ 깜빡거림이나 흔들림 없이 조도가 균등해야 한다.
④ 취급이 간단해야 한다.
⑤ 색은 주광색에 가까운 것이 좋다.

2) 의복 환경
① 의복의 기능 : 신체 보호 및 체온 조절, 장식, 개성 표현, 자유로운 활동 기능
② 의복의 조건 : 보온성, 통기성, 흡수성, 흡습성, 신축성, 내열성을 가져야 한다.

UNIT 05 : 산업보건

1 산업보건의 개념

1) 정의
모든 근로자들이 육체적, 정신적, 사회적 건강을 유지·증진시키며, 질병 예방과 유해 물질로 인한 건강 훼손을 방지하는 것

2) 산업보건의 과제
① 질병과 사고 예방
② 작업 능률과 생산성 확보 및 유지
③ 작업 조건이나 작업장 환경 개선
④ 유해 물질로 인한 건강 훼손 방지

2 산업재해

1) 개념
노동 과정에서 작업 환경 또는 작업 행동 등 업무상의 사유로 발생하는 노동자의 신체적·정신적 피해

직업병의 종류

환경	원인	종류
물리적 환경	이상고온 원인	열중증(용광로작업자)
	이상저온 원인	동상(외부현장작업자)
	고기압 원인	잠함병(잠수부)
	저기압 원인	고산병(등산가)

환경	원인	종류
물리적 환경	소음원인	난청(기계공, 조선공)
화학적 환경	유리 규산 원인	규폐증(채광공, 석공)
	석면 원인	석면폐증(광산광부)
	활석 원인	활석폐증(페인트공)

2) 직업병 예방 대책

① 안전하고 건강한 작업 환경 조성

② 쾌적한 작업 환경 조성

③ 주기적인 건강 진단을 통한 건강 관리

UNIT 06 : 식품 위생과 영양

1 식품 위생

1) 정의
식품, 식품 첨가물, 기구 또는 용기, 포장을 대상으로 하는 음식에 관한 위생

2) 식중독
식품의 섭취에 연관된 인체에 유해한 미생물 또는 유독 물질에 의해 발생했거나 발생한 것으로 판단되는 감염성 또는 독소형 질환

(1) 식중독의 종류
① 세균성 식중독 : 감염형과 독소형으로 구분한다.
② 자연독 식중독 : 식물성과 동물성으로 구분한다.
③ 곰팡이 식중독

세균성 식중독

구분	독성 물질	원인 식품
감염형	살모넬라	날고기, 달걀, 소고기 및 잘 씻지 않은 채소, 과일 등을 섭취했을 때
	장염비브리오	어패류, 오염 어패류에 접촉한 도마, 식칼, 행주에 의한 2차 감염
	병원성 대장균	우유, 치즈, 김밥, 두부, 도시락 등의 섭취
독소형	포도상구균	우유, 유제품, 떡, 김밥, 도시락
	보툴리누스균	육류, 소시지, 통조림제품(치사율이 가장 높음)
	웰치균	수육 및 육가공식품, 어패류

자연독 식중독

구분	독성 물질	원인 식품
식물성	무스카린	마귀광대버섯, 땀버섯 등의 독버섯에 함유
	솔라닌	감자(Solanum tuberosum), 토마토(Solanum lycopersicum), 가지(Solanum melongena) 등
	아미그달린	살구씨와 복숭아씨 속에 들어 있는 약용 성분
동물성	테트로도톡신	복어류, 푸른고리문어, 캘리포니아영원, 바다뱀
	삭시톡신	홍합, 대합조개, 플랑크톤
	베네루핀	모시조개, 바지락, 굴의 내장

곰팡이 식중독

식중독	독성물질	원인 식품
곰팡이 식중독	아플라톡신	산패한 호두, 땅콩, 캐슈넛, 피스타치오
	파툴린	썩은 사과나 사과 주스 오염

2 영양

1) 영양소의 분류

(1) 3대 영양소

① 구성 : 단백질, 탄수화물, 지방
② 기능 : 열량공급 작용

(2) 4대 영양소

① 구성 : 단백질, 탄수화물, 지방, 무기질
② 기능 : 인체 구성 작용

(3) 5대 영양소

① 구성 : 단백질, 탄수화물, 지방, 무기질, 비타민
② 기능 : 인체 구성조절 작용

영양소 결핍에 의한 증상과 장애

영양소	과잉증상	결핍증상
탄수화물	비만, 고지혈증	저혈당, 어지러움, 두통
단백질	비만, 피로, 골다공증	빈혈, 피부탄력저하
지방	고지혈증, 심장병	발육부진, 저항력감소
칼슘	신장결석	골다공증, 구루병
비타민A	탈모증	야맹증, 각막연화증
비타민D	탈모, 체중감소	구루병, 골다공증
비타민E	혈액응고장애, 빈혈	피부노화, 불임, 유산
비타민C	속쓰림, 설사	괴혈병, 색소침착증
비타민B_1	고혈압, 심신불안	각기병
비타민B_2	고혈압, 심신불안	눈의 결막충혈

UNIT 07 : 보건행정

1 보건행정 체계

1) 정의
조직화된 지역사회의 공동의 노력을 통하여 질병의 예방과 생명의 연장, 신체적, 정신적 효율을 증진시키는 과학이며 기술이다.

2) 범위
① 보건 관계 기록의 보존
② 환경 위생
③ 보건 교육
④ 감염병 관리
⑤ 의료, 모자 보건 및 보건 간호

2 사회보장과 국제 보건기구

1) 사회보장을 위한 사회 보험
국민연금, 고용보험, 산재보험, 장기요양 보험

2) 세계 보건 기구(WHO, World Health Organization)
① 1948년 발족, 본부는 스위스 제네바
② 한국은 1949년 65번째로 회원국 가입

CHAPTER 04. 공중보건학 실전 기출 예상문제

❈ Unit 1. 공중보건학 총론

1. 우리나라가 세계보건기구(WHO)에 가입한 연도는 언제인가?

① 1939년   ② 1949년
③ 1956년   ④ 1963년

◆ 해설
세계보건기구(WHO)에 우리나라가 1949년 8월 17일 세계 65번째 태평양 지역사무국 소속으로 정식 가입하였다.

2. 감염병이 발생하는 3대 요인이 아닌 것은?

① 환경   ② 숙주
③ 중독증   ④ 병원체

◆ 해설
감염병 발생의 3요소 : 병원체, 숙주, 환경이다.

3. 다음 중 공중보건의 내용과 거리가 먼 것은?

① 신체적·정신적 건강 및 효율 증진   ② 성인병 치료
③ 수명 연장   ④ 질병 예방

◆ 해설
공중보건의 목적은 질병 예방, 수명연장, 신체적 · 정신적 건강 및 효율의 증진이다.

4. 공중보건에 대한 설명으로 적절한 것은?

① 집단 또는 지역사회를 대상으로 한다.   ② 예방의학을 대상으로 한다.
③ 사회의학을 대상으로 한다.   ④ 공중보건의 대상은 가족이다.

◆ 해설
개인이 아닌 전국민(지역사회 주민 전체, 인간 집단 전체)

정답 1 ② 2 ③ 3 ② 4 ①

5. 질병 발생의 세 가지 요인으로 연결된 것은?

① 숙주 - 병인 - 유전
② 숙주 - 병인 - 저항력
③ 숙주 - 병인 - 환경
④ 숙주 - 병인 - 병소

◆ 해설
감염병 발생의 3요소 : 병원체(병인), 숙주, 환경이다.

6. 체감온도(감각온도)의 요소가 아닌 것은?

① 기압
② 기습
③ 기온
④ 기류

◆ 해설
체감온도의 3요소는 기온, 기습, 기류이다.

7. 국가의 보건수준을 평가하는 보건지표라고 할 수 있는 가장 대표적인 것은?

① 성인사망률
② 모성 사망률
③ 사인별 사망률
④ 영아사망률

◆ 해설
영아사망률(0세아의 사망률)은 한 국가의 국민보건 상태의 측정 지표로 널리 사용되고 있다.

정답 5 ③ 6 ① 7 ④

8. 출생률이 높고 사망률이 낮으며 14세 이하 인구가 65세 이상 인구의 2배를 초과하는 인구 유형은?

① 종형 ② 별형
③ 피라미드형 ④ 항아리형

◆ 해설
- 피라미드형(인구 증가형) : 출생률이 사망률보다 높은 형
- 종형(인구 정지형) : 출생률과 사망률이 같은 형
- 항아리형(인구 감소형) : 출생률보다 사망률이 높은 형
- 별형(인구 유입형) : 생산연령인구의 전입이 늘어나는 형
- 표주박형(인구 감소형) : 생산연령인구의 전출이 늘어나는 형

9. 세발과 세안에 가장 적당한 물은?

① 철분을 다량 함유한 물 ② 지하수
③ 연수 ④ 경수

◆ 해설
용해하고 있는 칼슘염류 및 마그네슘 염류의 비교적 적은 물로, 일반적으로 경도 10도 이하의 것을 말한다. 연수는 비누 기포 형성에 용이하고 세안, 세탁, 음료수로 적합하다.

10. 탄산가스의 실내 최대허용 한계량은?

① 0.7% ② 0.9% ③ 0.5% ④ 0.1%

◆ 해설
이산화탄소(CO_2)는 공기의 0.03% 정도 존재하고, 허용한계(서한량)는 0.1%이다.

11. 물속에 칼슘, 마그네슘, 철분 등이 많이 함유된 물은?

① 자유수 ② 결합수 ③ 경수 ④ 연수

◆ 해설
칼슘 염류 및 마그네슘 염류를 비교적 다량으로 녹이고 있는 천연수를 말한다.

정답 8 ③ 9 ③ 10 ④ 11 ③

❈ Unit 2. 질병관리

1. 색출이 어려운 대상으로 감염병 관리상 중요하게 취급해야 할 대상자는?

① 잠복기 보균자 ② 병후 보균자
③ 건강 보균자 ④ 회복기 보균자

◈ 해설
- 건강 보균자 : 병원체를 몸에 지니고 있으나 겉으로는 증상이 나타나지 않는 건강한 사람
- 잠복기 보균자 : 병원체에 감염되어 있지만 임상 증상이 나타나지 않은 초기 상태의 사람
- 회복기 보균자 : 감염병이 치료되었으나 병원체를 배출하는 보균자
- 병후 보균자 : 병의 완치 후에도 병원균을 배출하는 사람

2. 제3급 법정 감염병인 것은?

① 장티푸스 ② 말라리아
③ 결핵 ④ 인플루엔자

◈ 해설
인플루엔자는 제4급 법정 감염병, 말라리아, 장티푸스, 결핵은 제2급 법정 감염병이다.

3. 무구조충은 어떤 육류를 생식으로 섭취했을 때 감염되는가?

① 돼지고기 ② 오리고기
③ 소고기 ④ 닭고기

◈ 해설
무구조충은 소고기, 유구조충은 돼지고기

정답 1 ③ 2 ④ 3 ③

4. 수혈, 오염된 주사기, 면도날 등으로 인해 전파되는 감염병은?

① B형 간염
② 트라코마
③ 렙토스피라증
④ 구제역

◆ 해설
B형 간염 바이러스는 혈액, 정액, 타액 및 기타 체액에서 발견된다. 따라서 간염 바이러스는 다른 사람과의 접촉으로 다른 사람의 체액에 노출될 때 체액으로부터 전염될 수 있다.

5. 감염병 유행지역에서 입국하는 사람이나 동물 또는 식품 등을 대상으로 실시하며 외국 질병의 국내 침입 방지를 위한 수단으로 쓰이는 것은?

① 검역
② 박멸
③ 병원소 제거
④ 격리

◆ 해설
해외에서 전염병이나 해충이 들어오는 것을 막기 위하여 감염병 여부를 검사하며, 감염병이 의심되는 경우 강제 격리 조치를 한다.

6. 다음 중 비.시.지(BCG) 접종은 어디에 속하는 면역인가?

① 인공능동면역
② 자연능동면역
③ 인공수동면역
④ 자연수동면역

◆ 해설
인공능동면역 : 예방접종으로 획득한 면역

7. 수산물을 생식하였을 때 감염될 가능성이 가장 큰 기생충은?

① 폐흡충
② 간흡충
③ 아니사키스
④ 조충

◆ 해설
아니사키스 : 제1 중간숙주(프랑크톤) 제2 중간숙주(오징어, 대구, 청어, 고등어, 조기) 등 수산물 어류

8. 절지동물인 파리에 의해 전파될 수 있는 질병이 아닌 것은?

① 장티푸스   ② 콜레라
③ 세균성 이질   ④ 일본뇌염

> ◆ 해설
> ■ 모기 전파 : 뎅기열, 일본뇌염, 말라리아
> ■ 파리 전파 : 콜레라, 이질, 장티푸스

9. 다음 감염병 중 개달물 감염이 잘 되는 것은?

① 트라코마   ② 말라리아
③ 일본뇌염   ④ 황열

> ◆ 해설
> 개달물은 환자가 사용한 의복, 침구, 완구, 서적 등을 말한다. 말라리아, 일본뇌염, 황열은 모기에 의해 감염된다.

10. 다음 중 일산화탄소(CO) 중독의 후유증으로 맞는 것은?

① 정신장애   ② 무균성 괴사
③ 진균성 괴사   ④ 무혈성 괴사

> ◆ 해설
> 일산화탄소(CO) 중독의 후유증 : 시야장애, 정신장애, 신경장애

11. 다음 기생충 중 중간숙주와 바르게 연결된 것은?

① 유구조충(갈고리촌충) - 소   ② 폐흡충(폐디스토마) - 우렁이
③ 만선열두조충 - 뱀   ④ 무구조충(민촌충) - 돼지

> ◆ 해설
> ■ 육류 매개 기생충 : 민촌충(소), 갈고리촌충(돼지) 만선열두조충(뱀, 개구리)
> ■ 어패류 매개 기생충 : 간디스토마(우렁이, 잉어), 폐디스토마(다슬기, 가재), 긴촌충(물벼룩, 송어)

정답 8 ④ 9 ① 10 ① 11 ③

12. 민물고기와 기생충 간의 제2중간숙주 연결이 잘못된 것은?

① 긴촌충(광절열두조충) - 송어, 연어 ② 긴흡충(간디스토마) - 잉어, 붕어
③ 폐흡충(폐디스토마) - 다슬기, 가재 ④ 요코가와흡충 - 물벼룩, 플랑크톤

◈ 해설
요코가와흡충 : 은어, 잉어, 다슬기

13. 솔라닌(Solanine) 독소에 의한 중독이 원인이 되는 것은?

① 버섯 ② 감자
③ 복어 ④ 은행

◈ 해설
버섯(무스카린), 복어(테트로도톡신), 메칠피리독신(은행), 감자새싹(솔라닌)

정답 12 ④   13 ②

Unit 3. 가족 및 노인보건

1. 세계보건기구(WHO)가 한 국가 내의 지역 간의 보건수준을 비교할 때 사용되는 기준은?

① 질병 사망률   ② 자살 사망률
③ 노인 사망률   ④ 영아 사망률

◈ 해설
국가 내의 보건수준 지수 : 영아사망률 지수

2. 국민보건 향상에 기여함을 목적으로 모자보건이 제정된 때는?

① 1973년   ② 1963년
③ 1953년   ④ 1943년

◈ 해설
모자보건법 : 1973년에 제정되었고 1986년 5월 10일 개정(법률 제3824호)되어 실시되고 있다.

3. 다음 중 UN이 정한 고령사회에 대한 설명으로 맞은 것은?

① 65세 이상 인구가 총인구에서 차지하는 비율이 14% 이상인 사회이다.
② 65세 이상 인구가 총인구에서 차지하는 비율이 7% 이상인 사회이다.
③ 65세 이상 인구가 총인구에서 차지하는 비율이 17% 이상인 사회이다.
④ 60세 이상 인구가 총인구에서 차지하는 비율이 7% 이상인 사회이다.

◈ 해설
- 고령화사회 : 65세 이상의 인구가 전체의 7% 이상
- 고령사회 : 65세 이상의 인구가 전체의 14% 이상
- 초고령사회 : 65세 이상의 인구가 전체의 20% 이상

정답 1 ④   2 ①   3 ①

4. 세계보건기구(WHO)가 국가 간의 보건수준을 비교할 때 사용되는 기준이 아닌 것은?

① 평균수명률
② 감염사망률
③ 비례사망률
④ 조사망률

◆ 해설
국가 간의 보건수준 지수 : 평균수명률, 비례사망률, 조사망률

5. 공중보건의 목적으로 적합하지 않은 것은?

① 건강증진
② 질병치료
③ 질병예방
④ 생명연장

◆ 해설
질병을 예방하고, 생명을 연장하고, 건강을 증진시키는 것을 목적으로 하는 프로그램

Unit 4. 환경보건

1. 수질 오염의 지표로 사용하는 "생물학적 산소요구량"을 나타내는 용어는?

① BOD
② DO
③ COD
④ SS

◈ 해설
수질의 생물학적 산소요구량 BOD(Biochemical Oxygen Demand)은 미생물이 물속에서 살 수 있는 최소산소 요구량으로 살아있는 미생물이 탄소(C)를 포함한 생물이나 사체를 분해한다.

2. 다음 중 오염물질 배출원을 특정하기 어렵고 배출량을 예측하기 어려운 오염원은?

① 공장 폐수
② 가정 하수
③ 축산 농가의 폐수
④ 논밭의 질소 비료

◈ 해설
도로, 임야, 논밭 등은 비점 오염원으로 배출원을 특정하기 어렵고 배출량을 예측하기도 어렵다.

3. COD 화학적 산소요구량에 대한 설명으로 맞지 않은 것은?

① 공장폐수의 오염도를 측정하는 지표이다.
② 수중에 함유된 유기물질을 화학적으로 산화시킬 때 소모되는 산소의 양을 말한다.
③ COD가 높을수록 수질 오염도가 높다는 의미이다.
④ 물에 녹아있는 산소의 양을 의미한다.

◈ 해설
COD(화학적 산소요구량)는 물속에 무기성 물질과 비분해성 유기물을 산화시킬 때 화학물질로 분해할 때 필요한 산소량, COD는 미생물이 분해할 수 없는(하기 어려운) 화학물질을 분해

정답 1 ① 2 ④ 3 ④

4. 다음 중 상호 관계가 없는 것으로 연결된 것은?

① 상수 오염의 생물학적 지표 : 대장균(미생물)
② 실내공기 오염의 지표 : 이산화탄소 (CO_2)
③ 실외(대기)오염의 지표 : 이산화황 (SO_2)
④ 하수오염의 지표 : 수소이온농도(pH)

◆ 해설
pH란 수용액(H_2O) 중에 섞여 있는 수소이온(H+)과 수산화이온(OH-) 의 농도의 비를 말한다. 둘의 농도가 같으면 7.0 중성이고, 수소이온이 많으면 pH의 수치가 작아지고 산성이고 반대로 수산화 이온이 많아지면 pH 수치가 높아지고 알칼리성(염기성)을 띄게 된다.

5. 실내에 많은 인원이 오랫동안 밀집한 상태로 실내공기의 변화는?

① 기온 상승, 습도 증가, 이산화탄소 감소, 산소 증가
② 기온 하강, 습도 증가, 이산화탄소 감소, 산소 증가
③ 기온 상승, 습도 증가, 이산화탄소 증가, 산소 감소
④ 기온 상승, 습도 감소, 이산화탄소 증가, 산소 감소

◆ 해설
밀폐공간에 많은 인원이 장시간 밀집한 경우 산소결핍증으로 12 ~ 16% 호흡 맥박 증가, 두통, 메스꺼움 2.9 ~ 14% 판단 약화, 멍한 상태, 무기력증으로 위험에 처할 수 있다.

정답 4 ④   5 ③

❈ Unit 5. 산업보건

1. 산업피로의 대책으로 가장 거리가 먼 것은?

① 작업 과정 중 적정 근로시간 및 휴식 시간 준수한다.
② 물리적 스트레스를 완화하기 위한 유해·위험환경의 개선한다.
③ 정신적 스트레스 완화를 위한 쾌적한 직장 분위기를 조성한다.
④ 개인차를 고려하여 작업량을 할당한다.

> ◈ 해설
> 산업피로란 "고단하다"는 주관적인 느낌이 있고 작업 능률이 떨어지고, 생체기능의 변화를 가져오는 현상

2. 분진에 심한 작업장 근무자에게 다발 하는 질환으로 폐에 생기는 섬유 증식성 변화 증세를 보이는 질병은?

① 레이노드씨병　　　　② 진폐증
③ VDT 증후군　　　　④ 잠수병

> ◈ 해설
> ■ 레이노드씨병 : 진동이 심한 작업장 근무자에서 발병
> ■ 진폐증 : 탄광 근로자에서 발병
> ■ 잠수병 : 잠수부에게서 발병
> ■ VDT 증후군 : 컴퓨터 단말기 증후군

3. 고기압 상태에서 올 수 있는 인체 장애는?

① 안구진탕증　　　　② 잠수병
③ 레이노드씨병　　　④ 섬유 증식증

정답　1 ④　2 ②　3 ②

4. 소음이 인체에 미치는 영향으로 가장 맞게 설명된 것은?

① 이관협착
② 외이도염
③ 청력 장애
④ 중이염

◈ 해설
중이염, 외이도염은 세균 감염, 이관협착은 귀속의 기압변화로 발병하는 질병

5. 잠수병의 직접적인 원인은?

① 혈중 CO 농도 증가
② 혈중 O_2 농도 증가
③ 혈중 CO_2 농도 증가
④ 체액 및 혈액 속의 질소 기포 증가

◈ 해설
잠수 시 갑작스러운 압력 저하로 혈액 속에 녹아있는 기체가 폐를 통해 나오지 못하고 혈관 내에서 기체 방울을 형성해 혈관을 막아 시력장애, 현기증, 의식불명, 경련, 관절통, 호흡기증상, 피부병변, 신경학적 징후가 특징인 질환

정답 4 ③ 5 ④

❈ Unit 6. 식품 위생과 영양

1. 식품을 통한 식중독 중 독소형 식중독은?

① 병원성 대장균 식중독　　　② 살모넬라 식중독

③ 보툴리누스균 식중독　　　④ 베네루핀

◆ 해설
- 감염형 식중독의 종류 : 병원성 대장균, 살모넬라
- 자연독 식중독의 종류 : 감자의 솔라닌, 복어의 테트로도톡신, 모시조개와 바지락의 베네루핀
- 독소형 식중독의 종류 : 포도상구균, 보툴리누스균

2. 어패류 등의 생식이 원인이 되어, 복통, 설사 등 급성 위장염 증상을 나타내는 식중독은?

① 아플라톡신 식중독　　　② 비브리오 식중독

③ 보툴리누스균 식중독　　　④ 살모넬라 식중독

◆ 해설
장염비브리오균은 어패류, 연체동물 등의 표피, 내장, 아가미 등에 있는 장염비브리오균이 칼, 도마 등을 통해 음식으로 전염된다.

3. 테트로도톡신 식중독에 대한 설명으로 맞지 않는 것은?

① 복어의 알, 내장, 난소, 등에 있는 강한 독성물질이다.
② 지각 이상, 운동 장애, 호흡 장애, 혈관 장애, 위장 장애 등의 증상을 일으킨다.
③ 복어의 간, 껍질 등에 있는 강한 독성 물질이다.
④ 감염형 식중독의 종류이다.

◆ 해설
테트로도톡신 식중독은 자연독 식중독이다.

정답　1 ③　2 ②　3 ④

4. 곰팡이 독에 의한 식중독 중에 아플라톡신과 연관이 있는 것은?

① 곶감 ② 보리
③ 호두 ④ 호밀

◆ 해설
맥각 중독 : 보리, 밀, 호밀
아플라톡신 식중독 : 견과류, 쌀, 밀, 옥수수, 된장, 고추장, 곶감

5. 자연독 독소 중 모시조개와 바지락에 함유되어 있는 독소는?

① 솔라닌 ② 무스카린
③ 테트로도톡신 ④ 베네루핀

◆ 해설
조개의 내장에 존재하는 독성 물질이다.

6. 다음 중 다량 섭취해도 체내에서 필요한 양만큼을 제외한 나머지는 소변을 통해 체외로 배출되는 수용성 비타민은?

① 비타민 A ② 비타민 D
③ 비타민 C ④ 비타민 K

◆ 해설
수용성 비타민 : 비타민 B, C
지용성 비타민 : 비타민 A, D, E, K

7. 비타민이 결핍 시 발생하는 질병과 관련이 없는 것은?

① 비타민 B_1 - 각기병 ② 비타민 D - 구루병
③ 비타민 A - 야맹증 ④ 비타민 E - 불면증

◆ 해설
비타민E 결핍증 : 습관성유산, 불임증, 조산, 혈전증, 무력증, 심장병 악화, 발암조건

정답 4 ① 5 ④ 6 ③ 7 ④

Unit 7. 보건행정

1. 보건위생 문제를 위해 국제 협력을 목적으로 하는 국제연합 전문기구는?

① EU
② ECSC
③ WHO
④ EEC

◈ 해설
유럽연합(EU), 유럽석탄철강공동체(ECSC), 유럽경제공동체(EEC), 세계보건기구(WHO, World Health Organization)이다.

2. 보건행정에 대해 가장 맞게 설명된 것은?

① 개인보건의 목적을 달성하기 위해 공공의 책임하에 수행하는 행정 활동
② 공중보건의 목적을 달성하기 위해 공공의 책임하에 수행하는 행정 활동
③ 국가 간의 질병 교류를 막기 위해 개인의 책임하에 수행하는 행정 활동
④ 공중보건의 목적을 달성하기 위해 개인의 책임하에 수행하는 행정 활동

◈ 해설
공중 보건의 3대 목적 : 질병을 예방하고 생명을 연장하며 신체적, 정신적 효율을 증진시키는 행정 활동이다.

정답 1 ③ 2 ②

05
Chapter

공중위생 관리법규

Unit 1 | 공중위생 관리법의 목적 및 정의
Unit 2 | 영업신고 및 폐업
Unit 3 | 영업자 준수사항
Unit 4 | 이용사의 면허
Unit 5 | 이용사의 업무
Unit 6 | 행정지도 감독
Unit 7 | 업소 위생등급
Unit 8 | 보수교육
Unit 9 | 벌칙
◈ 실전 기출 예상문제

UNIT 01 : 공중위생 관리법의 목적 및 정의

1 공중위생관리법

1) 목적(공중위생관리법 제1조)
공중이 이용하는 영업과 시설의 위생관리 등에 관한 사항을 규정함으로써 위생 수준을 향상시켜 국민의 건강증진에 기여함을 목적으로 한다.

2) 정의(공중위생관리법 제2조)

(1) 공중위생영업
다수인을 대상으로 위생관리 서비스를 제공하는 영업으로 숙박업, 목욕업 이용업, 미용업, 세탁업, 건물 위생관리 영업을 말한다.

(2) 이용업
손님의 머리카락 또는 수염을 깎거나 다듬는 등의 방법으로 손님의 용모를 단정하게 하는 영업을 말한다.

UNIT 02 : 영업신고 및 폐업

1 영업신고

1) 이·미용업 신고(공중위생관리법 제3조)
공중위생영업을 신고하려면 보건복지부령이 정하는 시설과 설비를 갖추고 시장, 군수, 구청장에게 신고하여야 한다.

2) 영업신고 서류(공중위생관리법 시행규칙 제3조)
① 영업시설 및 설비개요서
② 면허증 원본
③ 교육필증(교육을 미리 받은 경우에만 해당)

3) 이용업 시설 필수 설비기준(공중위생관리법 시행규칙 제2조 별표1)
① 소독장비(소독기와 자외선 살균기)
② 소독한 기구와 소독하지 않은 기구를 구분하여 보관하는 용기

이용 업종 시설 설비기준

구분	이용업
소독장비(소독기, 자외선 살균기)	필요
소독한 기구와 소독하지 않은 기구를 구분하여 보관하는 용기	필요
작업장소, 응접장소, 상담실 칸막이 설치 (출입문의 1/3 이상을 투명하게 유지해야 한다.)	불가능
영업장 내의 별실 및 유사 시설 설치	불가능

2 변경신고

1) 영업 신고사항 변경 신고(공중위생관리법 시행규칙 제3조)
영업 신고사항 변경 시 중요 사항의 변경인 경우 시장, 군수, 구청장에게 변경신고를 하여야 한다.

2) 중요 사항의 변경 항목(공중위생관리법 시행규칙 제3조의2)
(1) 보건복지부령이 정하는 중요사항
  ① 영업소의 명칭 및 상호, 또는 신고한 영업장의 면적의 1/3 이상을 변경할 때
  ② 영업소의 소재지를 변경할 때
  ③ 대표자의 성명 또는 생년월일

3 폐업신고(공중위생관리법 시행규칙 제3조의3)

공중위생 영업자는 영업을 폐업한 날로부터 20일 이내에 시장, 군수, 구청장에게 신고해야 한다.

4 공중위생 영업 승계

(1) 업자의 지위 승계
  ① 양수인(이용업을 양도할 때)
  ② 상속인(사망한 경우)
  ③ 법인(합병 후 존속하는 법인이나 신설되는 법인)
  ④ 이용업은 면허를 소지한 자에 한하여 승계 가능
  ⑤ 이용업자의 지위를 승계한 자는 1개월 이내에 시장, 군수, 구청장에게 신고

UNIT 03 : 영업자의 준수사항

1 이용업자의 준수사항

공중위생영업자(이용업자)는 고객에게 건강상 위해 요인이 발생하지 아니하도록 영업 관련 시설 및 설비를 위생적이고 안전하게 관리하여야 한다.

2 공중이용시설의 위생관리

(1) 이용업자 위생관리 기준
  ① 이용기구 중 소독을 한 기구와 소독을 하지 아니한 기구는 각각 다른 용기에 넣어 보관할 것
  ② 1회용 면도날은 손님 1인에 한하여 사용할 것
  ③ 이용사면허증, 이용업 신고필증, 요금표를 영업소 안에 게시할 것
  ④ 이용 업소 표시 등을 영업소 외부에 설치할 것

UNIT 04 : 이용사의 면허

1 면허 발급 및 취소

1) 면허 발급 자격 기준

면허 발급 자격 기준

발급 기준	발급 자격	자격
교육 이수	전문대학 또는 교육부 장관이 인정하는 학교의 이·미용 관련 학과를 졸업한 자	이·미용사 (종합) 면허
	학점은행제 학점으로 이·미용 학위를 취득한 자	
	고등학교의 이·미용 관련 학과를 졸업한 자	
	고등기술학교에서 1년 이상 이·미용에 관한 소정의 과정을 이수한 자	
자격증 취득	국가기술 자격법에 의한 이용사 자격증을 취득한 자	이용사 면허

2) 면허 결격자

① 피성년후견인
② 정신질환자(전문의 소견서가 있을 경우 제외)
③ 감염병 환자(AIDS, 결핵 환자 등)
④ 마약 등의 약물 중독자(향정신성 의약품 중독자)
⑤ 면허가 취소된 후 1년이 경과되지 아니한 자

3) 면허 정지 및 취소

(1) 면허 정지

① 이용 자격 정지 처분을 받을 때
② 다른 사람에게 면허를 대여한 때(1차 위반 : 정지 3개월, 2차 위반 : 정지 6개월)

(2) 면허 취소

① 이용 자격이 취소되었을 때

② 면허 결격사유자(정신질환자, 감염병자, 마약 중독자 등)

③ 면허소지자가 이중으로 면허를 취득한 때

④ 면허를 다른 사람에게 대여한 때(3차 위반 시)

⑤ 면허 정지 처분을 받고 정지 기간에 업무를 수행한 때

UNIT 05 : 이용사의 업무

1 이용 종사 가능자

이용사 면허를 받은 자가 아니면 이용업을 개설하거나 그 업무에 종사할 수 없지만 이용사, 미용사 감독을 받아 이용, 미용 보조 업무는 행할 수 있다.

2 영업소 외에서의 이용 업무(특별한 사유)

이용(또는 미용)의 업무는 영업소 외의 장소에서 행할 수 없다. 단 특별한 사유가 있을 때 가능하다.
　① 질병 및 기타의 사유로 인하여 영업소에 나올 수 없는 자에 대하여 이·미용을 하는 경우
　② 혼례 및 기타 의식에 참여하는 자에 대하여 그 의식 직전에 이·미용을 하는 경우
　③ 사회복지시설에서 봉사활동으로 이·미용을 하는 경우
　④ 방송 등 촬영에 참여하는 사람에 대하여 그 촬영 직전에 이·미용을 하는 경우
　⑤ 특별한 사정이 있다고 시장, 군수, 구청장이 인정하는 경우

UNIT 06 : 행정지도 감독

1 영업소 출입검사

① 공중위생 관리상 필요하다고 인정하는 때에는 영업자 및 소유자 등에 대하여 필요한 보고를 하게 한다.
② 소속 공무원이 위생 관리의무 이행 및 시설의 위생 관리 실태를 검사 및 영업장부나 서류를 열람할 수 있다.

2 영업 제한(시·도지사의 권한)

공익상 또는 선량한 풍속을 유지하기 위하여 필요하다고 인정하는 때에는 영업시간 및 영업행위에 관해 필요한 제한을 할 수 있다.

3 영업소 폐쇄(시장, 군수, 구청장의 권한)

1) 영업소 폐쇄 명령

(1) 영업의 정지 및 폐쇄
이·미용 업자가 아래의 사항을 위반했을 때 6월 이내의 기간을 정하여 영업정지, 일부시설 사용중지 및 폐쇄 등을 할 수 있다.
  ① 영업신고를 하지 않거나 시설과 설비기준을 위반한 경우
  ② 중요 사항의 변경 신고를 하지 않은 경우
  ③ 지위 승계 신고를 하지 않은 경우
  ④ 위생 관리의무 등을 지키지 않은 경우

⑤ 필요 보고를 하지 않거나 관계 공무원의 출입검사 서류 열람 거부, 방해, 기피한 경우
⑥ 풍속 규제 법률, 성매매 알선 등 행위 처벌에 관한 법률, 청소년 보호법, 의료법을 위반한 경우

(2) 영업소 폐쇄를 위한 조치
① 간판 기타 영업 표지물 제거
② 위법한 영업소임을 알리는 게시물 등 부착
③ 영업을 위하여 필수 불가결한 기구 또는 시설물을 사용할 수 없게 하는 봉인

(3) 영업소 폐쇄 봉인 해제 사유
① 봉인을 계속할 필요가 없다고 인정될 때
② 영업자나 그 대리인이 영업소를 폐쇄할 것을 약속할 때
③ 정당한 사유를 들어 봉인의 해제를 요청할 때
④ 게시물 등의 제거를 요청하는 경우

(4) 청문 사유
① 이·미용사의 면허 취소, 면허 정지
② 공중위생영업의 정지
③ 일부 시설의 사용중지, 영업소 폐쇄 명령

4 공중위생감시원 임명(시·도지사, 시장, 군수, 구청장 권한)

시·도지사, 시장, 군수, 구청장은 소속 공무원 중에서 공중위생감시원을 임명한다.

1) 공중위생감시원의 자격 요건
① 위생사 또는 환경산업기사 2급 이상의 자격증을 소지한 자
② 대학에서 화학, 화공학, 환경공학, 위생학 분야를 졸업하거나 동등 이상의 자격이 있는 자
③ 외국에서 위생사 또는 환경기사 면허를 받은 자
④ 1년 이상 공중위생 행정에 종사한 경력이 있는 자(2018년 3년에서 1년으로 개정 공포됨)
⑤ 기타 공중위생 행정에 종사하는 자 중 교육훈련을 2주 이상 받은 자

2) 공중위생감시원의 업무 범위

① 시설 및 설비의 확인
② 시설 및 설비의 위생상태 확인 검사, 영업자의 위생관리의무 및 준수사항 이행 여부 확인
③ 공중이용시설의 위생상태 확인 검사
④ 위생지도 이행 여부 확인
⑤ 공중위생영업소의 영업 정지, 일부 시설의 사용중지 또는 영업소 폐쇄명령 이행 여부 확인

3) 명예 공중위생감시원(시·도지사의 권한)

(1) 자격
① 공중위생에 대한 지식과 관심이 있는 자
② 소비자 단체, 공중위생 관련 협회 또는 단체의 소속 직원 중에서 당해 단체장의 추천이 있는 자

(2) 명예 공중위생감시원의 업무
① 공중위생감시원이 행하는 검사 대상물의 수거 지원
② 법령 위반 행위에 대한 신고 및 자료 제공
③ 공중위생에 관한 홍보 계몽 등 시·도지사가 정하여 부여하는 업무

UNIT 07 : 업소 위생등급

1 위생평가

1) 위생서비스 평가 계획(시·도지사)
시·도지사는 위생서비스 평가 계획을 수립하여 시장, 군수, 구청장에게 통보한다.

2) 위생서비스 평가(시장, 군수, 구청장)
① 시장, 군수, 구청장은 평가 계획에 따라 관할 지역별 세부평가 계획을 수립한 후 공중위생 영업소의 위생서비스 수준을 평가한다.
② 시장, 군수, 구청장은 위생서비스 평가의 전문성을 높이기 위하여 필요하다고 인정하는 경우에는 관련 전문기관 및 단체로 하여금 위생서비스 평가를 실시하게 할 수 있다.

3) 위생서비스 수준의 평가 주기
위생서비스 수준의 평가는 2년마다 실시한다.

2 위생등급

1) 위생 관리등급 구분(보건복지부령)

등급에 따른 업소 분류

최우수 업소	녹색 등급
우수업소	황색 등급
일반관리 대상 업소	백색 등급

2) 위생 관리등급의 공표(시장, 군수, 구청장)

① 시장, 군수, 구청장은 위생서비스 평가결과에 따른 위생 관리등급을 해당 공중위생 영업자에게 통보하고 이를 공표하여야 한다.
② 공중위생영업자는 위생 관리등급의 표지를 영업소의 명칭과 함께 영업소의 출입구에 부착할 수 있다.

3) 위생 감시(시·도지사 또는 시장, 군수, 구청장)

① 시·도지사 또는 시장, 군수, 구청장은 위생서비스의 평가결과에 따른 위생관리등급별로 영업소에 대한 위생 감시를 실시해야 한다.
② 영업소에 대한 출입검사와 위생감시의 실시 주기 및 횟수 등 위생 관리등급별 위생 감시기준은 보건복지부령으로 한다.

UNIT 08 : 보수교육

1 영업자 위생교육

1) 교육 주기 및 시간 : 매년 3시간

(1) 영업신고를 하려면 미리 위생교육을 받을 것

(2) 영업 개시 후 6개월 이내에 위생교육을 받을 수 있는 경우
    ① 천재지변, 본인의 질병 사고, 업무상 국외 출장 등의 사유로 교육을 받을 수 없는 경우
    ② 교육을 실시하는 단체의 사정 등으로 미리 교육을 받기가 불가능한 경우

(3) 교육내용
    ① 공중위생 관리법 및 관련 법규
    ② 소양 교육(친절 및 청결에 관한 사항 포함)
    ③ 기술 교육
    ④ 기타 공중위생에 관하여 필요한 내용

(4) 교육 대체 사유

위생교육 대상자 중 도서 벽지 지역에서 영업을 하고 있거나 하려는 자에 대하여는 교육 교재를 배부하여 이를 익히고 활용함으로써 교육에 갈음할 수 있다.

(5) 교육 면제 사유

위생교육을 받은 날로부터 2년 이내에 위생교육을 받은 업종과 같은 업종의 영업을 하려는 경우에는 해당 영업에 대한 위생교육을 받은 것으로 본다.

2 위생교육기관

1) 위생 교육기관 자격
보건복지부 장관이 허가한 단체 또는 공중위생업자 단체

2) 위생 교육기관의 의무
① 교육 교재를 편찬하여 교육 대상자에게 제공
② 위생교육 수료자에게 수료증 교부
③ 교육 실시 결과를 교육 후 1개월 이내에 시장, 군수, 구청장에게 통보
④ 수료증 교부대장 등 교육에 관한 기록을 2년 이상 보관, 관리

UNIT 09 : 벌칙

1 위반자에 대한 벌칙, 과징금

1) 벌칙(징역 또는 벌금)

(1) 1년 이하의 징역 또는 1천만 원 이하의 벌금
① 공중위생영업의 신고를 하지 아니한 자
② 영업소 폐쇄명령을 받고도 계속해서 영업을 한 자
③ 영업정지, 일부 시설의 사용중지 명령을 받고도 그 기간 중에 영업을 하거나 그 시설을 사용한 자

(2) 6개월 이하의 징역 또는 500만 원 이하의 벌금
① 공중위생영업의 변경신고를 하지 않은 자
② 공중위생영업의 지위를 승계한 자로서 신고(1월 이내)를 아니한 자
③ 건전한 영업 질서를 위하여 준수해야 할 사항을 준수하지 아니한 자

(3) 300만 원 이하의 벌금
① 개선명령(위생관리기준, 오염허용기준)을 위반한 자
② 면허 취소 후에도 계속 이·미용업 업무를 행한 자
③ 면허를 받지 않고 이·미용업 개설이나 업무에 종사한 경우

2) 과징금처분(시장, 군수, 구청장)
① 영업정지 처분에 갈음하여 3천만 원 이하의 과징금을 부과할 수 있다.
② 통지받은 날로부터 20일 이내에 과징금을 납부하여야 한다.
③ 과징금 징수 절차는 보건복지부령으로 정한다.

2 과태료 규정

1) 과태료 처분

(1) 3백만 원 이하의 과태료
　① 폐업신고를 하지 않은 자
　② 이·미용 시설 및 설비의 개선 명령을 위반한 자
　③ 공중위생법상 필요한 보고를 당국에 하지 아니한 자

(2) 2백만 원 이하의 과태료
　① 이·미용업소의 위생 관리의무를 지키지 아니한 자
　② 영업소 이외의 장소에서 이·미용 업무를 행한 자
　③ 위생교육을 받지 아니한 자

2) 과태료 부과(시장, 군수, 구청장)

과태료는 시장, 군수, 구청장이 부과 징수한다.

3) 과태료처분의 이의 제기

　① 과태료처분에 불복이 있는 자는 고지 30일 이내에 이의를 제기할 수 있다.
　② 이의를 제기한 때에 처분권자는 관할 법원에 통보하여 과태료의 재판을 한다.
　③ 이의 제기 없이 납부를 기피한 경우 지방세 체납 처분의 예에 따라 징수한다.

4) 양벌규정

법인의 대표자, 법인 또는 개인의 대리인, 사용인, 그 밖의 종업원이 위반행위를 하면 행위자를 벌하는 외에 그 법인 또는 개인에게도 해당 조문의 벌금형에 처한다.

3 행정처분

면허에 관한 규정 위반

위반사항	행정처분 기준			
	1차 위반	2차 위반	3차 위반	4차 위반
이·미용사 자격이 취소된 때	면허 취소			
이·미용사 자격 정지 처분을 받은 때	면허 정지	국가기술 자격법에 의한 자격 정지 처분 기간에 한 한다.		
면허 결격자의 결격사유에 해당	면허 취소			
이중으로 면허 취득	면허 취소			
면허증을 다른 사람에게 대여한 때	면허 정지 3월	면허 정지 6월	면허 취소	
면허 정지 처분을 받고 그 정지 기간 중 업무를 행한 때	면허 취소			

법 또는 명령 위반

위반사항	행정처분 기준			
	1차 위반	2차 위반	3차 위반	4차 위반
위생교육을 받지 아니한 때	경고	영업 정지 5일	영업 정지 10일	영업장 폐쇄 명령
소독한 기구와 미소독 기구를 별도 보관하지 않거나 일회용 면도날을 2인 이상 손님에게 사용한 때	경고	영업 정지 5일	영업 정지 10일	영업장 폐쇄 명령
미용업 신고증, 면허증원본, 요금표를 미게시하거나 조명도를 준수하지 않은 때	경고 또는 개선 명령	영업 정지 5일	영업 정지 10일	영업장 폐쇄 명령
영업자의 지위를 승계한 후 1월 이내에 신고하지 아니 한 때	개선 명령	영업 정지 10일	영업 정지 1월	영업장 폐쇄 명령
보건복지부장관, 시·도지사 또는 시, 군, 구청장의 개선명령을 이행하지 않은 때	경고	영업 정지 10일	영업 정지 1월	영업장 폐쇄 명령

위반사항	행정처분 기준			
	1차 위반	2차 위반	3차 위반	4차 위반
시설 및 설비기준을 위반한 때 (응접 장소와 작업장소 또는 의자와 의자를 구획하는 커튼, 칸막이 그 밖에 이와 유사한 커튼을 설치할 때)	개선 명령	영업 정지 15일	영업 정지 1월	영업장 폐쇄 명령
시설설비기준을 위반한 때(미용업소 안에 별실 그 밖에 이와 유사한 시설을 설치한 때)	영업 정지 1월	영업 정지 2월	영업장 폐쇄 명령	
신고를 하지 않고 영업소의 명칭, 상호 또는 면적의 1/3 이상을 변경한 때	경고 또는 개선 명령	영업 정지 15일	영업 정지 1월	영업장 폐쇄 명령
필요한 보고를 하지 않거나 거짓으로 보고한 때 또는 관계 공무원의 출입검사를 거부, 기피 하거나 방해한 때	영업 정지 10일	영업 정지 20일	영업 정지 1월	영업장 폐쇄 명령
신고를 하지 않고 영업소의 소재지를 변경한 때	영업 정지 1월	영업 정지 2월	영업장 폐쇄 명령	
피부 미용을 위하여 의약품, 의료용구를 사용하거나 보관하고 있는 때	영업 정지 2월	영업 정지 3월	영업장 폐쇄 명령	
점 빼기, 귓불 뚫기, 쌍꺼풀수술, 문신, 박피술 그 밖에 이와 유사한 의료행위를 한 때	영업 정지 2월	영업 정지 3월	영업장 폐쇄 명령	
영업 정지 처분을 받고 그 영업 정지 기간 중 영업을 한 때	영업장 폐쇄 명령			

성매매 알선 등 풍속 규제 등에 관한 법률, 의료법 위반

위반사항		행정처분 기준			
		1차 위반	2차 위반	3차 위반	4차 위반
손님에게 윤락행위 또는 음란행위를 하게 하거나 이를 알선 또는 제공한 때	영업소	영업 정지 3월	영업장 폐쇄 명령		
	미용사 (업주)	영업 정지 3월	면허 취소		
손님에게 도박 그 밖에 사행행위를 하게 한 때		영업 정지 1월	영업 정지 2월	영업장 폐쇄 명령	
음란한 물건을 관람·열람하게 하거나 진열 또는 보관한 때		개선 명령	영업 정지 15일	영업 정지 1월	영업장 폐쇄 명령
무자격 안마사로 하여금 안마사의 업무에 관한 행위를 한 때		영업 정지 1월	영업 정지 2월	영업장 폐쇄 명령	

◆ 2024년 02월 06일 공중위생법규 변경사항

※ 공중위생관리법 제3조 3항(공중위생영업의 신고 및 폐업신고)

　③ 시장·군수·구청장은 공중위생영업자가 「부가가치세법」 제8조에 따라 관할 세무서장에게 폐업신고를 하거나 관할 세무서장이 사업자등록을 말소한 경우에는 신고 사항을 직권으로 말소할 수 있다. [신설 2016.2.3] [[시행일 2016.8.4]]

　③ 시장·군수·구청장은 공중위생영업자가 「부가가치세법」 제8조에 따라 관할 세무서장에게 폐업신고를 하거나 관할 세무서장이 사업자등록을 말소한 경우에는 보건복지부령으로 정하는 바에 따라 신고 사항을 직권으로 말소할 수 있다. [신설 2016.2.3, 2021.12.21] [[시행일 2022.6.22]]

※ 공중위생관리법 12조 1항(청문)

　보건복지부장관 또는 시장·군수·구청장은 다음 각 호의 어느 하나에 해당하는 처분을 하려면 청문을 하여야 한다.
　1. 제3조제3항에 따른 신고사항의 직권 말소

보건복지부장관 또는 시장·군수·구청장은 다음 각 호의 어느 하나에 해당하는 처분을 하려면 청문을 하여야 한다. [개정 2021.12.21] [[시행일 2022.6.22]]
1. 삭제 [2021.12.21] [[시행일 2022.6.22]]

※ 공중위생관리법 벌칙 제3조(공중위생영업의 신고 및 폐업신고)
③ 시장·군수·구청장은 공중위생영업자가 「부가가치세법」 제8조에 따라 관할 세무서장에게 폐업신고를 하거나 관할 세무서장이 사업자등록을 말소한 경우에는 신고 사항을 직권으로 말소할 수 있다. [신설 2016.2.3] [[시행일 2016.8.4]

③ 시장·군수·구청장은 공중위생영업자가 「부가가치세법」 제8조에 따라 관할 세무서장에게 폐업신고를 하거나 관할 세무서장이 사업자등록을 말소한 경우에는 보건복지부령으로 정하는 바에 따라 신고 사항을 직권으로 말소할 수 있다. [신설 2016.2.3, 2021.12.21] [[시행일 2022.6.22]]

※ 제20조(벌칙) 판례
① 다음 각호의 1에 해당하는 자는 1년 이하의 징역 또는 1천만원 이하의 벌금에 처한다. [개정 2002.8.26.] [[시행일 2003.2.26.]]
1. 제3조제1항 전단의 규정에 의한 신고를 하지 아니한 자
2. 제11조제1항의 규정에 의한 영업정지명령 또는 일부 시설의 사용중지명령을 받고도 그 기간중에 영업을 하거나 그 시설을 사용한 자 또는 영업소 폐쇄명령을 받고도 계속하여 영업을 한 자

② 다음 각호의 1에 해당하는 자는 6월 이하의 징역 또는 500만원 이하의 벌금에 처한다. [개정 2002.8.26.] [[시행일 2003.2.26.]]
1. 제3조제1항 후단의 규정에 의한 변경신고를 하지 아니한 자
2. 제3조의2제1항의 규정에 의하여 공중위생영업자의 지위를 승계한 자로서 동조제4항의 규정에 의한 신고를 하지 아니한 자
3. 제4조제7항의 규정에 위반하여 건전한 영업질서를 위하여 공중위생영업자가 준수하여야 할 사항을 준수하지 아니한 자

③ 다음 각 호의 어느 하나에 해당하는 사람은 300만원 이하의 벌금에 처한다. [개정 2015.12.22, 2020.4.7] [[시행일 2020.7.8]]
1. 제6조제3항을 위반하여 다른 사람에게 이용사 또는 미용사의 면허증을 빌려주거나 빌린 사람
2. 제6조제4항을 위반하여 이용사 또는 미용사의 면허증을 빌려주거나 빌리는 것을 알선한 사람
3. 제6조의2제9항을 위반하여 다른 사람에게 위생사의 면허증을 빌려주거나 빌린 사람
4. 제6조의2제10항을 위반하여 위생사의 면허증을 빌려주거나 빌리는 것을 알선한 사람
5. 제7조제1항에 따른 면허의 취소 또는 정지 중에 이용업 또는 미용업을 한 사람
6. 제8조제1항을 위반하여 면허를 받지 아니하고 이용업 또는 미용업을 개설하거나 그 업무에 종사한 사람

※ 제20조(벌칙)
① 제3조제1항 전단에 따른 신고를 하지 아니하고 숙박업 영업을 한 자는 2년 이하의 징역 또는 2천만원 이하의 벌금에 처한다. [신설 2021.12.21] [[시행일 2022.6.22]]

② 다음 각호의 1에 해당하는 자는 1년 이하의 징역 또는 1천만원 이하의 벌금에 처한다. [개정 2002.8.26., 2021.12.21] [[시행일 2022.6.22]]
1. 제3조제1항 전단에 따른 신고를 하지 아니하고 공중위생영업(숙박업은 제외한다)을 한 자
2. 제11조제1항의 규정에 의한 영업정지명령 또는 일부 시설의 사용중지명령을 받고도 그 기간중에 영업을 하거나 그 시설을 사용한 자 또는 영업소 폐쇄명령을 받고도 계속하여 영업을 한 자

③ 다음 각호의 1에 해당하는 자는 6월 이하의 징역 또는 500만원 이하의 벌금에 처한다. [개정 2002.8.26., 2021.12.21] [[시행일 2022.6.22]]
1. 제3조제1항 후단의 규정에 의한 변경신고를 하지 아니한 자
2. 제3조의2제1항의 규정에 의하여 공중위생영업자의 지위를 승계한 자로서 동조제4항의 규정에 의한 신고를 하지 아니한 자
3. 제4조제7항의 규정에 위반하여 건전한 영업질서를 위하여 공중위생영업자가 준수하여야 할 사항을 준수하지 아니한 자

④ 다음 각 호의 어느 하나에 해당하는 사람은 300만원 이하의 벌금에 처한다. [개정 2015.12.22, 2020.4.7, 2021.12.21] [[시행일 2022.6.22]]

1. 제6조제3항을 위반하여 다른 사람에게 이용사 또는 미용사의 면허증을 빌려주거나 빌린 사람
2. 제6조제4항을 위반하여 이용사 또는 미용사의 면허증을 빌려주거나 빌리는 것을 알선한 사람
3. 제6조의2제9항을 위반하여 다른 사람에게 위생사의 면허증을 빌려주거나 빌린 사람
4. 제6조의2제10항을 위반하여 위생사의 면허증을 빌려주거나 빌리는 것을 알선한 사람
5. 제7조제1항에 따른 면허의 취소 또는 정지 중에 이용업 또는 미용업을 한 사람
6. 제8조제1항을 위반하여 면허를 받지 아니하고 이용업 또는 미용업을 개설하거나 그 업무에 종사한 사람

※ 제11조의2(과징금 처분)

① 시장·군수·구청장은제11조제1항의 규정에 의한 영업정지가 이용자에게 심한 불편을 주거나 그 밖에 공익을 해할 우려가 있는 경우에는 영업정지 처분에 갈음하여 1억원 이하의 과징금을 부과할 수 있다. 다만, 제5조, 「성매매알선 등 행위의 처벌에 관한 법률」, 「아동·청소년의 성보호에 관한 법률」, 「풍속영업의 규제에 관한 법률」 제3조각 호의 어느 하나, 「마약류 관리에 관한 법률」 또는 이에 상응하는 위반행위로 인하여 처분을 받게 되는 경우를 제외한다. [개정2016.2.3,2017.12.12,2018.12.11,2019.1.15,2024.2.6] [[시행일 2024.8.7.]]

※ 제11조의4(같은 종류의 영업 금지)

① 제5조, 「성매매알선 등 행위의 처벌에 관한 법률」·「아동·청소년의 성보호에 관한 법률」·「풍속영업의 규제에 관한 법률」·「청소년 보호법」 또는 「마약류 관리에 관한 법률」(이하 이 조에서 "「성매매알선 등 행위의 처벌에 관한 법률」 등"이라 한다)을 위반하여 제11조제1항의 폐쇄명령을 받은 자(법인인 경우에는 그 대표자를 포함한다. 이하 제2항에서 같다)는 그 폐쇄명령을 받은 후 2년이 경과하지 아니한 때에는 같은 종류의 영업을 할 수 없다. [개정2011.9.15제11048호(청소년 보호법),2017.12.12,2018.12.11,2024.2.6] [시행일 2024.8.7]

CHAPTER 05. 공중위생 관리법규 실전 기출 예상문제

1. 다음 중 이·미용 영업소 개설신고 기관은?

① 보건복지부　　　　　② 관할 도지사
③ 관할 세무서　　　　　④ 시장, 군수, 구청장

◆ 해설
개설 및 폐업신고는 시장, 군수, 구청장에게 한다.

2. 이·미용업소의 시설 및 설비기준으로 적합하지 않은 것은?

① 소독을 한 기구와 소독을 하지 아니한 기구를 구분하여 보관할 수 있는 용기를 비치하여야 한다.
② 소독기, 적외선 살균기 등 기구를 소독하는 장비를 갖추어야 한다.
③ 밀폐된 별실을 설치할 수 있다.
④ 작업장소와 응접 장소, 상담실, 탈의실 등을 분리하여 칸막이를 설치하려는 때에는 전체 벽 면적의 2분의 1 이상은 투명하게 하여야 한다.

◆ 해설
영업소 안에는 별실, 이와 유사한 시설을 설치해서는 안 된다.

3. 이·미용사가 매년 받아야 할 위생교육 시간은?

① 2시간　　　　　② 3시간
③ 6시간　　　　　④ 8시간

◆ 해설
이·미용사는 공중위생법상 1년에 3시간 위생교육을 받아야 한다.

정답　1 ④　2 ③　3 ②

4. 이·미용 영업자의 준수사항 중 틀린 것은?

① 소독한 기구와 하지 아니한 기구는 각각 다른 용기에 넣어 보관할 것
② 조명은 65럭스(Lux) 이상 유지되도록 할 것
③ 신고필증, 면허증 원본, 요금표를 게시할 것
④ 일회용 면도날은 손님 1인에 한하여 사용할 것

◈ 해설
영업소 내부의 조명 밝기는 75럭스(Lux) 이상 유지되도록 하여야 한다.

5. 다음 중 위생교육을 받아야 하는 자에 대한 설명 중 옳은 것은?

① 이·미용사 국가기술 자격증을 취득한 때 공중위생영업의 신고를 하고자 하는 때
② 이·미용사 면허증을 재교부 받은 때
③ 이·미용사 면허를 취득한 때
④ 공중위생영업의 신고를 하고자 하는 때

◈ 해설
영업신고를 하고자 하는 자는 미리 위생교육을 받아야 한다.

6. 관계 공무원이 이·미용 영업장의 준수사항 등을 검사하고자 할 때 방해하거나 기피한 자에 대한 처벌 기준은?

① 30만 원 이하의 과태료 부과
② 50만 원 이하의 과태료 부과
③ 100만 원 이하의 과태료 부과
④ 300만 원 이하의 과태료 부과

◈ 해설
관계 공무원의 출입, 검사, 기타 조치를 거부, 방해 또는 기피한 자는 300만 원 이하의 과태료에 해당된다.

7. 이·미용의 면허 정지 기간 이·미용 업무를 행한 자에 대한 벌칙 사항은?

① 500만 원 이하의 벌금　　② 200만 원 이하의 벌금
③ 300만 원 이하의 벌금　　④ 100만 원 이하의 벌금

◆ 해설
면허 정지 기간 중 계속하여 업무를 행한 자는 300만 원 이하의 벌금에 해당한다.

8. 다음 중 이·미용 영업자에 대한 과태료를 부과, 징수할 수 있는 자는?

① 세무서장　　　　② 시장, 군수, 구청장
③ 보건복지부 장관　④ 시·도지사

◆ 해설
규정에 의한 과태료는 대통령이 정하는 바에 의하여 시장, 군수, 구청장이 부과, 징수한다.

9. 보건복지부령이 정하는 시설 및 설비가 기준에 미달한 때의 1차 위반 행정처분 기준은?

① 영업 정지 15일　　② 영업 정지 10일
③ 영업 정지 20일　　④ 개선 명령

◆ 해설
시설 및 설비가 기준에 미달할 때
- 1차 위반 : 개선 명령
- 2차 위반 : 영업 정지 15일
- 3차 위반 : 영업 정지 1월
- 4차 위반 : 영업장 폐쇄명령

정답　7 ③　8 ②　9 ④

10. 이·미용 영업자가 건전한 영업 질서를 위하여 준수하여야 할 사항을 준수하지 아니한 자에 대한 벌칙 사항은?

① 1년 이하의 징역 또는 300만 원 이하의 벌금
② 6월 이하의 징역 또는 500만 원 이하의 벌금
③ 6월 이하의 징역 또는 50만 원 이상의 벌금
④ 1년 이하의 징역 또는 30만 원 이상의 벌금

◈ 해설
건전한 영업 질서를 위하여 영업자가 준수하여야 할 사항을 준수하지 아니한 자는 6월 이하의 징역 또는 5백만 원 이하의 벌금에 해당한다.

11. 다음 중 이용사 또는 미용사 면허를 받을 수 있는 자는?

① 약물중독자
② 고혈압환자
③ 정신질환자
④ 피성년후견인

◈ 해설
면허 결격자
피성년후견인, 정신질환자, 감염병 환자, 마약 등의 약물 중독자, 면허가 취소된 후 1년이 경과되지 아니한 자

12. 공중위생영업자가 시장, 군수, 구청장으로부터 받은 위생관리등급의 표지를 관리하는 내용 중 가장 옳은 것은?

① 영업소에서 비밀보관, 관리한다.
② 영업소 내 다른 게시물과 같이 반드시 게시한다.
③ 영업소의 명칭과 함께 영업소의 출입구에 부착할 수 있다.
④ 관계 공무원의 지도 감독 시 게시만 하면 된다.

◈ 해설
위생관리등급의 표지를 영업소의 명칭과 함께 영업소 출입구에 부착할 수 있다.

13. 다음 중 위생서비스 평가의 결과에 따른 위생관리등급별로 영업소에 대한 위생감시를 실시하여야 하는 자는?

① 보건복지부 장관　　② 고용노동부 장관
③ 행정자치부 장관　　④ 법무부 장관

◆ 해설
위생관리등급의 판정을 위한 세부항목, 등급 결정 절차와 위생서비스 평가에 필요한 구체적인 사항은 보건복지부장관이 정하여 고시한다.

14. 공중위생 관리법상 이·미용사의 면허를 취소할 수 있는 자는?

① 보건복지부 장관　　② 시장, 군수, 구청장
③ 시·도지사　　　　　④ 국무총리

◆ 해설
시장, 군수, 구청장은 이용사 또는 미용사가 공중위생 관리법 또는 이 법의 규정에 의한 명령에 위반한 때에 그 면허를 취소하거나 6월 이내의 기간을 정하여 그 면허의 정지를 명할 수 있다.

15. 다음 중 이·미용사의 면허를 발급하는 기관은?

① 대학총장　　② 시장
③ 대통령　　　④ 도지사

◆ 해설
면허 발급은 시장·군수·구청장의 권한이다.

정답　13 ①　14 ②　15 ②

16. 영업장소 외에서 이·미용 업무를 할 수 없는 경우는?

① 관할 소재동 지역 내에서 주민에게 이용 또는 미용을 하는 경우
② 질병, 기타의 사유로 인하여 영업소에 나올 수 없는 자에 대하여 이용 또는 미용을 하는 경우
③ 혼례나 기타 의식에 참여하는 자에 대하여 그 의식의 직전에 이용 또는 미용을 하는 경우
④ 사회복지시설에서 봉사활동으로 이용 또는 미용을 하는 경우

17. 공익상 또는 선량한 풍속 유지를 위하여 필요하다고 인정하는 경우에 이·미용업의 영업시간 및 영업행위에 관한 필요한 제한을 할 수 있는 자는?

① 이·미용 중앙회
② 보건복지부 장관
③ 시·도지사
④ 문화예술부

◆ 해설
시, 도지사가 공익상 또는 선량한 풍속을 유지하기 위하여 필요하다고 인정하는 때에는 영업시간 및 영업행위에 관한 필요한 제한을 할 수 있다.

18. 공중위생의 관리를 위해 지도, 계몽 등을 행하게 하기 위해 둘 수 있는 것은?

① 명예 공중위생감시원
② 공중위생통계조사원
③ 공중위생평가조사원
④ 공중위생전문교육사

◆ 해설
도지사는 공중위생의 관리를 위한 지도·계몽 등을 행하게 하기 위해 명예 공중위생감시원을 둘 수 있다.

정답 16 ① 17 ③ 18 ①

19. 위생관리등급 공표 사항으로 맞지 않은 것은?

① 시장, 군수, 구청장은 위생서비스 평가결과에 따른 위생관리등급을 공중위생영업자에게 통보하고 공표한다.
② 공중위생영업자는 통보받은 위생관리등급의 표지를 영업소 출입구에 부착할 수 있다.
③ 시장, 군수, 구청장은 위생서비스 결과에 따른 위생 관리등급 우수 업소는 위생 감시를 면제할 수 있다.
④ 위생서비스 수준 평가는 2년마다 실시하되, 미용실의 보건위생관리를 위하여 특히 필요한 경우에는 평가 주기를 달리할 수 있다.

20. 최우수등급 대상 업소에 해당하는 위생 관리등급 구분은?

① 녹색 등급
② 청색 등급
③ 백색 등급
④ 적색 등급

◈ 해설
- 최우수 업소 : 녹색 등급
- 우수업소 : 황색 등급
- 일반관리 업소 : 백색 등급

21. 공중위생영업소를 개설하고자 하는 자는 원칙적으로 언제까지 위생교육을 받아야 하는가?

① 개설하기 전
② 개설 후 3개월 내
③ 개설 후 6개월 내
④ 개설 후 12개월 내

◈ 해설
사전 위생교육, 공중위생영업소를 개설하고자 하는 자는 영업신고 전 미리 위생교육을 받아야 한다.

22. 공중위생관리법상 이·미용사의 위생교육에 대해 맞게 설명된 것은?

① 부득이한 사유로 미리 교육을 받을 수 없는 경우에는 영업신고를 한 후 6개월 이내에 위생교육을 받을 수 있다.
② 위생교육 대상자에는 이·미용사의 면허를 가지고 이·미용업에 종사하는 모든 자가 포함된다.
③ 위생교육은 시·군·구청장만 할 수 있다.
④ 위생교육 시간은 분기당 8시간으로 한다.

◈ 해설
공중위생관리법상 부득이한 사유로 미리 교육을 받을 수 없는 경우에는 영업신고를 한 후 6개월 이내에 위생교육을 받을 수 있다.

23. 이·미용업 영업자가 위생교육을 받지 아니한 때에 대해 2차 위반 시 행정처분 기준은?

① 영업장 폐쇄 명령　　② 개선 명령
③ 영업 정지 5일　　　　④ 영업 정지 10일

◈ 해설
위생교육을 받지 아니한 때
- 1차 위반 : 경고
- 2차 위반 : 영업정지 5일
- 3차 위반 : 영업 정지 10일
- 4차 위반 : 영업장 폐쇄 명령

24. 이·미용업소에서 일회용 면도날을 고객 2인에게 사용한 때의 1차 위반 시 행정처분은?

① 영업 정지 10일 ② 개선 명령
③ 경고 ④ 영업 정지 5일

> ◆ 해설
> 일회용 면도날을 2인 이상 고객에게 사용한 때 1차 위반 시 경고 조치

25. 면허증을 다른 사람에게 대여한 때 3차 위반 행정처분 기준은?

① 면허 정지 3월 ② 면허 정지 1년
③ 영업 정지 1년 ④ 면허 취소

> ◆ 해설
> 면허증을 다른 사람에게 대여한 때
> 1차 위반 : 면허 정지 3월
> 2차 위반 : 면허 정지 6월
> 3차 위반 : 면허 취소

MEMO

06
Chapter

화장품학

Unit 1 | 화장품학 개론
Unit 2 | 화장품 제조
Unit 3 | 화장품의 종류와 기능
◈ 실전 기출 예상문제

UNIT 01 : 화장품학 개론

1 화장품의 정의

화장품법 제1장 제 2조 1호(정의)에 따르면 인체를 청결, 보호, 미화 등의 목적으로 매력을 더하고 용모를 밝게 변화시키거나 피부, 모발의 건강을 유지 또는 증진하기 위하여 인체에 바르고 뿌리는 등의 방법으로 사용되는 제품으로서 인체에 대한 작용이 경미 한 것을 말한다. (화장품법)

2 화장품 분류

식약청에 따르면 화장품은 인체를 청결, 미화하여 매력을 더하고, 용모를 밝게 변화시키거 나 피부, 모발의 건강을 유지 또는 증진하며, 인체에 사용되는 물품으로서 인체에 대한 작용 이 경미한 것을 말한다.

화장품의 분류

분류			용도	주목적
피부용	기초		보습, 세정, 정돈, 보호	스킨, 로션, 에센스, 크림, 클렌징, 마사지, 팩, 선크림 등
	색조		베이스 및 포인트 메이크업	메이크업 베이스, 파운데이션, BB크림, 립스틱, 아이섀도, 아이라이너 등
	바디케어		목욕, 방취, 탈색, 제모 등	비누, 입욕제, 데오드란트, 탈색, 제모 크림
모발·두피용	헤어케어	모발	세정, 트리트먼트, 염모제 등	샴푸, 린스, 트리트먼트, 무스, 헤어칼라
		두피	육모제, 양모제, 트리트먼트	육모제, 헤어토닉, 스캘프
구강용				치마제, 구강 청량제
방향 화장품				방향

1) 사용 목적과 대상에 따른 분류

기초 화장품, 메이크업 화장품, 모발 화장품, 방향 화장품, 보디 화장품

2) 허가 규정에 따른 분류

일반화장품, 기능성 화장품

3) 대상에 따른 분류

여성용, 남성용, 어린이용, 유아용, 공용 화장품

3 화장품, 의약외품, 의약품

1) 화장품

스킨, 로션, 크림, 에센스 등의 기초 화장품류와 샴푸, 린스, 트리트먼트, 헤어토닉 등의 헤어 제품류 그리고 메이크업 베이스, 파운데이션, 파우더, 아이브로우, 아이라이너, 마스카라, 블러셔, 립스틱, 립글로스 등 색조 화장품류 등은 모두 화장품으로 분류된다.

2) 의약외품

사람 또는 동물 질병의 치료·경감·처치 또는 예방의 목적으로 사용되는 섬유·고무 제품 또는 이와 유사한 것과 인체에 대한 작용이 경미하거나 인체에 직접 작용하지 아니하며, 기구 또는 기계가 아닌 것과 이와 유사한 것으로서 보건복지부 장관이 지정하는 것을 말한다.

3) 의약품

사람 또는 동물의 질병의 진단·치료·경감·처치 또는 예방을 목적으로 사용되는 물품으로서 기구·기기 또는 장치가 아닌 것, 사람 또는 동물의 조직기능에 약리학적 영향을 주기 위한 목적으로 사용되는 물품으로서 기구, 기기 또는 장치가 아닌 것. 의약외품이 아닌 것을 말한다.

화장품, 의약외품, 의약품 구분

구분	적용법	성분표시	사용 목적	사용 기간	부작용	제품예시
화장품	화장품법	전 성분 표시	청결, 미용	장기	없어야 함	스킨, 로션, 크림, 에센스, 파우더, 샴푸, 린스 등
의약외품	약사법	주요성분만 표시	위생, 예방	장기	없어야 함	생리대, 치약, 마스크, 붕대, 반창고, 구강청결제, 탈모방지제, 여드름 치료 화장품
의약품	약사법	주요성분만 표시	진단, 치료, 예방	단기	있을 수 있음	항생제, 진통제, 연고류, 소화제 등

나라별 품목 분류 현황 예

제품 유형	미국	유럽	일본	한국
비듬 개선	OTC 의약품	화장품	의약외품(약용화장품)	화장품/의약품
여드름 개선	OTC 의약품	화장품	의약외품(약용화장품)	의약외품/의약품
염모제	화장품	화장품	의약외품(약용화장품)	의약외품
목욕용제	화장품/OTC 의약품	화장품	의약외품(약용화장품)	의약외품
자외선 차단제	OTC 의약품	화장품	화장품	기능성 화장품
제모제	화장품	화장품	의약외품(약용화장품)	의약외품
저한제(디오더런트)	OTC 의약품	화장품	의약외품(약용화장품)	의약외품
주름 개선 제품	화장품/의약품		화장품	기능성 화장품
퍼머넌트웨이브용 제품	화장품	화장품	의약외품(약용화장품)	화장품
피부 미백제	OTC 의약품	화장품	의약외품(약용화장품)	기능성 화장품

UNIT 02 화장품 제조

1 화장품 원료

1) 수성 원료(정제수, 에틸알코올)

① 정제수 : 화장품 제조에 사용되는 물은 주로 이온교환수지를 이용하여 정제한 이온교환수를 자외선램프에 비추어 멸균한 물을 사용한다.
② 에탄올에 용해되는 것이 많아서 화장품 원료로뿐만 아니라 중요한 용매 중의 하나이기도 하다. 화장품에서는 주로 수렴, 청결, 살균제, 가용화제, 건조 촉진제 등의 목적으로 사용되고 있다.

2) 유성 원료

유지류는 고급 지방산과 글리세린의 트리글리세라이드로 동물, 식물에 널리 분포하는 원료이다. 주로 천연에서 얻은 것을 탈색, 탈취하여 사용하며 수소를 첨가하여 경화유로 사용하기도 한다.

유성 원료

구분			추출	종류
오일	보습 작용	식물성 오일	식물의 열매, 종자, 꽃 등에서 추출	올리브, 동백, 아보카도, 피마자, 아몬드, 호호바오일
		동물성 오일	동물의 피하조직 및 장기에서 추출	스쿠알렌(상어 간), 밍크오일(밍크의 피하지방)
		광물성 오일	석유 등에서 추출	유동파라핀, 미네랄, 바셀린, 실리콘오일
왁스	고형화 작용	식물성 왁스	칸데릴라 식물, 야자나무에서 추출	칸데릴라 왁스, 카르나우바 왁스
		동물성 왁스	벌집, 양털, 향유고래에서 추출	밀납, 라놀린, 경납

3) 계면활성제

계의 표면이나 경계면에 작용하여 표면이나 계면의 성질을 현저히 변화시키는 성질을 가진 물질

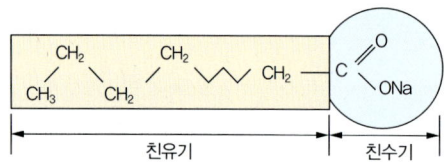

계면활성제

구분	특성	종류
양이온성	흡착성, 대전방지, 유연효과, 살균	헤어린스, 트리트먼트, 컨디셔너
음이온성	세정작용, 기포형성 작용 우수	비누, 샴푸, 클렌징폼, 면도크림
비이온성	피부 자극이 적어 기초 화장품에 사용	유화제, 가용화제, 분산제
양쪽이온성	살균, 세정작용, 피부 자극이 적음	베이비 샴푸, 저자극 샴푸, 에어로졸

◆ 미셀 (micelle)

계면활성제 분자들이 농도가 낮은 수용액에서는 단분자(monomer)의 형태로 자유롭게 존재하다가 계면활성제의 농도가 높아짐에 따라 계면활성제 분자들끼리의 자발적인 회합이 일어나서 미셀(micelle)을 형성하게 된다.

이러한 현상을 미셀 화(micellization)라고 하며 미셀이 막 형성을 시작할 때의 계면활성제의 농도를 임계미셀농도(CMC: critical micelle concentration)라고 한다.

이 농도에서부터는 더이상 표면장력이 낮아지지 않으며 미셀이 형성되기 시작하므로 미셀에 의한 가용화 현상으로 인해 물에 용해되지 않은 유성 성분의 용해도가 급격하게 증가한다.

◆ 미셀(micelle)의 구조와 크기

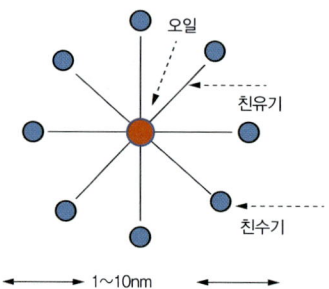

4) 보습제

화장품에 사용하는 보습제는 수용성 물질로 피부에 수분을 공급하여 촉촉하게 하는 작용을 하는 것과 화장품 자체의 수분 보유제로 작용을 하는 물질을 말하는 것으로 다가(多價)알코올류(polyol), 천연보습인자, 고분자 보습제 등으로 나눌 수 있다.

보습제 종류

구분	종류
천연보습인자(NMF)	아미노산(40%), 젖산(12%), 요소(7%), 지방산 등
고분자 보습제	가수분해 콜라겐, 히알루론산염 등
폴리올계	글리세린, 프로필렌글리콜 등 methyl

5) 방부제

방부제란 물질의 부패를 막는 성분으로 화장품에는 각종 유수분, 보습제 및 활성성분 등이 함유되어 있고 이들은 공기나 각종 불순물에 노출되었을 때 산화, 즉 부패를 유발하게 된다. 이러한 부패는 미생물의 증식에 의해 변질되었을 때 나타나는 것으로 향, 색상, 점도 등의 변화를 일으키거나 곰팡이가 생기는 등의 현상이 나타난다.

- 종류 : 파라벤(Paraben), 이미다졸리디닐우레아(Imidazolidinyl urea), 파라옥시안식향산메틸(Methyl ρ-Hydroxybenzoate), 파라옥시안식향산프로필(propyl poxybenzoate) 등이 있다.

6) 색소(염료와 안료)

(1) 염료
① 화장품의 색상 효과
② 물이나 오일에 잘 녹으며 수용성 염료와 유용성 염료가 있다.

(2) 안료
① 빛 반사 및 차단의 역할
② 물이나 오일에 녹지 않으며 유기안료와 무기안료가 있다.

(3) 화장품용 색소의 종류

화장품에 배합되는 색소는 크게 유기합성 색소, 무기안료, 천연색소 등으로 분류할 수 있으며, 최근 기술의 발달로 진주 광택 안료나 고분자 분체가 화장품 원료로 사용되고 있다.

화장품용 색소의 종류

구분		추출
유기 합성색소	염료	FD&C Yellow No 6, FD&C Red No 4
	레이크	FD&C Yellow No 6 Al lake
	유기 안료	D&C Red No 30
무기 안료	백색 안료	이산화 틴탄, 산화아연
	착색 안료	산화철
	체질 안료	마이카, 탤크, 카올린
천연색소		코치닐, 베타카로틴, 안토시아닌
진주 광택 안료		운모티탄
고분자 안료		나일론파우더, 폴리메틸케타아크릴레이트
기능성 안료		보론나이트라이드, 합성마이카

2 화장품 제조 기술

① 가용화 공정은 계면활성제의 작은 집합체인 미셀을 형성하도록 만들어, 물에 용해되지 않는 물질을 녹게 하는 성질을 부여해 투명한 상태로 용해시키는 공정을 의미한다.
※ 주로 화장수, 에센스, 향수와 같은 투명한 제품을 만들 때 사용한다.
② 유화 공정은 물과 기름이 섞이지 않는 물질들을 유화장치와 유화제를 사용해 인위적으로 섞이게 만드는 공정이다.
※ 주로 크림, 로션을 제조할 때 사용하는 공정이다.

화장품 유화 종류

구분	정의	화장품
O/W	물(W)에 오일(O)이 분산되어있는 형태(수중 유유화)	로션
W/O	오일(O)에 물(W)이 분산되어있는 형태(유중 수유화)	영양크림, 클렌징크림
W/O/W	물(W) 1/2을 오일(O) 1차 유화 = W/O W/O형 에멀젼이 물(W)에 분산되어있는 형태	아토피 건선용, 가을, 겨울용 화장품
O/W/O	오일(O) 1/2을 물(W) 1차 유화 = O/W O/W 에멀젼이 오일(O)에 분산되어있는 형태	여드름 피부, 지성 피부, 봄, 여름용 화장품

③ 분산 공정이란 안료 등의 고체 입자를 액체 속에 균일하게 혼합시키는 공정을 말한다. 분산 공정을 거친 제품을 장시간 방치하면 고체 입자의 침전 혹은 응집에 의해 사용 시 뭉침이 생기거나 얼룩이 생긴다.

※ 주로 파운데이션, 립스틱, 파우더 등의 제품을 제조할 때 사용한다.

④ 에어로졸은 물리학적으로 기체 중 고체 또는 액체의 미립자가 분산되어있는 콜로이드 상태를 말한다. 에어로졸 공정은 가스의 압력을 이용해 내압 용기로부터 액체를 토출시키는 제품을 만드는 공정을 말한다.

※ 주로 헤어스프레이, 파우더 스프레이, 헤어스타일링 폼 등을 만들 때 사용한다.

3 화장품의 특성

1) 안전성

모든 사람들을 대상으로 장기간 지속적으로 사용해야 하는 물품이므로 피부에 사용했을 때 자극, 알르레기, 독성 등과 같은 인체에 대한 부작용이 없어야 한다.

2) 안정성

사용기간 중에 화장품이 변질, 변색, 변취되거나 분리되는 일이 없어야 하고 미생물 오염도 없어야 한다.

3) 사용성

사용자의 기호에 따라 선택되는 향기, 색, 디자인 등의 기호성(감각성)도 포함되는데 사용감(발림성과 흡수성 등), 사용편리성(형상, 크기, 중량, 기구, 기능, 휴대성 등), 기호성(향, 색, 디자인 등)이 좋아야 한다.

4) 유효성

각각의 화장품들이 사용목적에 적합한 기능을 충분히 나타내어 피부에 적절한 보습, 노화억제, 자외선 차단, 미백, 세정, 색채 효과 등의 목적하는 효과를 나타내야 한다.

UNIT 03 : 화장품의 종류와 기능

1 화장품의 분류와 사용 목적

화장품의 분류와 사용 목적

분류	사용 목적	주요 제품
기초 화장품	세안용, 피부정돈, 피부보호	클렌징 크림, 클렌징 폼, 화장수, 팩, 마사지 크림, 로션, 모이스처 크림
메이크업 화장품	베이스 메이크업, 포인트 메이크업	파운데이션, 페이스 파우더, 립스틱, 아이섀도, 아이라이너
모발 화장품	세정용 컨디셔너, 트리트먼트, 정발, 퍼머넌트웨이브, 염색, 탈색, 육모, 양모, 탈모, 제모	샴푸, 헤어린스, 헤어트리트먼트, 헤어스프레이, 헤어무스, 포마드, 왁스, 퍼머넌트 웨이브 로션, 염모제, 헤어블리치, 육모제, 양모제, 탈모제, 제모제
보디 관리 화장품	신체보호, 미화, 체취 억제	보디클렌저, 보디오일, 배스토너
네일 화장품	네일 위생	리무버, 큐티클 오일, 네일 에나멜 등
방향 화장품(향수)	향취 부여	퍼퓸, 오데퍼퓸, 오드투알레트 등
에센셜(아로마) 및 캐리어 오일	항균작용, 불면증, 소화불량, 편두통, 신진대사조절, 심리적 안정	에센셜오일, 캐리어오일(목욕법, 흡입법, 마사지법, 족욕법, 확산법, 습포법)
기능성 화장품	미백, 주름 개선, 자외선 차단, 선탠, 여드름 및 아토피 케어	미백, 주름 개선, 자외선 차단, 선탠, 여드름 및 아토피 케어 화장품

2 기초 화장품

1) 기초 화장품의 사용 목적과 제품

(1) 피부 세정
① 피부의 노폐물 및 화장품의 잔여물을 제거한다.
② 주요 제품 : 클렌징(크림, 로션, 오일, 젤, 폼, 워터)

(2) 피부 정돈
① 피부에 수분 공급, pH 조절, 피부 진정 기능을 한다.
② 주요 제품 : 화장수(Skin), 스킨로션, 스킨토너, 토닝로션 등

(3) 피부 보호
① 피부에 수분과 영양을 공급한다.
② 주요 제품 : 로션, 크림, 에센스

3 메이크업 화장품

베이스 메이크업, 포인트 메이크업으로 구분한다.

1) 베이스 메이크업

베이스 메이크업의 분류와 목적

분류	사용 목적	주요 제품
메이크업 베이스 (Make-up Base)	피부톤을 정돈하고 화장의 지속성을 높여주는 역할	다양한 색상이 있음
파운데이션 (Foundation)	베이스컬러, 얼굴색의 변화와 피부의 결점을 보완	리퀴드, 크림, 압축 고형 파우더
파우더 (Powder)	색조효과 부여, 피부가 번들거리는 것을 감춰주는 역할	콤팩트 파우더, 루스 파우더

2) 포인트 메이크업

포인트 메이크업의 분류와 목적

분류	사용 목적
아이섀도(Eyeshadow)	눈과 눈썹 부위에 색채와 음영 효과
마스카라(Mascara)	속눈썹을 길게 연출하고, 눈매를 아름답게 표현
아이브로(Eyebrow)	비어 있는 눈썹을 채워 주고, 눈썹 모양을 연출
아이라이너(Eye liner)	눈매 수정, 뚜렷한 눈매 연출
립스틱(Lipstic)	입술에 색채와 광택 부여, 수분 증발 방지 효과
블러셔(Blusher)	볼에 도포하여 음영과 윤곽을 주어 입체감 연출

4 모발 화장품

헤어의 세정, 컨디셔너, 트리트먼트, 정발, 퍼머넌트웨이브, 염색, 탈색, 육모, 양모, 탈모, 제모 등에 사용되는 화장품이다.

모발 화장품의 분류와 목적

분류	사용 목적	주요 제품
세발용	모발 및 두피를 청결하게 관리하는 목적	샴푸, 린스
정발용	보습효과 및 헤어스타일링 유지 목적	헤어오일, 포마드, 헤어스프레이, 젤, 헤어무스. 글루밍 에이드, 헤어왁스, 퍼머넌트웨이브 로션
트리트먼트	모발손상방지 및 손상된 모발 복구	헤어트리트먼트크림, 헤어팩, 헤어코트
헤어컬러	모발에 다양한 컬러 표현	헤어틴트, 염모제, 헤어 블리치, 헤어 컬러 스프레이
두피관리용	두피 관리의 사용 목적에 따른 기능	육모제, 양모제, 탈모제, 제모제

5 보디 관리 화장품

신체보호와 신체의 미화, 체취를 억제하기 위해 사용하는 화장품이다.

보디 관리 화장품의 분류와 목적

분류	사용 목적	주요 제품
세정제(목욕제)	피부 노폐물 제거	비누, 보디클렌저, 입욕제
보디 각질 제거제	피부의 각질을 제거	보디스크럽, 보디솔트
보디 트리트먼트	수분과 영양 공급	(보디 & 핸드) 로션, (보디 & 핸드) 오일
액취 방지제	신체의 냄새를 억제하는 기능	디오더런트(데오도란트)
태닝 제품	피부를 균일하게 그을려 건강한 피부 표현	선케어 제품
슬리밍 제품	노폐물을 배출하고 지방을 분해하는 데 도움	지방분해 크림, 바스트 크림

6 네일 화장품

네일의 위생을 위한 화장품이다.

네일 화장품의 분류와 목적

분류	사용 목적
네일 에나멜	손발톱에 색상을 주는 제품, 네일 폴리시 또는 래커라고도 함
베이스 코트	손발톱 표면에 바르는 투명한 액체, 손톱 변색과 오염 방지 및 에나멜 밀착력을 높임
톱코트	에나멜 위에 도포하여 에나멜의 광택이 지속적으로 유지되도록 하는 역할
프라이머	손, 발톱 표면의 pH 밸런스를 조절하여 아크릴의 접착력을 높이는 역할
에나멜 리무버	손, 발톱의 에나멜을 제거할 때 사용, 폴리시 리무버라고도 함
큐티클오일	손, 발톱 주변의 큐티클을 부드럽게 제거하기 위하여 사용

7 방향 화장품(향수)

향취를 부여하는 화장품이다. 대표적으로 향수를 꼽는다.

방향 화장품의 종류와 특징

종류	부향률	지속시간	특성
퍼퓸 (Perfume)	15~30%	6~7시간	방향제품 중에서 가장 농도가 진해 향이 매우 강하고 지속시간이 길기 때문에 적당량을 포인트에 사용한다.
오 드 퍼퓸 (Eau de Perfume)	7~15%	5~6시간	퍼퓸에 가까운 취각적 풍부함이 있으면서도 부향률이 퍼퓸보다는 낮기 때문에 경제적이다.
오 드 투알레트 (Eau de Toilette)	6~10%	3~5시간	오 데 토일렛이라고도 불리며 오드콜로뉴의 가벼운 느낌과 향수의 지속성을 가진다.
오 드 코롱 (Eau de Colongne)	5~7%	1~2시간	상쾌한 향취로 향수를 처음 사용하는 사람에게 적합하다.
샤워 코롱 (Shower Cologne)	3~5%	약 1시간	부향률이 낮아 전신에 부담없이 사용할 수 있는 보디용 방향 제품이다.

향수의 발산 속도에 따른 분류

구분	향 지속시간	향의 특성	향의 작용	향의 종류
톱 노트 (Top Note)	공기 중 노출 후 약 2시간 이내 체내 약 24시간	예리하고 강렬하며 자극적	심신(心身) 향상 및 고양	휘발성이 높은 시트러스계, 그린계, 알데하이드계, 경쾌한 플로럴계
미들 노트 (Middle Note)	공기 중 노출 후 약 3~5시간 체내 약 72시간	따듯하고 온화하며 부드러움	심신(心身) 밸런스	플로럴계, 시프레계, 스파이스계, 그린계, 오리엔탈계
베이스 노트 (Base Note)	공기 중 노출 후 약 6~7시간 체내 약 7일	중후하고 안정적	심신(心身) 진정	휘발도가 낮은 우디계, 엠버계, 오리엔탈계

8 아로마(에센셜) 오일 및 캐리어 오일

항균작용을 하며 불면증, 소화불량, 편두통, 신진대사조절, 심리적 안정에 도움이 되는 화장품이다.

아로마(에센셜) 오일의 종류와 효능

구분	종류	효능
톱 노트	바질(Vasil)	살균, 소독, 강장, 거담, 발한작용
	버가못(Bergamot)	살균, 소독작용, 피지조절, 충혈 피부 진정작용
	유칼립투스(Eucalyptus)	거담, 살균, 이뇨, 정혈, 호흡기 질환 예방
	그레이프프루트(Grapefruit)	살균, 소독, 식욕 증진, 이뇨, 정화, 근육 내 독소 제거 작용
	레몬(Lemon)	소독, 수렴, 방부, 이뇨, 면역력 강화, 체지방 감소
	레몬그라스(Lemongrass)	두통, 정신피로 해소, 수렴, 공기정화, 이뇨, 살균작용
	만다린(구주귤/Mandarin)	소화촉진, 진정, 피부 연화, 체지방 감소
	오렌지(Orange)	항우울, 소화촉진, 식욕 증진, 긴장 완화, 체지방 감소
	페퍼민트(Peppermint)	거담, 두통, 수렴, 소염, 해열, 항신경장애
	티트리(Tea Tree)	살균, 소독, 항바이러스, 발한작용
미들 노트	카모마일(Camomile)	진정, 상처치유, 소염, 진통, 항알레르기, 항우울, 항경련작용
	클라리 세이지(Claiysage)	항우울, 항경련, 진정, 최음, 스트레스 이완, 활력공급
	사이프레스(Cypress)	수렴, 이뇨, 지혈, 해열, 혈관수축작용
	펜넬(회향/Fennel)	이뇨, 발한, 통경, 소독, 소화촉진작용
	프랑킨센스(유향/Frankincense)	수렴, 이뇨, 소독, 공기정화, 세포재생
	제라늄(Geranium)	수렴, 이뇨, 지혈, 세포재생, 림프순환촉진작용
	자스민(Jasmine)	분만촉진, 최음, 통경, 항우울, 피지조절
	주니퍼(Juniper)	발한, 살균, 소독, 수렴, 해독, 통경, 이뇨작용
	라벤다(Lavender)	살균, 소독, 진정, 피지조절, 통경, 해독, 항우울, 구풍 작용
	마조람(Marjoram)	거담, 강장, 구풍, 소독, 항신경장애
베이스 노트	장미(Rose)	생식기 강장, 최음, 항우울, 항염증, 혈관 확장 개선
	로즈마리(Rosemary)	두뇌 기능촉진, 정신피로 회복, 이뇨, 발한, 혈액 순환 촉진
	일랑일랑(Ylang Ylang)	피지 분비조절, 최음, 항우울, 소독작용
	시다우드(Cedarwood)	거담, 살균, 소독, 수렴, 이뇨작용
	시나몬(Cinnamon)	소독, 통경, 호흡기질환 예방
	샌들우드(백단향 / Sandalwood)	거담, 진정, 이뇨, 수렴, 소염작용

9 기능성 화장품

1) 기능성 화장품의 범위(화장품법)

① 피부의 미백에 도움을 주는 화장품
② 피부 주름을 완화 또는 개선하는 기능을 가진 화장품
③ 피부를 곱게 태워주거나, 자외선으로부터 피부를 보호하는 기능을 가진 화장품
④ 모발의 색상을 변화(탈염, 탈색)시키는 기능을 가진 화장품(단, 일시적으로 색상을 변화시키는 제품은 제외)
⑤ 체모 제거 기능을 가진 화장품(단, 물리적으로 체모를 제거하는 제품은 제외)
⑥ 여드름성 피부를 완화하는 데 도움을 주는 화장품
⑦ 아토피성 피부로 인한 건조함 등을 완화하는 데 도움을 주는 화장품
⑧ 튼 살로 인한 붉은 선을 엷게 하는 데 도움을 주는 화장품

기능성 화장품의 종류

종류	기능
미백 화장품	멜라닌 색소 침착 방지, 기미, 주근깨 생성을 억제하여 피부 미백에 도움을 주는 화장품
주름 완화 개선 화장품	피부 노화를 억제하고 세포의 재생 효과를 주는 기능을 가진 화장품
선케어 화장품	자외선을 산란, 반사시켜 차단하는 기능을 가진 화장품(선스크린 화장품) 피부 손상 없이 갈색 피부톤으로 피부를 그을리게 도움을 주는 화장품(선탠 화장품)
탈염제, 탈색제	염색으로 착색된 색상을 제거(탈염) 혹은 모발의 멜라닌 색소를 분해(탈색)하는 화장품
제모 화장품	미용 목적으로 얼굴, 팔, 다리, 겨드랑이 등에 털을 제모하기 위한 화장품(제모제)
여드름 케어 화장품	피지 분비와 배출을 촉진시켜 여드름 치료에 도움을 주는 화장품
아토피 케어 화장품	피부에 유·수분을 공급하여 피부 장벽을 보호하는 데 도움을 주는 화장품
튼 살용 화장품	피부의 붉은 선이나 띠를 완화시키는 데 도움을 주는 화장품

(1) 선케어 화장품

자외선을 산란, 반사시켜 차단하는 기능을 가진 화장품(선스크린 화장품) 과 피부 손상 없이 갈색 피부톤으로 피부를 그을리게 도움을 주는 화장품(선텐 화장품) 등이 있다.

자외선 분류

구분 \ 파장	UVA (320nm ~ 400nm)	UVB (290nm ~ 320nm)	UVC (200 ~ 290nm)
홍반 발생력	약	강	강
홍반 발현 시기	4 ~ 6시간	2 ~ 6시간	0.5 ~ 1.5시간
즉시 색소 침착	강	약	없음
색소 생성	중간	강	약
선번	미약	강	강
피부에 미치는 영향	- 직접적 선탠(sun tan) - 광노화 - 진피 하부까지 침투	- 간접적 선탠 - 일광화상(sun burn) - 표피 기저층 또는 진피 상층부까지 침투	- 지상에 도달하기 전에 오존층에서 흡수되므로 피부에 큰 영향이 없었으나 최근 오존층 파괴로 지상에 도달하여 피부암을 유발함

자외선 차단제의 특성 및 소재

구분	차단 원리	차단 범위	배합 특성	소재
무기 금속 산화물	산란 + 흡수	비교적 넓은 범위	- 안전성이 높다. - 다량 배합 시 피부색이 부자연스럽다. - 퍼짐성이 좋지 않다.	이산화티탄, 산화아연, 산화지르코늄, 산화세륨
유기 자외선 흡수제	흡수	비교적 좁은 범위	- 투명하고 사용감이 좋다. - 다량 배합 시 접촉성 피부염을 일으킬 수 있다.	에칠핵실메톡시신나메이트(UVB), 부틸메톡시디벤, 조일메탄(UVA)

자외선 차단을 위한 성분

성분명	함량
드로메트리졸	0.5 ~ 7%
디갈로일트리올레이트	0.5 ~ 5%
4-메칠벤질리덴 캠퍼	0.5 ~ 4%
메틸안트라닐레이트	0.5 ~ 5%
벤조페논-3	0.5 ~ 5%
벤조페논-4	0.5 ~ 5%
벤조페논-8	0.5 ~ 3%
부틸메톡시디벤조일메탄	0.5 ~ 5%
시녹세이트	0.5 ~ 5%
에칠헥실트리아존	0.5 ~ 5%
옥토크릴렌	0.5 ~ 10%
에칠헥실디메칠파바	0.5 ~ 8%
에칠헥실메톡시신나메이트	0.5 ~ 7.5%
에칠헥실살리실레이트	0.5 ~ 5%
페닐벤즈이미다졸 설폰산	0.5 ~ 4%
호모살레이트	0.5 ~ 10%
징크옥사이드	25%(자외선 차단제로 최대 함량)
티타늄디옥사이드	25%(자외선 차단제로 최대 함량)
이소아밀-p-메톡시신나메이트	10%(최대 함량)
비스에칠헥실옥시페놀메록시 페닐트리아진	10%(최대 함량)
디소듐페닐디벤지미다졸테트 라설포네이	산으로 10%(최대 함량)
드로메트리졸트리실록산	15%(최대 함량)
디에칠헥실부타미도트리아존	10%(최대 함량)
폴리실리콘-15(디메치코디에칠벤잘말로네이트)	10%(최대 함량)
메칠렌비스-벤조트리이졸일 테트라메칠부틸페놀	10%(최대 함량)
테레프탈리덴디캄퍼설폰산 및 그 염류	산으로 10%(최대 함량)

(2) 헤어 염색제

영구 염모제의 주요성분

구분	성분	특징
제1제	염료 중간체 (dye intermediate)	자체는 색소가 아니지만 산화되면 색소로 변하는 물질이다. P – 페닐렌디아민, P – 아미노페놀, P – 톨루엔디아민
	염료 수정제(coupler)	염료 중간체와 반응하여 색상을 다양하게 변화시키는 물질이다. 레조르신, m – 아미노페놀, m – 페닐렌디아민
	알칼리제	큐티클을 열게 하고 색소형성반응이 빠르게 일어날 수 있도록 해준다.
	고급지방산	알칼리제와 반응하여 고급지방산염(비누)을 형성한다. 염료중간체 또는 염료수정제의 침투를 촉진시키고 세발 시 세정을 용이하게 한다.
	겔화제	2제와 혼합 시 겔을 형성하게 한다.
	용제	염료중간체, 염료수정제의 용해를 돕는다.
제2제	산화제	모발속 멜라닌 색소를 파괴하여 모발을 탈색시키고 동시에 염료중간체와 염료수정제의 반응을 일으켜 새로운 색소가 만들어지도록 한다.
	pH 조절제	과산화수소를 안정화시키기 위해 pH 4 부근으로 조절한다.

염모제의 고시 성분

연번	성분명	사용 시 농도 상한 %
1	p – 니트로 – O – 페닐렌디아민	1.5
2	니트로 – p – 페닐렌디아민	3.0
3	2 – 메칠 – 5 – 히드록시에칠아미노페놀	0.5
4	2 – 아미노 – 4 – 니트로페놀	2.5
5	2 – 아미노 – 5 – 니트로페놀	1.5
6	5 – 아미노 – o – 크레솔	1.0
7	m – 아미노페놀	2.0
8	O – 아미노페놀	3.0
9	p – 아미노페놀	0.9
10	염산 2,4 – 디아미노페녹시에탄올	0.5
11	염산톨루렌 – 2,5 – 디아민	3.2
12	염산 m – 페닐렌디아민	0.5

연번	성분명	사용 시 농도 상한 %
13	염산 P – 페닐렌디아민	2.0
14	N – 페닐 – p – 페닐렌디아민	2.0
15	피크라민산	0.6
16	황산 p – 니트로 – O – 페닐렌디아민	2.0
17	황산 P – 메칠아미노페놀	0.68
18	황산 5 – 아미노 – O – 크레솔	4.5
19	황산 m – 아미노페놀	2.0
20	황산 O – 아미노페놀	3.0
21	황산 P – 아미노페놀	1.3
22	황산 톨루엔 – 2,5 – 디아민	3.63
23	황산 m – 페닐렌디아민	3.0
24	황산 P – 페닐렌디아민	3.8
25	N,N – 비스(2 – 하이드록시에칠) – P – 페닐렌디아민설페이트	2.9
26	2,6 – 디아미노피리딘	0.15
27	염산 2,4 – 디아미노페놀	0.5
28	1,5 – 디하이드록시나프탈렌	0.5
29	피크라민산나트륨	0.6
30	황산2 – 아미노 – 5 – 니트로페놀	1.5
31	황산O – 클로로 – p – 페닐렌디아민	1.5
32	α – 나프톨	2.0
33	레조시놀	2.0
34	2 – 메칠레조시놀	0.5
35	몰식자산	4.0
36	카테콜	1.5
37	피로갈롤	2.0
38	과붕산나트륨, 과붕산나트륨(1수하물), 과산화수소, 과탄산나트륨	12.0%

제모제 고시 성분

성분명	함량
티오글리콜산 80%	티오글리콜산으로서 3.0 ~ 4.5%
티오글리콜산 크림제	함량 미고시

CHAPTER 06. 화장품학 실전 기출 예상문제

1. 다음 중 화장품의 정의와 관련된 내용으로 맞은 것은?

① 의약품에 속하며 피부 결을 부드럽게 한다.
② 인체를 청결하게 미화시켜 준다.
③ 인체에 대한 작용이 확실한 제품을 의미한다.
④ 피부나 모발의 pH를 올려 건강하게 유지한다.

2. 다음 중 기초 화장품의 기능이 아닌 것은?

① 건조함 예방   ② 청결 기능
③ 색소 침착   ④ 자외선 차단

◆ 해설
기초 화장품의 기본은 피부의 청결이며 기미, 주근깨, 잡티 등의 색소 침착을 예방할 수 있다.

3. 화장품의 정의에 대한 설명으로 가장 적절한 것은?

① 피부나 모발의 질병 치료를 위해 신체에 사용하는 것을 목적으로 한다.
② 피부나 모발의 건강유지를 위해 신체에 사용하는 것으로 인체에 작용이 경미하다.
③ 피부나 모발의 구조 및 기능에 영향을 미치기 위해 신체에 사용하는 것을 목적으로 한다.
④ 피부나 모발의 병변확인을 위해 신체에 사용하는 것을 목적으로 한다.

◆ 해설
화장품은 인체를 청결, 미화하여 매력을 더하고 용모를 밝게 변화시키거나 피부, 모발의 건강을 유지 또는 증진하기 위하여 인체에 바르고 뿌리는 등의 방법으로 사용되는 물품이다. 그러나 의약품에 해당하는 물품은 제외한다.

정답   1 ②   2 ④   3 ②

4. 퍼머넌트웨이브 로션과 관련된 내용으로 맞은 것은?

① 전문의약품에 속한다. ② 의약품에 속한다.
③ 의약외품에 속한다. ④ 화장품에 속한다.

◆ 해설
일본은 의약외품(약용화장품) 미국, 유럽, 한국은 화장품으로 분류되어 있다.

5. 화장품의 품질과 특성 4대 조건으로 맞는 것은?

① 투명성, 안정성, 방부성, 사용성 ② 안전성, 방부성, 방향성, 유효성
③ 안전성, 안정성, 사용성, 유효성 ④ 방향성, 안전성, 발림성, 투명성

◆ 해설
화장품 품질의 4대 특성
- 안전성 : 피부에 자극, 독성, 반응이 없어야 한다.
- 안정성 : 보관 시 변질, 변색, 변취 및 미생물 오염이 없어야 한다.
- 사용성 : 피부에 잘 스며들고 부드러우며 촉촉해야 한다.
- 유효성 : 노화 억제, 미백효과, 주름 방지, 세정, 색채 효과 등의 목적하는 효과를 나타내야 한다.

6. 염모제와 관련된 내용으로 맞은 것은?

① 화장품에 속한다. ② 의약외품에 속한다.
③ 의약품에 속한다. ④ 전문의약품에 속한다.

◆ 해설
미국, 유럽은 화장품 일본, 한국은 의약외품(약용화장품)으로 분류되어 있다.

7. 다음 유성 성분 중 식물성 오일은 무엇인가?

① 피마자유 ② 실리콘오일
③ 바셀린 ④ 밍크오일

◆ 해설
밍크오일는 밍크의 피하에서 추출한 동물성 오일, 바셀린은 석유에서 추출한 광물성 오일, 실리콘 오일은 합성 오일이다.

정답 4 ④ 5 ③ 6 ② 7 ①

8. 다음 중 비누가 갖추어야 할 기능이 아닌 것은?

① 기포성　　　　　　　② 자극성
③ 세정성　　　　　　　④ 용해성

◆ 해설
비누의 조건으로 무자극성, 무변성, 방향성이 포함된다.

9. 화장품의 품질과 특성으로 맞지 않는 것은?

① 투명성　　　　　　　② 사용성
③ 안정성　　　　　　　④ 유효성

◆ 해설
모든 사람이 장기간 지속적으로 사용해야 하는 물품으로 피부에 사용했을 때 자극, 알레르기, 독성 등과 같은 인체에 대한 부작용이 없는 안전성이 있어야 한다.

10. 클렌징 크림의 주된 목적은?

① 수분 공급　　　　　　② 유분 공급
③ 영양 공급　　　　　　④ 이물질 제거

◆ 해설
화장품의 용도
- 화장수 = 피부 정돈, 수분 공급
- 로션 = 수분 공급, 유분 공급
- 크림 = 유분 공급, 피부보호
- 클렌징 크림 = 세정

11. 화장품의 4대 요건으로 맞은 것은?

① 안전성　　　　　　　② 보호성
③ 투명성　　　　　　　④ 상대성

◆ 해설
화장품 품질 4대 요건 : 안전성, 안정성, 사용성, 유효성

정답　8 ②　9 ①　10 ④　11 ①

12. 화장품 제형에서 보습효과가 우수한 물에 오일 성분이 혼합되어있는 유화 상태는?

① O/W 에멀션　　　　　② W/O 에멀션
③ W/S 에멀션　　　　　④ W/O/W 에멀션

> ◈ 해설
> 화장품 제형의 종류(O/W, W/O, W/O/W, S/W, W/S)로 오일(oil), 물(water), 실리콘(silicone)의 표기이다.

13. 다음 중 헤어린스, 트리트먼트, 컨디셔너 제품에 주로 사용되는 계면활성제는?

① 양이온성　　　　　② 음이온성
③ 비이온성　　　　　④ 양쪽이온성

> ◈ 해설
> - 양이온성 : 흡착성, 대전방지, 유연효과, 살균 우수(헤어린스, 트리트먼트)
> - 음이온성 : 세정작용, 기포형성작용 우수(비누 샴푸)
> - 비이온성 : 피부 자극이 적어 기초 화장품에 사용(유화제, 가용화제)
> - 양쪽이온성 : 세정작용, 피부 자극이 적음(베이비 샴푸, 저자극 샴푸)

14. 다음 중 호호바 오일(jojoba oil)의 설명으로 맞는 것은?

① 동물성 오일이다.　　　　　② 광물성 오일이다.
③ 식물성 오일이다.　　　　　④ 합성 오일이다.

> ◈ 해설
> 호호바 나무의 열매에서 추출한 식물성 오일로 보습력과 항산화력이 강해 쉽게 상하지 않는다.

15. 피부자극이 적어 화장수의 가용화제, 크림의 유화제 등으로 사용되는 계면활성제는?

① 양이온성　　　　　② 음이온성
③ 비이온성　　　　　④ 양쪽이온성

16. 다음 중 화장수, 로션, 크림의 기초 물질로 사용되는 것은?

① 식물성 오일　　　　　② 광물성 오일
③ 정제수　　　　　　　④ 계면활성제

◆ 해설
이온 교환법, 역삼투압식, 증류식 자외선살균, 흡착식 등으로 정제한 정제수는 화장품의 기초 물질로 사용한다.

17. 왁스에 대한 설명으로 맞지 않은 것은?

① 화장품의 굳기를 증가시킨다.
② 동물성 왁스로 밀납이 대표적이다.
③ 화학식으로 트리 글리세라이드 구조이다.
④ 고형의 유성 성분이다.

◆ 해설
왁스는 고급 지방산과 고급 알코올의 에스테르로 된 지질의 하나이며 트리 글리세라이드는 오일의 구조이다.

18. 다음 중 글리세린에 대해 맞게 설명된 것은?

① 보습효과　　　　　　② 수렴작용
③ 세정작용　　　　　　④ 살균작용

◆ 해설
3개의 하이드록시기를 갖고 있어 친수성을 띄고, 수분을 고정하는 보습력이 있다.

정답　16 ③　17 ③　18 ①

19. 기초 화장품의 사용 목적으로 맞는 것은?

① 피부의 청결 유지
② 피부 건강
③ 피부의 색상표현
④ 자외선 차단

◆ 해설
기초 화장품 : 피부를 보호를 위해 사용하는 기초적인 화장품으로서 피부 세정, 피부 정돈, 피부 보호의 역할을 한다.

20. 다음 중 기능성 화장품에 속하는 것은?

① 클렌징 크림
② 샴푸, 헤어트린트먼트
③ 선크림
④ 바니싱 크림

◆ 해설
자외선으로부터 피부보호를 목적으로 자외선을 산란, 반사시켜 차단하는 기능을 가진 화장품이다.

21. 다음 중 세안용 화장품의 조건으로 맞지 않는 것은?

① 안정성
② 용해성
③ 자극성
④ 기포성

◆ 해설
세정역할을 하는 성분으로 인해 pH 11 정도로 다소 높게 측정이 되고 있으나 화장품 제조기술 발달로 클렌저의 경우 최대 pH 6 ~ 7 정도 제품들이 시중에 나와 있다.

22. 농축된 오일을 안전하고 효과적으로 사용하기 위해 사용하는 오일은?

① 올리브유
② 토코페롤
③ 밍크오일
④ 캐리어오일

◆ 해설
캐리어오일은 아로마 테라피에서 베이스로 사용되며 농축된 에센셜 오일을 희석하여 피부에 안전하게 사용한다.

23. 다음 방향 화장품 중 부향률 가장 풍부하고 완성도가 높은 것은?

① 오 드 퍼퓸(eau de perfume)   ② 샤워 코롱(shower cologne)
③ 오 드 투알레트(eau de toilette)   ④ 퍼퓸(perfume, parfum, extract)

◆ 해설
퍼퓸은 알코올 70 ~ 85%에 향 원액이 15 ~ 30% 정도 함유되어 향이 가장 풍부하고 완성도가 높은 향수로 귀중품으로 취급되었다.

24. 다음 중 향이 가볍고 신선한 타입의 보디 방향제품으로 향의 함량이 가장 낮은 것은?

① 오 드 콜로뉴(eau de cologne)   ② 샤워 코롱(shower cologne)
③ 오 드 투알레트(eau de toilette)   ④ 퍼퓸(perfume, parfum, extract)

◆ 해설
샤워 코롱은 3 ~ 5%의 낮은 함량의 향 원액을 함유하고 있어 목욕이나 샤워 후에 가볍게 사용하기에 좋은 제품이다.

25. SPF(Sun Protection Factor)에 대한 설명으로 맞는 것은?

① UV - A선을 차단하는 지수이다.   ② 가시광선을 차단하는 지수이다.
③ UV - B선을 차단하는 지수이다.   ④ UV - C선을 차단하는 지수이다.

◆ 해설
- SPF(Sun protection factor) : 자외선 B를 차단하는 제품의 차단효과를 나타내는 지수
- PA(Protcction factor of UVA) : 자외선 A를 차단하는 제품의 차단효과를 나타내는 지수

07
Chapter

실전 모의고사

◆ 제1회 실전 모의고사
◆ 제2회 실전 모의고사

❀ 제1회 실전 모의고사

01 두부(Head) 내 각부 명칭의 연결이 잘못된 것은?

① 전두부 - 프론트(front)
② 두정부 - 크라운(crown)
③ 후두부 - 톱(top)
④ 측두부 - 사이드(side)

02 모량을 감소시키는 도구는?

① 세팅기　　② 컬링 아이론
③ 틴닝 가위　④ 와인더

03 면체(면도) 시 면도날을 잡는 기본적인 방법이 아닌 것은?

① 스타트 핸드(Start hand)
② 프리 핸드(Free hand)
③ 백 핸드(Back hand)
④ 펜슬 핸드(Pencil hand)

04 드라이어 정발술(Hair blow dryer styling)의 순서를 열거한 것으로 가장 적합한 것은?

① 가르마 - 측두부 - 천정부
② 가르마 - 천정부 - 측두부
③ 가르마 - 후두부 - 천정부
④ 가르마 - 전두부 - 천정

05 탈색제의 제1제에 대한 설명으로 옳은 것은?

① 암모니아가 주로 사용된다.
② 산화제라고 한다.
③ 모발 케라틴을 약화시킨다.
④ 멜라닌색소를 분해하여 모발의 색을 보다 밝게 한다.

06 다음 중 피부 구조에 대한 설명으로 틀린 것은?

① 피부는 표피, 진피, 피하조직으로 나누어진다.
② 표피의 가장 아래쪽은 기저층이다.
③ 피하조직은 피지선을 의미한다.
④ 피부 부속기관으로 모발, 한선, 피지선, 손·발톱이 있다.

07 국가의 보건수준을 평가하는 보건지표라고 할 수 있는 가장 대표적인 것은?
① 영아사망률 ② 성인사망률
③ 사인별 사망률 ④ 모성사망률

08 인수공통감염병이 아닌 것은?
① 나병 ② 일본뇌염
③ 광견병 ④ 야토병

09 금속성 식기, 면 의류, 도자기의 소독에 적합한 소독 방법은?
① 화염 멸균법 ② 건열 멸균법
③ 소각소독법 ④ 자비소독법

10 이·미용업소에서 종업원이 손을 소독할 때 가장 보편적으로 사용하는 것은?
① 승홍수 ② 과산화수소
③ 역성 비누 ④ 석탄수

11 이·미용소의 조명시설은 얼마 이상이어야 하는가?
① 50럭스 ② 75럭스
③ 100럭스 ④ 125럭스

12 이용사 면허 취소의 사유가 아닌 것은?
① 이중으로 면허를 취득한 때
② 면허를 다른 사람에게 대여한 때(3차 위반)
③ 면허 정지 처분을 받고 정지 간에 업무를 수행할 때
④ 미용사 자격 정지 처분을 받은 때

13 두부라인 명칭 설명 중에서 목 옆선(Nape side line)을 가장 올바르게 표현한 것은?
① E.P에서 N.S.P를 연결한 선
② E.P의 높이를 수평으로 연결한 선
③ 귀의 뒷면을 수직으로 연결한 선
④ N.S.P를 연결한 선

14 이용기구의 부분 명칭 중 모지공, 소지걸이, 다리 등의 명칭이 쓰이는 기구는?
① 가위 ② 면도
③ 아이론 ④ 빗

15 둥근 스포츠 커트에서 아웃라인의 수정 시 빗살 끝을 두피 면에 대고 깎아나가는 기법과 귀 주변 커팅기법으로 가장 효과적인 것은?
① 밀어깎기와 돌려깎기
② 끌어깎기와 두드려깎기
③ 왼손깎기와 찔러깎기
④ 연속깎기와 떠내깎기

16 면체(면도)할 때 칼날의 각도 범위는?

① 5 ~ 10° ② 15 ~ 45°
③ 30 ~ 40° ④ 50 ~ 60°

17 인모 가발의 세발 방법으로 가장 옳은 것은?

① 보통 샴푸제를 사용하여 선풍기 바람으로 말린다.
② 물에 담가 두었다가 세발하는 것이 좋다.
③ 벤젠, 알코올 등의 휘발성 용제를 사용하여 세발하고, 그늘에서 말린다.
④ 세척력이 강한 비누를 사용하고 뜨거운 열로 말린다.

18 생명력이 없는 상태의 무색, 무핵층으로서 손바닥과 발바닥에 주로 있는 층은?

① 각질층 ② 과립층
③ 투명층 ④ 기저층

19 이·미용실에서 사용하는 수건을 통해 감염될 수 있는 질병은?

① 트라코마 ② 장티푸스
③ 페스트 ④ 풍진

20 식품을 통한 식중독 중 독소형 식중독은?

① 포도상구균 식중독
② 살모넬라균에 의한 식중독
③ 장염비브리오 식중독
④ 병원성 대장균 식중독

21 이·미용업소에서 종업원이 손을 소독할 때 가장 보편적으로 사용하는 것은?

① 승홍수 ② 과산화수소
③ 역성 비누 ④ 석탄수

22 살균 및 탈취뿐만 아니라 특히 표백의 효과가 있어 두발 탈색제로도 사용되는 소독제는?

① 알코올 ② 석탄수
③ 크레졸 ④ 과산화수소

23 다음 중 이용사 또는 미용사의 면허를 받을 수 있는 자는?

① 약물중독자 ② 암환자
③ 정신질환자 ④ 피성년후견인

24 이·미용사 면허증을 분실하여 재교부를 받은 자가 분실한 면허증을 찾았을 때 취하여야 할 조치로 옳은 것은?

① 시·도지사에게 찾은 면허증을 반납한다.
② 시장, 군수에게 찾은 면허증을 반납한다.
③ 본인이 모두 소지하여도 무방하다.
④ 재교부 받은 면허증을 반납한다.

25 다음 중 기능성 화장품의 영역이 아닌 것은?

① 피부의 미백에 도움을 주는 제품
② 피부의 주름 개선에 도움을 주는 제품
③ 체모 제거 기능을 가진 제품
④ 피부를 균일하게 그을려 건강한 피부 표현에 도움을 주는 제품

26 소독약의 살균력 지표로 가장 많이 이용되는 것은?

① 알코올　　② 크레졸
③ 석탄산　　④ 폼알데하이드

27 세계보건기구의 약자로 맞는 것은?

① WHO　　② HOW
③ HOT　　④ BTS

28 두부 부위 중 천장부의 가장 높은 곳은?

① 골덴 포인트(G.P)
② 백 포인트(B.P)
③ 사이드 포인트(S.P)
④ 톱 포인트(T.P)

29 정발술 시 사용하는 아이론 도구 중 홈이 들어간 부분의 명칭은?

① 프롱　　② 로드
③ 그루브　　④ 핸들

30 모발에 대한 설명 중 맞는 것은?

① 밤보다 낮에 잘 자란다.
② 봄과 여름보다 가을과 겨울에 잘 자란다.
③ 모발의 주기(모주기)는 성장기 - 퇴행기 - 휴지기 - 발생기로 나누어진다.
④ 개인차가 있을 수 있지만 평균 한 달에 5cm 정도 자란다.

31 염색 시 주의사항으로 틀린 것은?

① 펌과 염색을 같이 할 경우 염색을 먼저 해야 한다.
② 두피에 상처나 질병이 있는 경우 시술하지 않는다.
③ 펌 시술 후 적어도 1주일이 지난 후 염색을 해야 한다.
④ 시술 전 시술자는 반드시 피부 보호 장갑을 껴야 한다.

32 두발의 색소를 탈색시키는 것은?

① 블리치(Bleach)
② 헤어 컬러링(Hair coloring)
③ 컬러 다이(Color dye)
④ 틴트 컬러 (Thit color)

33 다음 중 신체조직의 형성과 보수 및 혈액 및 골격 형성에 도움을 주는 영양소는?

① 구성 영양소   ② 열량 영양소
③ 조절 영양소   ④ 구조 영양소

34 모발이 하루에 성장하는 길이는?

① 0.2 ~ 0.5mm   ② 0.8 ~ 10mm
③ 11 ~ 20mm   ④ 20 ~ 30mm

35 다음 (   ) 안에 알맞은 내용은?

> 이·미용업 영업자가 공중위생관리법을 위반하여 관계행정기관의 장의 요청이 있는 때에는 (   ) 이내의 기간을 정하여 영업의 정지 또는 일부 시설의 사용 중지 혹은 영업소 폐쇄 등을 명할 수 있다.

① 3월   ② 6월
③ 1년   ④ 2년

36 이·미용업에 있어 청문을 실시하여야 하는 경우가 아닌 것은?

① 면허 취소 처분을 하고자 하는 경우
② 면허 정지 처분을 하고자 하는 경우
③ 일부 시설의 사용 중지 처분을 하고자 하는 경우
④ 위생교육을 받지 아니하여 1차 위반한 경우

37 틴닝 가위(Thining scissors)를 사용하여 커트할 경우 모발 겉모습이 주는 가장 두드러지는 미적 표현은?

① 고전미   ② 자연미
③ 고정미   ④ 조각미

38 다음 샴푸법 중 거동이 불편한 환자나 임산부에 가장 적당한 것은?

① 드라이 샴푸(Dry shampoo)
② 핫오일 샴푸(Hot oil shampoo)
③ 에그 샴푸(Egg shampoo)
④ 플레인 샴푸(Plain shampoo)

39 두개피(두피 및 모발) 상태에 따라 피지가 부족하여 건조할 때 쓰이는 트리트먼트는?

① 오일리 스캘프 트리트먼트
② 플레인 스캘프 트리트먼트
③ 댄드러프 스캘프 트리트먼트
④ 드라이 스캘프 트뢰트먼트

40 퍼머넌트웨이브의 제1제의 주성분이 아닌 것은?

① 티오글리콜산   ② 시스테인
③ 시스테아민   ④ 브롬산

41 교원섬유에 대한 설명으로 틀린 것은?

① 표피의 약 80~90%를 차지한다.
② 섬유아세포에서 생성된다.
③ 피부에 탄력성과 신축성을 부여한다.
④ 콜라겐이라고 불리기도 한다.

42 화상의 구분 중 통반, 부종, 통증뿐만 아니라 수포를 형성하는 것은?

① 1도 화상   ② 2도 화상
③ 3도 화상   ④ 중급 화상

43 다음 중 UN이 정한 고령 사회에 대한 설명으로 틀린 것은?

① 65세 이상의 인구가 총인구에서 차지하는 비율이 7% 이상인 사회이다.
② 65세 이상 인구가 총인구에서 차지하는 비율이 14% 이상인 사회이다.
③ 한국은 2017년 고령 사회로 진입하였다.
④ 고령화 현상은 수명이 늘고 출산율이 하락하면서 고령인구가 늘고 생산연령인구(15~64세)는 줄어든 데 따른 영향이다.

44 소독의 정의에 대한 설명 중 가장 옳은 것은?

① 모든 미생물을 열이나 약품으로 사멸하는 것
② 병원성 미생물을 사멸 또는 제거하여 감염력을 잃게 하는 것
③ 병원성 미생물에 의한 부패 방지를 하는 것
④ 병원성 미생물에 의한 발효 방지를 하는 것

45 이·미용실의 실내소독법으로 가장 적당한 것은?

① 석탄산 소독　② 크레졸 소독
③ 승홍수 소독　④ 역성 비누액

46 공중위생관리법에서 규정하고 있는 공중위생 영업의 종류에 해당되지 않는 것은?

① 이·미용업　② 위생관리용역업
③ 학원영업　④ 세탁업

47 이용사 면허를 받지 아니한 자 중, 이용사 또는 미용사 업무에 종사할 수 있는 자는?

① 이·미용 업무에 숙달된 자로 이·미용사 자격증이 없는 자
② 이·미용사로서 업무 정지 처분 중에 있는 자
③ 이·미용업소에서 이·미용사의 감독을 받아 이·미용 업무를 보조하고 있는 자
④ 학원 설립·운영에 관한 법률에 의하여 설립된 학원에서 3월 이상 이용 또는 미용에 관한 강습을 받은 자

48 일반 관리대상 업소에 해당하는 위생 관리 등급 구분은?

① 녹색등급　② 황색등급
③ 백색등급　④ 적색등급

49 클리퍼(바리캉)를 사용하는 조발 시 일반적으로 클리퍼를 가장 먼저 사용하는 부위는?

① 좌우측 두부　② 전두부
③ 후두부　④ 두정부

50 머리숱이 유난히 많은 두발을 커트할 때 적합하지 않은 커트 방법은?

① 딥테이퍼　② 블런트 커트
③ 레이저 커트　④ 스컬프처 커트

51 헤어 토닉의 작용에 대한 설명으로 틀린 것은?

① 두피를 청결하게 한다.
② 두피의 혈액순환이 좋아진다.
③ 비듬의 발생을 예방한다.
④ 모근이 약해진다.

52 갈바닉 전류를 이용한 기기와 관리 방법의 내용 중 틀린 것은?

① 갈바닉은 지속적이고 규칙적인 흐름을 가진 전류이다.
② 영양성분의 침투를 효율적으로 돕는다.
③ 피부 내부에 있는 물질이나 노폐물을 배출한다.
④ 양극에서는 알칼리성 피부층을 단단하게 해준다.

53 피부에 가장 많이 분포하는 감각은?

① 통각　　② 촉각
③ 압각　　④ 온각

54 색출이 어려운 대상으로 감염병 관리상 중요하게 취급해야 할 대상자는?

① 건강 보균자　　② 잠복기 보균자
③ 회복기 보균자　　④ 병후 보균자

55 소독과 멸균에 관련된 용어 해설 중 틀린 것은?

① 살균 : 생활력을 가지고 있는 미생물을 여러가지 물리화학적 작용에 의해 급속히 죽이는 것을 말한다.
② 방부 : 병원성 미생물의 발육과 그 작용을 제거하거나 정지시켜서 음식물의 부패나 발효를 방지하는 것을 말한다.
③ 소독 : 사람에게 유해한 미생물을 파괴시켜 감염의 위험성을 제거하는 비교적 강한 살균작용으로 세균의 포자까지 사멸하는 것을 말한다.
④ 멸균 : 병원성 또는 비병원성 미생물 및 포자를 가진 것을 전부 사멸 또는 제거하는 것을 말한다.

56 섭씨 100 ~ 135°C 고온의 수증기를 미생물, 아포 등과 접촉시켜 가열 살균하는 방법은?

① 간헐 멸균법　　② 건열 멸균법
③ 고압증기 멸균법　　④ 자비소독법

57 이·미용실에서 대소변, 토사물 등의 소독에 적절한 약제는?

① 포르말린수　　② 에탄올
③ 크레졸 비누액　　④ 역성 비누

58 이·미용업소의 시설 및 설비 기준으로 적합한 것은?

① 소독을 한 기구와 소독을 하지 아니한 기구를 구분하여 보관할 수 있는 용기를 비치하여야 한다.
② 소독기, 적외선 살균기 등 기구를 소독하는 자비를 갖추어야 한다.
③ 밀폐된 별실을 2개 이상 둘 수 있다.
④ 작업 장소와 응접 장소, 상담실, 탈의실 등을 분리하여 칸막이를 설치하려는 때에는 각각 전체 벽 면적의 2분의 1 이상은 투명하게 하여야 한다.

59 공중위생의 관리를 위한 지도, 계몽 등을 행하게 하기 위하여 둘 수 있는 것은?

① 명예 공중위생감시원
② 공중위생조사원
③ 공중위생평가단체
④ 공중위생전문교육원

60 소독 약품의 구비 조건으로 잘못된 것은?

① 용해성이 높을 것
② 표백성이 있을 것
③ 사용이 간편할 것
④ 가격이 저렴할 것

❈ 제1회 실전 모의고사 정답 및 해설

01	02	03	04	05	06	07	08	09	10
③	③	①	①	①	③	①	①	④	③
11	12	13	14	15	16	17	18	19	20
②	④	①	①	①	②	③	③	①	①
21	22	23	24	25	26	27	28	29	30
③	④	②	②	④	③	①	④	③	③
31	32	33	34	35	36	37	38	39	40
①	①	①	①	②	④	②	①	④	④
41	42	43	44	45	46	47	48	49	50
①	②	①	②	②	③	③	③	③	②
51	52	53	54	55	56	57	58	59	60
④	④	①	①	③	③	③	①	①	②

01. 후두부는 네이프(nape)이다.

02. 틴닝 가위는 길이는 변화시키지 않고 모량만 감소시키는 도구이다.

03. 면도날 파지 방법
- 프리 핸드(free hand) : 면도자루를 엄지와 검지로 잡고 자루 끝부분을 약지와 소지 사이에 끼우는 방법
- 백 핸드(back hand) : 면도기의 깎는 날을 역으로 돌려 잡는 방법, 돌려 깎는 면도날이라고도 한다.
- 펜슬 핸드(pencil hand) : 면도기를 검지와 중지 사이에 끼어 연필을 잡듯이 칼 머리 부분을 밑으로 해서 잡는 방법으로 연필 면도칼이라고도 한다.

04. 가르마에서 시작하여 측두부 천정부로 시술한다.

05. 탈색제 1제(암모니아수)는 모발을 팽창시키고, 2제(과산화수소)는 멜라닌색소를 분해하여 색상을 밝고 엷게 만든다.

06. 피하조직은 피하지방을 의미한다.

07. 영아사망률(0세아의 사망률)은 한 국가의 건강수준을 나타내는 지표로 활용한다.

08. 인수공통병원소 : 동물이 병원소가 되면서 인간에게도 감염을 일으키는 감염병으로 쥐(페스트, 살모넬라), 돼지(일본뇌염), 개(광견병), 산토끼(야토병), 소(결핵) 등이 있다.

09. 자비소독법 : 100°C의 끓는 물에 15~20분간 소독하는 방법으로, 금속성 식기, 면 의류, 타월, 도자기 소독에 사용한다.

10. 역성 비누는 병원용 소독제로 많이 사용되며, 이·미용업소에서 종업원이 손을 소독할 때 가장 보편적으로 많이 사용한다.

11. 영업장 안의 조명도는 75럭스 이상이 되도록 유지하여야 한다.

12. 미용사 자격 정지 처분을 받으면 면허 정지의 사유에 해당한다.
    면허를 다른 사람에게 대여한 때 : 1차 위반은 면허 정지 3개월

13. 목 옆선은 이어 포인트(E.P)에서 네이프 사이드 포인트(N.S.P)까지 연결한 선이다.

14. 가위의 명칭은 모지공, 소지걸이, 다리가 있다.

15. • 밀어깎기 : 빗살 끝을 두피면에 대고 깎아 나가는 방법
    • 연속깎기 : 두피면에 따라 빗을 전진시키면서 연속적으로 커트하는 방법이다.
    • 떠내깎기 : 아래서부터 빗으로 두발을 떠내어 빗살 밖으로 나온 긴 두발을 잘라 형태를 만들며 상향으로 커트하는 기법

16. 면도 시 면도날의 각도는 15 ~ 45 °로 유지한다.

17. 가발의 세발은 리퀴드 드라이 샴푸(벤젠, 알코올류)로 하는 것이 좋으며 세발 후 그늘에서 말리는 것이 좋다.

18. • 각질층 : 표피의 최상층, 피부 보호 기능
    • 과립층 : 수분 증발을 막아주는 기능
    • 투명층 : 손·발바닥에 존재하는 투명막
    • 기저층 : 표피의 가장 아래에 위치, 세포 형성
    • 피부 부속기관으로 모발, 한선, 피지선, 손발톱이 있다.

19. 이·미용실에서 사용하는 수건을 통해 감염될 수 있는 질병은 트라코마이다.

20. 감염형 식중독
- 살모넬라 : 돼지 콜레라가 원인
- 장염비브리오 : 오염된 어패류가 원인
- 병원성 대장균 : 오염된 우유, 치즈 등의 섭취가 원인

21. 병원용 소독제로 많이 사용되며, 이·미용업소에서 종업원이 손을 소독할 때 가장 보편적으로 많이 사용한다.

22. 과산화수소는 살균 및 탈취뿐만 아니라 특히 표백의 효과가 있으며 자극성이 적어 구내염, 입 안 세척, 인두염, 상처 소독 등에 효과적이다.

23. 면허 결격자
- 피성년후견인
- 정신질환자(전문의 소견서가 있을 경우 제외)
- 감염병 환자(AIDS, 결핵 환자 등)
- 마약 등의 약물 중독자(향정신성 의약품 중독자)
- 면허가 취소된 후 1년이 경과되지 아니한 자

24. 면허 취소 또는 정지를 받은 자는 지체 없이 시장, 군수, 구청장에게 면허증을 반납해야 한다.

25. 피부를 균일하게 그을려 건강한 피부를 표현하는 데 도움을 주는 제품(태닝 제품)은 보디 관리 화장품이다.

26. 석탄산(페놀)은 소독제의 살균력을 비교할 때 기준이 되는 소독약이다.

27. WHO(세계보건기구)는 World Health Organization의 약자이다.

28. 두부 부위 중 천장부의 가장 높은 곳은 톱 포인트이다.

29.
- 프롱(로드) : 동그란 쇠막대기 형상으로 모발을 누르거나 감아서 볼륨을 주는 역할
- 그루브 : 홈으로 파여진 부분으로 프롱을 감싸주며 모발을 고정시키는 역할
- 핸들 : 손잡이

30. 모발의 성장 속도 : 0.2 ~ 0.5mm(1일), 1 ~ 1.5cm(30일)

31. 펌과 염색을 같이 할 경우 펌을 먼저 해야 한다.

32. • 다이 터치업 : 염색 후 새로 자라난 두발에 하는 뿌리염색
    • 블리치 : 부분 혹은 전체의 탈색을 의미
    • 헤어 다이 : 착색을 의미
    • 헤어 틴트 : 염색을 의미

33. 구성영양소 : 단백질, 무기질, 물

34. 모발은 하루에 약 0.2 ~ 0.5mm 정도 성장한다.

35. 시장, 군수, 구청장은 미용업자에게 6월 이내의 기간을 정하여 영업 정지, 일부 시설 사용중지 및 폐쇄 등을 명령할 수 있다.

36. 청문 실시 사유
    • 이·미용사의 면허 취소, 면허 정지
    • 공중위생영업의 정지
    • 일부 시설의 사용 중지
    • 영업소 폐쇄 명령

37. 틴닝 가위는 두발의 길이는 자르지 않고 머리숱만을 제거하여 자연스러운 커트형을 만들기 위해 사용한다.

38. 드라이 샴푸(Dry shampoo)는 환자나 가발 샴푸에 적합하다.

39. 트리트먼트 선정방법
    • 오일리 스캘프 트리트먼트 : 피지 분비량이 많을 경우
    • 플레인 스캘프 트리트먼트 : 정상 두피
    • 댄드러프 스캘프 트리트먼트 : 비듬 제거 시
    • 드라이 스캘프 트리트먼트 : 건조 두피

40. 1제인 환원제는 티오글리콜산이 가장 많이 사용되고 시스테인 등도 사용된다. 브롬산은 제2제이다.

41. - 교원섬유는 진피의 약 80 ~ 90%를 차지하는 섬유 형태의 단백질이다.
    - 섬유아세포 : 진피의 구성세포로 콜라겐, 엘라스틴 기질을 합성하는 역할을 담당하는 세포이다.

42. - 1도 화상 : 피부가 붉게 변함
    - 2도 화상 : 수포 발생
    - 3도 화상 : 신경 손상
    - 4도 화상 : 근육·신경·뼈 손상

43. - 고령화 사회 : 65세 이상의 인구가 전체의 7% 이상
    - 고령 사회 : 65세 이상의 인구가 전체의 14% 이상

44. - 멸균 : 모든 미생물을 사멸 혹은 제거하는 것
    - 살균 : 병원성 미생물을 물리·화학적 작용으로 급속하게 제거하는 작업
    - 소독 : 병원균을 파괴하여 감염력 및 증식력을 없애는 작업
    - 방부 : 음식물의 부패나 발효를 방지하는 작업

45. 크레졸은 석탄산의 2배 소독효과가 있으며 피부 자극이 적다. 화장실 소독 시 3% 용액을 사용한다.

46. 공중위생영업은 숙박업, 목욕장업, 이용업, 미용업, 세탁업, 건물위생관리 영업이 있다.

47. 이·미용 종사 가능자

    이용사 또는 미용사의 면허를 받은 자가 아니면 이용업 또는 미용업을 개설하거나 그 업무에 종사할 수 없다.

48. - 최우수 업소 : 녹색등급
    - 우수 업소 : 황색등급
    - 일반 관리 업소 : 백색등급

49. 일반적으로 클리퍼는 후두부(네이프)부터 사용한다.

50. 블런트 커트는 직선적으로 커트하는 방법이며, 모발의 길이만 제거되고 숱은 그대로 유지된다.

51. 헤어 토닉은 두피에 영양을 주고 모근을 강화시키는 효과가 있다.

52. 갈바닉 전류를 이용한 기기 : 지속적이고 규칙적인 흐름을 가진 전류(갈바닉 전류)로 피부 내피층까지 유효성분의 침투를 돕는 기능을 가진 기기이다.

53. 피부 감각점은 통각점 > 압각점 > 촉각점 > 냉각점 > 온각점의 순서이다.

54. ① 건강 보균자 : 병원체가 침입하였으나 증상이 없고 병원체를 배출하는 보균자, 감염병 관리가 어려움
    ② 잠복기 보균자 : 발병 전 잠복기간에 병원체를 배출하는 보균자
    ③ 회복기 보균자 : 감염병이 치료되었으나 병원체를 배출하는 보균자
    ④ 병후 보균자 : 병의 완치 후에도 병원균을 배출하는 사람

55. 소독 : 병원균을 파괴하여 감염력 및 증식력을 없애는 작업

56. 고압증기 멸균법은 섭씨 100~135°C 고온의 수증기를 미생물, 아포 등과 접촉시켜 가열 살균하는 방법으로 유리 기구, 금속 기구, 의류, 고무 제품, 의료 기구, 미용 기구, 약액, 무균실 기구 등에 사용된다.

57. 화장실 대소변 소독에는 소각법, 석탄산, 크레졸, 생석회 분말을 이용한다.

58. 미용시설 설비 기준
    - 소독한 기구와 소독하지 않은 기구를 분리하여 보관해야 한다.
    - 소독 장비는 소독기와 자외선 살균기를 구비해야 한다.
    - 작업 장소, 응접 장소의 칸막이 설치 : 미용업은 가능하지만 이용업은 불가능하다.
    - 칸막이는 출입문의 1/3 이상을 투명하게 유지해야 한다.
    - 별실 및 유사 시설 설치는 불가능하다.

59. 시·도지사는 공중위생의 관리를 위한 지도·계몽 등을 행하게 하기 위하여 명예 공중위생감시원을 둘 수 있다.

60. 소독약품은 부식성 및 표백성이 없어야 한다.

제2회 실전 모의고사

01 이용 시술을 위한 이용사의 작업을 설명한 내용으로 옳지 않은 것은?

① 시술에 대해 구상을 하기 전에 고객의 요구사항을 파악한다.
② 고객의 용모에 대한 특성을 신속·정확하게 파악한다.
③ 이용사 자신의 개성미를 우선적으로 표현한다.
④ 시술 후에는 전체적인 조화를 종합적으로 검토한다.

02 이용 업소의 사인볼 색으로 세계적으로 공통적인 것은?

① 적색, 백색, 녹색
② 청색, 적색, 백색
③ 황색, 청색, 흑색
④ 청색, 황색, 백색

03 모발의 주성분인 케라틴은 다음 중 어느 것에 속하는가?

① 석회질　② 단백질
③ 지방질　④ 당질

04 커트 시술 시 작업 순서를 바르게 나열한 것은?

① 구상 - 제작 - 소재 - 보정
② 소재 - 구상 - 보정 - 제작
③ 구상 - 소재 - 제작 - 보정
④ 소재 - 구상 - 제작 - 보정

05 헤어 컬러링 기술에서 만족할 만한 색채효과를 얻기 위해서는 색채의 기본원리를 이해하고 이를 응용할 수 있어야 하는데 색의 3속성 중 명도만 가지고 있는 무채색에 해당하는 것은?

① 적색　② 백색
③ 청색　④ 황색

06 예방접종의 결과로 획득된 면역은?

① 자연 능동면역　② 자연 수동면역
③ 인공 능동면역　④ 인공 수동면역

07 미생물을 대상으로 한 작용이 강한 것부터 순서대로 옳게 배열된 것은?

① 멸균 〉 소독 〉 살균 〉 청결 〉 방부
② 소독 〉 살균 〉 멸균 〉 청결 〉 방부
③ 살균 〉 멸균 〉 소독 〉 방부 〉 청결
④ 멸균 〉 살균 〉 소독 〉 방부 〉 청결

08 공중위생영업의 신고를 위하여 제출하는 서류에 해당하지 않는 것은?

① 영업시설 및 설비개요서
② 교육 필증
③ 재산세 납부영수증
④ 면허증 원본

09 공중위생 관리법상 위생교육에 대한 설명 중 옳은 것은?

① 위생교육은 공중위생 관리법 위반자에 한하여 받는다.
② 위생교육 대상자는 이·미용사이다.
③ 위생교육 시간은 매년 8시간이다.
④ 위생교육 대상자는 이·미용업 영업자이다.

10 다음 중 두피 및 모발의 생리 기능을 높여주는 데 가장 적당한 샴푸는?

① 드라이 샴푸   ② 토닉 샴푸
③ 리퀴드 샴푸   ④ 오일 샴푸

11 모발의 색은 흑색 적색 갈색 등 여러 가지 색이 있다. 다음 중 주로 검은 모발의 색을 나타나게 하는 멜라닌은?

① 티로신(tyrosine)
② 멜라노사이트(melanocyte)
③ 페오멜라닌(pheomelanin)
④ 유멜라닌(eumelanin)

12 다음 감염병 중 세균성인 것은?

① 말라리아   ② 일본뇌염
③ 결핵   ④ 유행성 간염

13 자비소독 시 금속 제품이 녹스는 것을 방지하기 위하여 첨가하는 물질이 아닌 것은?

① 5% 알코올
② 2% 탄산나트륨
③ 2% 붕소
④ 2 ~ 3% 크레졸 비누액

14 이·미용업자의 준수사항 중 틀린 것은?

① 소독한 기구와 하지 아니한 기구는 각각 다른 용기에 넣어 보관할 것
② 신고증과 함께 면허증 사본을 게시할 것
③ 조명은 75럭스 이상 유지되도록 할 것
④ 일회용 면도날은 손님 1인에 한하여 사용할 것

15 화장품과 의약품의 차이를 바르게 정의한 것은?

① 화장품의 사용 목적은 질병의 치료 및 진단이다.
② 화장품은 특정 부위만 사용 가능하다.
③ 의약품의 부작용은 어느 정도까지는 인정된다.
④ 의약품의 사용 대상은 정상적인 상태인 자로 한정되어 있다.

16 세균성 식중독 중에서 치명률이 가장 높은 식중독은?

① 보툴리누스균 식중독
② 살모넬라균 식중독
③ 장염 비브리오균 식중독
④ 포도상구균 식중독

17 블로 드라이 스타일링 후 헤어스프레이를 하는 주된 이유는?

① 모발의 질을 강화시키기 위해
② 스타일을 고정하고 유지 시간을 연장시키기 위해
③ 모발의 질을 부드럽게 하기 위해
④ 모발의 향기를 오래 지속시키기 위해

18 가발의 종류에 해당하지 않는 것은?

① 전체 가발　② 부분 가발
③ 인조 가발　④ 뿌리는 가발

19 여드름의 발생 순서로 옳은 것은?

① 면포 - 구진 - 결절 - 농포 - 낭종
② 낭종 - 구진 - 농포 - 결절 - 면포
③ 구진 - 면포 - 농포 - 결절 - 낭종
④ 면포 - 구진 - 농포 - 결절 - 낭종

20 다음 중 이·미용사의 면허를 발급하는 기관이 아닌 것은?

① 경기도지사
② 제주도 서귀포시장
③ 인천시 부평구청장
④ 서울시 마포구청장

21 향수를 뿌린 후 즉시 느껴지는 향수의 첫 느낌으로, 주로 휘발성이 강한 향료들로 이루어져 있는 노트(note)는?

① 톱 노트(top note)
② 미들 노트(middle note)
③ 하트 노트(heart note)
④ 베이스 노트(base note)

22 커트용 가위의 선정 방법에 대한 설명 중 틀린 것은?

① 도금이 고르게 된 것이 좋다.
② 날의 두께가 얇고 회전축이 강한 것이 좋다.
③ 날의 견고함이 양쪽 골고루 똑같아야 한다.
④ 손가락 넣는 구멍이 적합해야 한다.

23 얼굴형이 둥근 경우 가르마의 기준으로 맞는 것은?

① 5 : 5 가르마   ② 4 : 6 가르마
③ 8 : 2 가르마   ④ 7 : 3 가르마

24 다음 중 표피에 존재하며, 면역과 가장 관계가 깊은 세포는?

① 멜라닌 세포   ② 머켈 세포
③ 랑게르한스 세포 ④ 섬유아 세포

25 무구조충은 다음 중 어느 것을 날 것으로 먹었을 때 감염될 수 있는가?

① 돼지고기   ② 쇠고기
③ 게   ④ 잉어

26 일반적으로 사용되는 소독용 알코올의 적정 농도는?

① 30%   ② 70%
③ 50%   ④ 100%

27 이용사가 면허증 재교부 신청을 할 수 없는 사유는?

① 면허증을 잃어버린 때
② 면허증이 더러울 때
③ 면허증을 못쓰게 된 때
④ 면허증 기재사항에 변경이 있는 때

28 틴닝 가위를 사용하는 목적으로 가장 적합한 것은?

① 전체 모발을 잘라내기 위해서
② 윗머리를 짧게 자르기 위해서
③ 아이론 시술에 적합한 헤어를 만들기 위하여
④ 전체 머리숱을 고르게 하기 위해서

29 다음 중 아이론의 사용에 있어 가장 적합한 온도 범위는?

① 140 ~ 160°C ② 100 ~ 130°C
③ 80 ~ 100°C   ④ 60 ~ 80°C

30 피부 세포가 기저층에서 생성되어 각질층으로 되어 떨어져 나가기까지의 기간을 피부의 1주기(각화 주기)라 한다. 건강한 성인의 경우 1주기는 보통 며칠인가?

① 45일 ② 28일
③ 15일 ④ 7일

31 식물성 독소 중 감자 싹에 함유되어있는 독소는?

① 아미그달린 ② 무스카린
③ 테트로도톡신 ④ 솔라닌

32 이·미용실에서 사용하는 가위 등의 금속 제품 소독으로 적합하지 않은 것은?

① 에탄올   ② 역성 비누액
③ 석탄산수   ④ 승홍수

33 보건복지부령이 정하는 특별한 사유가 있을 시 영업소 외의 장소에서 이·미용업무를 행할 수 있다. 그 사유에 해당하지 않는 것은?

① 질병으로 인하여 영업소에 나올 수 없는 자에 대하여 이·미용을 하는 경우
② 기관에서 특별히 요구하여 단체로 이·미용을 하는 경우
③ 혼례에 참여하는 자에 대하여 그 의식 직전에 이·미용을 하는 경우
④ 시장, 군수, 구청장이 특별한 사정이 있다고 인정한 경우

34 음용 수 소독에 사용할 수 있는 소독제는?

① 요오드 ② 페놀
③ 염소   ④ 승홍수

35 이용기구인 클리퍼를 세계에서 처음으로 제작한 나라는?

① 일본   ② 스위스
③ 스웨덴 ④ 프랑스

36 일반적인 매뉴얼 테크닉 방법이 아닌 것은?

① 경찰법　② 유연법
③ 구강법　④ 진동법

37 다음 중 색의 3원색으로 맞은 것은?

① 빨강, 노랑, 주황
② 빨강, 노랑, 흰색
③ 빨강, 파랑, 노랑
④ 빨강, 노랑, 검정

38 모발의 구성 중 두피 밖으로 나와 있는 부분은?

① 피지선　② 모유두
③ 모구　　④ 모표피

39 공중위생영업을 하고자 하는 자는 위생교육을 언제 받아야 하는가(단, 예외조항은 제외한다)?

① 영업소 개설을 통보한 후에 위생교육을 받는다.
② 영업소를 운영하면서 자유로운 시간에 위생교육을 받는다.
③ 영업소 개설 후 3개월 이내에 위생교육을 받는다.
④ 영업신고를 하기 전에 미리 위생교육을 받는다.

40 안면 면도 시 온습포(물수건)를 사용하는 주목적은?

① 손님의 긴장감을 풀어주기 위하여
② 피부의 탄력성을 높이기 위하여
③ 수염과 피부를 유연하게 만들기 위하여
④ 피부의 노폐물을 제거하기 위하여

41 두상의 특정한 부분에 볼륨을 주기 원할 때 사용되는 헤어피스는?

① 위글렛(wiglet)　② 스위치(switch)
③ 폴(fall)　　　　④ 위그(wig)

42 감염병 유행 지역에서 입국하는 사람이나 동물 또는 식품 등을 대상으로 실시하며 외국 질병이 국내 침입 방지를 위한 수단으로 쓰이는 것은?

① 격리　　② 검역
③ 박멸　　④ 병원소 제거

43 끓는 물 소독(자비소독) 방법으로 옳은 것은?

① 70°C 이상에서 10분간 처리한다.
② 100°C에서 5분간 처리한다.
③ 100°C에서 20 ~ 30분간 처리한다.
④ 120°C에서 60분간 처리한다.

44 이·미용사의 면허를 받을 수 없는 자는?

① 전문대학에서 이용 또는 미용에 관련된 학과를 졸업한 자
② 교육부 장관이 인정하는 고등기술학교에서 6개월 수학한 자
③ 교육부 장관이 인정하는 이·미용 고등학교를 졸업한 자
④ 국가기술 자격법에 의해 이·미용사 자격 취득자

45 우리나라 이용의 역사에 관한 내용 중 틀린 것은?

① 구한말 상투머리를 하던 남성들이 두발을 자른 계기가 된 것은 단발령이다.
② 고종황제의 어명을 받은 우리나라 최초의 이용사는 안종호이다.
③ 최초의 이용원은 1901이년 서울 종로에 개설되었다.
④ 단발령은 죄인을 처벌하기 위한 목적이었으며 삭발하여 기르는 동안 죄를 뉘우치도록 하였다.

46 다음 면도 기법 중 형식에 구애 없이 면도 자루를 잡고 시술하는 방법으로 일반적으로 면도 순서에서 제일 처음 적용되는 경우가 많은 것은?

① 스틱 핸드 스트로크
② 푸시 핸드 스트로크
③ 펜슬 핸드 스트로크
④ 프리 핸드 스트로크

47 탈색제의 종류가 아닌 것은?

① 금속성 탈색제 ② 액체 탈색제
③ 크림 탈색제 ④ 분말 탈색제

48 다음 중 상호 관계가 없는 것으로 연결된 것은?

① 하수오염의 지표 : 탁도
② 실내공기 오염의 지표 : CO_2
③ 대기 오염의 지표 : SO_2
④ 상수오염의 생물학적 지표 : 대장균

49 다음 중 피부 자극이 적어 상처 표면의 소독에 가장 적당한 것은?

① 10% 포르말린
② 3% 석탄산
③ 15% 염소화합물
④ 3% 과산화수소

50 다음 중 이·미용사의 면허정지를 명할 수 있는 자는?

① 행정안전부 장관
② 시장, 군수, 구청장
③ 시·도지사
④ 경찰서장

51 다음 중 일광 소독의 가장 큰 장점은?

① 비용이 적게 든다.
② 산화되지 않는다.
③ 소독 효과가 크다.
④ 아포도 죽는다.

52 이용사의 직무에 해당하지 않는 것은?

① 헤어 커트　② 면체
③ 두피 관리　④ 피부 미용

53 다음 중 댄드러프 스캘프 트리트먼트를 시술해야 하는 경우는?

① 두피가 보통상태일 때
② 두피의 비듬을 제거할 때
③ 두피가 너무 건조할 때
④ 두피의 지방이 부족할 때

54 비타민 결핍 시 발생하는 질병과 관련 없는 것은?

① 비타민 B - 각기병
② 비타민 A - 야맹증
③ 비타민 D - 괴혈병
④ 비타민 E - 불임증

55 피부 유형에 대한 설명으로 틀린 것은?

① 복합성 피부 : 얼굴에 두 가지 이상의 피부 유형이 있다.
② 민감성 피부 : 피부의 각질층이 두껍다.
③ 노화 피부 : 잔주름과 색소 침착이 일어난다.
④ 지성 피부 : 모공이 크며 번들거린다.

56 이·미용업소의 영업 정지 및 폐쇄 사유에 해당하지 않는 것은?

① 고시 가격보다 비싼 서비스 요금을 청구한 경우
② 중요 사항의 변경신고를 하지 않은 경우
③ 영업신고를 하지 않거나 시설과 설비 기준을 위반한 경우
④ 위생 관리 의무 등을 지키지 않은 경우

57 아이론 헤어 펌의 모발 결합은?

① 염 결합   ② 시스틴 결합
③ 수소 결합   ④ 펩타이드 결합

58 알칼리성 산화 염모제의 pH는?

① pH 6 ~ 7   ② pH 7 ~ 8
③ pH 8 ~ 9   ④ pH 9 ~ 10

59 자외선 B의 차단지수의 단위는?

① WHO   ② BTS
③ SPF   ④ FDA

60 B 림프구에 관한 내용으로 맞지 않은 것은?

① 기억세포 형성으로 영구 면역에 관여한다.
② 골수에서 형성된다.
③ 피부나 장기 이식 시 거부반응에 관여한다.
④ 체액성 면역을 주도한다.

❋ 제2회 실전 모의고사 정답 및 해설

01	02	03	04	05	06	07	08	09	10
③	②	②	④	②	③	④	③	④	②
11	12	13	14	15	16	17	18	19	20
④	③	①	②	③	①	②	④	④	①
21	22	23	24	25	26	27	28	29	30
①	①	④	③	②	②	②	④	②	②
31	32	33	34	35	36	37	38	39	40
④	④	②	③	④	③	③	④	④	③
41	42	43	44	45	46	47	48	49	50
①	②	③	②	④	④	①	①	④	②
51	52	53	54	55	56	57	58	59	60
①	④	②	②	②	①	③	④	③	③

01. 자신의 개성미보다 고객이 만족하는 개성미를 표현해야 한다.

02. 사인보드는 청색(정맥), 적색(동맥), 백색(붕대)에서 기원하였다.

03. 머리카락의 주성분은 케라틴 단백질이고 이 케라틴은 18종류의 아미노산으로 구성되어 있다.

04. 이용의 과정 : '소구제보'
    ㉠ 소재의 확인 : 고객의 개성 및 요구사항 파악, 개성미를 발휘하기 위한 첫 단계
    ㉡ 구상 : 고객의 개성에 맞은 적절한 디자인 구상
    ㉢ 제작 : 구상된 디자인을 구체적으로 표현
    ㉣ 보정 : 보완, 수정을 통해 디자인 완성

05. 색상은 다른 색과 구별되는 색의 고유한 특성으로 무채색(흰색, 검은색, 회색)과 유채색(무채색을 제외한 모든 색상)으로 구별된다.

06. - 자연 능동면역 : 전염병 감염에 의해 형성된 면역
    - 인공 능동면역 : 예방접종의 결과로 획득된 면역
    - 자연 수동면역 : 모체로부터 형성된 면역
    - 인공 수동면역 : 면역 혈청 주사에 의해 획득된 면역

07. 소독력의 크기 : 멸균 〉 살균 〉 소독 〉 방부 〉 청결 순이다.

08. 이·미용업을 신고하려면 시설과 설비를 갖추고 시장, 군수, 구청장에게 신고하여야 한다.

09. 위생교육 주기 및 시간 : 매년 3시간
    교육대상자 : 이·미용 영업자

10. - 토닉 샴푸 : 비듬 예방 및 각질층을 부드럽게 하여 생리작용에 도움
    - 오일 샴푸 : 손상모 치유
    - 드라이 샴푸 : 가발 세정에 적합

11. - 유멜라닌 : 검은색과 갈색, 동양인에게 많다.
    - 페오멜라닌 : 붉은색과 노란색, 서양인에게 많다.

12. 세균성 감염병은 간균, 구균, 나선균이 있다.
    - 간균 : 디프테리아, 장티푸스, 결핵균
    - 구균 : 포도상구균
    - 나선균 : 콜레라균

13. 자비 소독 시 2% 붕소, 1 ~ 2% 탄산나트륨, 크레졸 비누액 2 ~ 3%를 첨가하면 살균력이 강화된다.

14. 영업장 내부에 게시해야 할 사항 : 이·미용업 신고필증, 개설자의 면허증 원본, 최종지불 요금표

16. 보툴리누스균은 치사율이 높은 독소형 식중독이다.

17. 헤어스프레이는 스타일을 고정하고 유지 시간을 연장하기 위한 목적으로 사용한다.

18.
    - 착용 방법 : 고정식, 탈착식
    - 적용 부위 : 부분, 전체 가발
    - 착용 형태 : 접착형, 클립형
    - 모발 종류 : 인조모, 인모

19. 여드름은 면포-구진-농포-결절-낭종 순서로 발생한다.

20. 면허 발급은 시장, 군수, 구청장의 권한이다.

21.
    - 톱 노트 : 처음 느끼게 되는 향(향수 용기를 열거나 뿌렸을 때)
    - 미들 노트 : 중간 단계의 향(향수가 가진 본연의 향)
    - 베이스 노트 : 마지막 남는 향(사용자의 체취와 혼합되어 발산되는 자신의 향)

22. 도금된 가위는 좋지 않다.

23. 얼굴형에 따른 가르마 디자인
    - 네모난 얼굴 : 4 : 6 가르마
    - 긴 얼굴 : 8 : 2 가르마
    - 둥근 얼굴 : 7 : 3 가르마
    - 타원형 얼굴 : 5 : 5 가르마

24. 랑게르한스 세포는 유극층에 위치, 피부 면역을 담당한다.

25.
    - 무구조충 : 소고기 생식을 통해 감염
    - 유구조충 : 돼지고기 생식을 통해 감염

26. 소독용 알코올(에틸알코올)은 약 70 ~ 80% 농도가 적당하다.

27. 면허증 재교부 사유
    - 기재사항에 변경이 있을 때
    - 면허증을 잃어버린 때
    - 면허증이 헐어 못 쓰게 된 때

28. 두상 부위에 따라 틴닝 가위는 머리숱을 줄이는 목적으로 사용한다.

29. 아이론은 120℃ ~ 140℃ 범위에서 사용한다.

30. 각화 주기 : 기저층에서 생성되어 각질층까지 올라와 박리될 때까지 기간(약 28일 소요)

31. 식물성 식중독
    - 버섯 : 무스카린
    - 감자 : 솔라닌

32. 승홍수는 독성이 강하고 금속을 부식시키는 성질이 있어서 가위 등의 금속 제품 소독으로 적합하지 않다.

33. 이·미용의 업무는 영업소 외의 장소에서 행할 수 없다. 단 특별한 사유가 있을 경우는 가능하다.
    - 질병 및 기타의 사유로 인하여 영업소에 나올 수 없는 자에 대하여 이·미용을 하는 경우
    - 혼례 기타 의식에 참여하는 자에 대하여 그 의식 직전에 이·미용을 하는 경우
    - 사회복지시설에서 봉사활동으로 이·미용을 하는 경우
    - 방송 등 촬영에 참여하는 사람에 대하여 그 촬영 직전에 이·미용을 하는 경우
    - 특별한 사정이 있다고 시장, 군수, 구청장이 인정하는 경우

34. 음료수 소독 방법에는 염소 소독, 표백분 소독, 자비 소독이 있다. 그 중 염소 소독은 살균력은 강하지만 자극성과 부식성이 강해서 상수 또는 하수의 소독에 주로 이용된다.

35. 1871년 프랑스 바리캉 마르에서 바리캉을 처음으로 제작하였다.

36.
    - 경찰법(스트로킹) : 손바닥으로 쓰다듬는 방법
    - 강찰법(프릭션) : 손으로 강하게 문지르는 방법
    - 유연법(니딩) : 손으로 주무르는 방법
    - 진동법(바이브레이션) : 손바닥으로 진동을 줄 수 있도록 떠는 방법
    - 고타법(퍼커션) : 손으로 두드리는 방법

37. 색의 3원색은 빨강, 파랑, 노랑이다.

38. 모간부(모표피, 모피질, 모수질)는 피부 밖으로 나와 있는 부분이고, 모근부(모낭, 모구, 모유두)는 피부 속 모낭에 있는 모발이다.

39. 영업신고를 하려면 미리 위생교육을 받아야 하며, 단, 조항에 해당할 경우 6개월 내받으면 된다.

40. 면도 시 습포 사용 목적 및 효과
    - 따뜻한 물수건은 온열 효과로 인해 모공 확장 효과가 있다.
    - 수분 공급으로 피부 노폐물을 제거할 수 있다.
    - 피부와 수염을 부드럽게 하여 면도에 의한 피부 자극을 감소시킨다.
    - 면체 도중에 피부 손상 및 상처를 예방한다.

41. 위그(Wig) : 두상 전체를 덮는 모자형 가발(통가발)
    헤어피스(Hair Piece) : 두상 일부를 덮는 부분 가발로 위글렛, 폴, 스위치(두정부 볼륨을 연출할 때 사용)가 있다.

42. 검역을 통해 감염병 여부를 검사하며, 감염병이 의심되는 경우 강제 격리를 한다.

43. 자비 소독은 100℃ 물에 20~30분간 가열하는 방법으로 금속 제품은 물이 끓기 시 작할 때 넣고, 유리 제품은 찬물일 때 투입한다. 탄산나트륨($NaCO_3$) 1~2%를 넣어주면 살균력이 강해지고 금속 제품의 경우 녹스는 것을 방지할 수 있다. 탄산나트륨($NaCO_3$) 대신 2% 중조(탄산수소나트륨)나 붕소, 2% 크레졸 비누액, 5% 석탄산을 넣기도 한다.

44. 고등기술학교에서 1년 이상 이·미용에 관한 소정의 과정을 이수하여야 한다.

45. 고종 황제의 단발령이 계기가 되어 머리를 자르게 되었다.

46. 프리 핸드 : 면도 자루를 엄지와 검지로 잡고 자루 끝부분을 약지와 소지 사이에 끼우는 방법

47. 탈색제는 액상, 크림, 분말, 오일 탈색제가 사용되고 있다.

48. 하수오염지표로 BOD(생물학적 산소요구량)를, 공장폐수 COD(화학적 산소요구량)를 사용한다.

49. 과산화수소는 상처부위, 인두염, 구내염 구강 세척에 사용한다.

50. 면허 취소권자는 시장, 군수, 구청장이다.

51. 일광 소독은 자외선 소독법으로 태양광선 중에서 자외선을 이용하는 방법으로 의류,침구류 소독에 적당하다.

52. 이용사의 업무 범위는 이발, 면도, 머리피부 손질, 머리카락 염색 및 머리 감기이다.

53. 오일리 스캘프 트리트먼트 : 피지 분비량이 많을 경우
    플레인 스캘프 트리트먼트 : 정상 두피
    댄드러프 스캘프 트리트먼트 : 비듬 제거 시
    드라이 스캘프 트리트먼트 : 건조 두피

54. 비타민 D - 구루병

55. 민감성 피부의 각질층이 얇아 수분의 양이 부족하고 가벼운 자극에도 예민하게 반응한다.

56. 이·미용업소 영업 정지 및 폐쇄 사유
    • 영업신고를 하지 않거나 시설과 설비 기준을 위반한 경우
    • 중요 사항의 변경신고를 하지 않은 경우
    • 지위 승계 신고를 하지 않은 경우
    • 위생 관리 의무 등을 지키지 않은 경우
    • 필요 보고를 하지 않거나 관계 공무원의 출입 검사, 서류 열람을 거부, 방해, 기피한 경우
    • 풍속 규제 법률, 성매매 알선 등 행위 처벌에 관한 법률, 청소년 보호법, 의료법을 위반한 경우

57. 모발 단백질에서 수소결합은 아미노산의 산성 부위에 있는 수소 원자가 다른 아미노산의 산성 부위에 있는 산소 원자를 끌어당길 때 일어난다.

58. 수용액 중에 수소 이온(H+)과 수산화 이온(OH-)의 농도의 비를 말하며 수산화 이온이 많아지면 pH 수치가 높아지고 알칼리성(염기성)이 된다. 따라서 케미컬 산화 염모제는 9 ~ 10 정도이며 최근에 기화성이 강한 염모제 출시도 되고 있다.

59. 자외선 차단제의 효능은 자외선 차단지수 SPF(Sun Protection Factor)로 자외선B의 차단지수를 표시하고 자외선 A의 차단지수는 UVA 지수, PPD(PersistentPigment Darkening) 또는 PA(Protection of A)로 표시한다.

60. T세포가 특정 항원에 의해 자극되면 보조 T세포는 B세포가 항체를 형성하도록 자극하는 물질이 포함된 림포카인을 분비한다.

이용사(필기) 기출문제(2017년 8월 26일)

1. 다음 중 공중위생감시원의 직무에 해당되지 않는 것은?

   ① 시설 및 설비의 확인
   ② 위생교육 이행여부의 확인
   ③ 위생지도 및 개선명령 이행여부의 확인
   ④ 시설 및 종업원에 대한 위생관리 이행여부의 확인

2. 다음 중 소독에 필요한 인자와 가장 거리가 먼 것은?

   ① 물   ② 온도
   ③ 산소   ④ 자외선

3. 염모제의 보관 장소로 가장 적합한 곳은?

   ① 습기가 높고 어두운 곳   ② 온도가 높고 어두운 곳
   ③ 온도가 낮고 어두운 곳   ④ 건조하고 햇볕이 잘 들어오는 곳

4. 다음 중 공중위생영업자가 변경신고를 해야 하는 경우를 모두 고른 것은?

   > ㄱ. 영업소의 소재지
   > ㄴ. 신고한 영업장 면적의 1/3 이상의 증감
   > ㄷ. 재산변동사항
   > ㄹ. 영업소의 명칭 또는 상호

   ① ㄱ, ㄴ   ② ㄱ, ㄴ, ㄹ
   ③ ㄱ, ㄴ, ㄷ, ㄹ   ④ ㄱ, ㄷ

정답 1 ④ 2 ③ 3 ③ 4 ②

5. 표피에서 촉감을 감지하는 세포는?

① 멜라닌세포　　　　　② 머켈세포
③ 각질형성세포　　　　④ 랑게르한스세포

6. 두발 1/2 길이 선에 노멀 테이퍼링 질감처리를 하려고 할 때, 남성 조발 시 틴닝가위의 발수는?

① 10 ~ 11발　　　　　② 20 ~ 25발
③ 50 ~ 70발　　　　　④ 40 ~ 45발

7. 기초 화장품의 사용 목적이 아닌 것은?

① 잡티제거　　　　　② 세안
③ 피부정돈　　　　　④ 피부보호

> ◆ 해설
> 기능성 화장품 - 잡티제거

8. 가발샴푸에 관한 설명으로 가장 적합한 것은?

① 가발은 리퀴드 드라이 샴푸를 한다.
② 가발을 매일 샴푸하는 것이 가발 수명에 좋다.
③ 가발은 물로 샴푸해서는 안 된다.
④ 가발은 락스로 샴푸하는 것이 좋다.

9. 다음 감염병 중 병원체가 기생충인 것은?

① 결핵　　　　　　　② 백일해
③ 말라리아　　　　　④ 일본뇌염

10. 대기오염으로 인한 건강장애 중 대표적인 것은?

① 위장질환　　② 신경질환
③ 호흡기질환　④ 발육저하

11. 치명률이 높고 집단 발생의 우려가 커 높은 수준의 격리가 필요한 1급 감염병에 속하는 것은?

① 결핵　　　② 파상풍
③ 일본뇌염　④ 신종인플루엔자

◆ 해설
2020년1월1일 감염병 분류체계 시행으로 질환의 특성별로 군(群)으로 구분하는 방식을 질환의 심각도와 전파력 등을 감안한 급(級)별 분류체계로 전환하여 1급 감염병으로 신종인플루엔자, 디프테리아, 중동호흡기증후군, 에볼라바이러스 등 17종으로 분류되어 있다.

12. 보건행정에 대한 설명으로 가장 올바른 것은?

① 공중보건의 목적달성을 위해 공공의 책임하에 수행하는 행정활동
② 개인보건의 목적을 달성하기 위해 공공의 책임감에 수행하는 행정활동
③ 국가 간의 질병 교류를 막기 위해 책임감을 가지고 수행하는 행정활동
④ 공중보건의 목적달성을 위해 개인의 책임감을 가지고 수행하는 행정활동

13. 이·미용사 면허가 취소된 후 계속하여 업무를 행한 자에 대한 벌칙은?

① 100만 원 이하의 벌금　② 200만 원 이하의 벌금
③ 300만 원 이하의 벌금　④ 500만 원 이하의 벌금

14. 에그(흰자)팩의 효과에 대한 설명으로 가장 적합한 것은?

① 수렴, 표백 작용　　　② 미백 및 보습 작용
③ 영양 공급 작용　　　④ 세정작용 및 잔주름 예방

정답　10 ③　11 ④　12 ①　13 ③　14 ④

15. 자외선 차단제에 대한 설명으로 옳은 것은?

① 일광의 노출 전에 바르는 것이 효과적이다.
② 피부 병변이 있는 부위에 사용하여도 무관하다.
③ 사용 후 시간이 경과하여도 다시 덧바르지 않는다.
④ SPF 지수가 높을수록 민감한 피부에 적합하다.

16. 이용사가 지켜야 할 주의사항으로 가장 거리가 먼 것은?

① 항상 깨끗한 복장을 착용한다.
② 항상 손톱을 짧게 깎고 부드럽게 한다.
③ 이용사의 두발이나 용모를 화려하게 치장한다.
④ 고객의 의견이나 심리 등을 잘 파악해야 한다.

17. 다음 중 O/W(수중유형) 제품으로 맞는 것은?

① 헤어 크림
② 클렌징 크림
③ 모이스처라이징 로션
④ 나이트 크림

◆ 해설
O/W형 제품은 수중에 기름방울이 분산하고 있는 에멀션으로 도전성이 높고 물로 희석할 수 있다.

18. 아로마 오일을 피부에 효과적으로 침투시키기 위해 사용하는 식물성 오일은?

① 에센셜 오일
② 트랜스 오일
③ 캐리어 오일
④ 미네랄 오일

정답 15 ① 16 ③ 17 ③ 18 ③

19. 지체 없이 시장·군수·구청장에게 면허증을 반납해야 하는 경우가 아닌 것은?

① 잃어버린 면허증을 찾은 때
② 면허가 취소된 때
③ 이·미용 면허의 정지명령을 받은 때
④ 기재사항에 변경이 있는 때

20. 이용사가 지켜야 할 위생관리 항목이 아닌 것은?

① 소독한 기구와 소독하지 않은 기구는 각각 다른 용기에 보관할 것
② 조명은 75럭스 이상 유지되도록 할 것
③ 신고증과 함께 면허증 사본을 게시할 것
④ 1회용 면도날은 손님 1인에 한하여 사용할 것

21. 가모의 조건으로 틀린 것은?

① 통풍이 잘되어 땀 등에서 자유로워야 한다.
② 착용감이 가벼워 산뜻해야 한다.
③ 색상이 잘 퇴색되어야 한다.
④ 장시간 착용에도 두피에 피부염 등의 이상이 없어야 한다.

22. 다음 과거에의 현성 또는 불현성 감염에 의하여 획득한 면역은?

① 자연능동면역 ② 자연수동면역
③ 인공능동면역 ④ 인공수동면역

◆ 해설
- 자연수동면역 : 태아성 또는 모유를 통해 생기는 면역
- 인공능동면역 : 예방접종을 통해 생기는 면역
- 인공수동면역 : 면역혈청

정답 19 ④ 20 ③ 21 ③ 22 ①

23. 바이러스에 의해 발병되는 질병은?

① 장티푸스　　　② 인플루엔자
③ 결핵　　　　　④ 콜레라

24. 다음 중 두피 및 두발의 생리기능을 높여주는 데 가장 적합한 샴푸는?

① 드라이샴푸　　② 토닉샴푸
③ 리퀴드샴푸　　④ 오일샴푸

25. 향수의 기본조건으로 틀린 것은?

① 확산성이 좋아야 한다.
② 향에 특징이 있어야 한다.
③ 향은 강하고 지속성이 짧아야 한다.
④ 시대성에 부합되어야 한다.

26. 우리나라에 단발령이 내려진 시기는?

① 조선중엽부터　　② 해방 후부터
③ 1895년　　　　　④ 1990년

27. 인체에 발생하는 사마귀의 원인은?

① 박테리아　　　② 곰팡이
③ 악성증식　　　④ 바이러스

정답　23 ②　24 ②　25 ③　26 ③　27 ④

28. 헤어컬러링 중 헤어매니큐어(Hair manicure)에 대한 설명으로 옳은 것은?

① 모발의 멜라닌 색소를 표백해서 모발을 밝게 하는 효과가 있다.
② 모발의 멜라닌 색소를 탈색시키고 원하는 색상을 표면에 착색시킨다.
③ 모발의 멜라닌 색소를 탈색시키고 원하는 색상을 침투시켜 착색시킨다.
④ 블리치 작용이 없는 검은 모발에는 확실한 효과가 없으나 백모나 블리치된 모발에는 효과가 뛰어나다.

29. 인체에서 칼슘(Ca)대사와 가장 밀접한 관계를 가지고 있는 비타민은?

① 비타민 A
② 비타민 C
③ 비타민 D
④ 비타민 E

30. 관계 공무원의 출입, 검사 또는 공중위생영업 장부 또는 서류의 열람을 거부, 방해하거나 기피한 경우 1차 위반 시 행정처분 기준은?

① 영업정지 10일
② 영업정지 20일
③ 경고 또는 개선명령
④ 영업장 폐쇄명령

31. 고종 황제의 어명으로 우리나라 최초로 이용시술을 한 이용사는?

① 안종호
② 서재필
③ 김홍집
④ 김옥균

32. 스컬프처 커트 스타일(Sculpture cut style)에 대한 설명으로 틀린 것은?

① 스컬프처 전용 레이저(Razor)커트를 한다.
② 두발을 각각 세분하여 커트한다.
③ 두발을 각각 조각하듯 커트한다.
④ 두발 전체를 굴곡 있게 커트한다.

정답 28 ④ 29 ③ 30 ① 31 ① 32 ④

33. 다음 기생충 중 산란과 동시에 감염능력이 있으며 저항성이 커서 집단감염이 가장 잘되는 기생충은?

① 회충
② 십이지장충
③ 광절열두조충
④ 요충

> ◆ 해설
> 요충은 10세 이하 어린이에게 집단감염이 잘되므로 취식을 함께하는 사람들은 유의한다.

34. 클리퍼(바리캉) 사용하는 조발 시 일반적으로 클리퍼를 가장 먼저 사용하는 부위는?

① 전두부
② 후두부
③ 좌, 우측 두부
④ 두정부

35. 지성피부의 특징에 대한 설명 중 틀린 것은?

① 과다한 피지분비로 문제성 피부가 되기 쉽다.
② 여성보다 남성 피부에 많다.
③ 모공이 매우 크며, 유분이 겉돌아 번들거린다.
④ 피부결이 섬세하고 곱다.

36. 화장품의 4대 요건으로 적합하지 않은 것은?

① 안전성
② 유효성
③ 사용성
④ 치유성

37. 미생물의 발육을 정지시켜 음식물이 부패되거나 발효되는 것을 방지하는 작용은?

① 멸균
② 소독
③ 방부
④ 세척

38. 아이론 시술 시 톱이나 크라운 부분에 가상 볼륨을 만들 때 모발의 각도는?

① 45°
② 90°
③ 100°
④ 120°

◈ 해설
- 물결웨이브 : 45°
- 컬링웨이브 : 90°
- 볼륨웨이브 : 120°

39. 노화 피부의 특징이 아닌 것은?

① 노화 피부는 탄력이 없고, 수분이 많다.
② 피지분비가 원활하지 못하다.
③ 색소침착 불균형이 나타난다.
④ 주름이 형성되어 있다.

40. 다음 중 중온성 균의 최적 증식온도로 가장 적당한 것은?

① 10 ~ 15°C
② 15 ~ 25°C
③ 25 ~ 37°C
④ 40 ~ 60°C

41. 매뉴얼테크닉 기법 중 피부를 강하게 문지르면서 가볍게 원운동을 하는 동작은?

① 에플라지
② 프릭션
③ 페트리사지
④ 타포트먼트

◈ 해설
- 에플라지 : 경찰법
- 프릭션 : 강찰법
- 페트리사지 : 유연법
- 타포트먼 : 고타법

정답 38 ④ 39 ① 40 ③ 41 ②

42. 음용수로 사용할 상수의 수질오염 지표 미생물로 주로 사용되는 것은?

① 중금속　　　　　　② 일반세균
③ 대장균　　　　　　④ COD

43. 이용기술의 기본이 되는 두부를 구분한 명칭 중 옳은 것은?

① 크라운 : 측두부　　② 톱 : 전두부
③ 네이프 : 두정부　　④ 사이드 : 후두부

> ◆ 해설
> – 크라운 : 두정부
> – 네이프 : 목중심점
> – 사이드 : 옆쪽지점

44. 위생교육을 받아야 하는 대상자가 아닌 것은?

① 공중위생영업의 승계를 받은 자　　② 공중위생영업자
③ 면허증 취득 예정자　　④ 공중위생영업 신고를 하고자 하는 자

45. 다음 중 갑상선의 기능 장애와 가장 관계가 있는 것은?

① 칼슘　　　　　　　② 철분
③ 아이오딘(요오드)　④ 나트륨

46. 면체 시 면도날을 잡는 기본적인 방법이 아닌 것은?

① 프리핸드　　　　　② 백핸드
③ 포핸드　　　　　　④ 펜슬핸드

정답　42 ③　43 ②　44 ③　45 ③　46 ③

47. 자비소독의 방법으로 옳은 것은?

① 20분 이상 100°C의 끓는 물속에 직접 담그는 방법
② 100°C의 끓는 물에 승홍수(3%)를 첨가하여 소독하는 방법
③ 끓는 물에 10분 이상 담그는 방법
④ 10분 이하 120°C의 건조한 열에 접촉하는 방법

◆ 해설
승홍수 소독 : 승홍(1) 식염(1) 물(998) 혼합하여 소독함

48. 둥근 얼굴형에 가장 잘 어울리는 가르마는?

① 5 : 5 가르마　　　　② 7 : 3 가르마
③ 8 : 2 가르마　　　　④ 9 : 1 가르마

49. 진달래과의 월귤나뭇잎에서 추출한 하이드로퀴논 배당체로 멜라닌 활성을 도와주는 타이로시나아제(티로시네이스) 효소의 작용을 억제하는 미백화장품의 성분은?

① 감마 - 오리자놀　　② 알부틴
③ AHA　　　　　　　④ 비타민 C

50. 머리숱이 많은 고객의 두발을 커트할 때 가장 적합하지 않은 방법은?

① 딥 테이퍼　　　　　② 스컬프처 커트
③ 레이저 커트　　　　④ 블런트 커트

51. 피부의 신진대사를 활발하게 함으로서 세포의 재생을 돕고 머리비듬, 입술 및 구강의 질병 치료에도 좋으며 지루 및 민감한 염증성 피부에 관여하는 비타민은?

① 비타민 C　　　　　② 비타민 B_2
③ 비타민 P　　　　　④ 비타민 D

52. 이·미용업 영업신고를 하지 않고 영업을 한 자에 해당하는 벌칙 기준은?

① 6월 이하의 징역 또는 100만 원 이하의 벌금
② 6월 이하의 징역 또는 300만 원 이하의 벌금
③ 1년 이하의 징역 또는 500만 원 이하의 벌금
④ 1년 이하의 징역 또는 1,000만 원 이하의 벌금

53. 두피관리 중 헤어토닉을 두피에 바르면 시원함을 느끼는데 이것은 주로 어느 성분 때문인가?

① 붕산　　　　　　　② 알코올
③ 글리세린　　　　　④ 수산화칼륨

54. 체내에 부족하면 괴혈병이 유발되며, 피부와 잇몸에서 피가 나고 빈혈이 생겨 피부가 창백해지는 비타민은?

① 비타민 A　　　　　② 비타민 D
③ 비타민 C　　　　　④ 비타민 K

55. 탈모를 방지하기 위한 올바른 샴푸 방법은?

① 손톱 끝을 이용하여 두피에 자극을 주며 샴푸를 헹군다.
② 먼지 제거 정도로만 머리를 헹군다.
③ 손끝을 사용하여 두피를 부드럽게 문지르며 헹군다.
④ 샴푸를 할 때 브러쉬로 빗질을 하며 헹군다.

정답 52 ④　53 ②　54 ③　55 ③

56. 피지선에 대한 내용으로 옳지 않은 것은?

① 진피층에 놓여 있다.
② 손바닥과 발바닥, 얼굴, 이마 등에 많다.
③ 사춘기 남성에게 집중적으로 분비된다.
④ 입술, 성기, 유두, 귀두 등에 독립피지선이 있다.

◆ 해설
손바닥과 발바닥은 투명층에 속함

57. 정발술에서 드라이어보다 아이론을 사용하는 것이 가장 적당한 두발은?

① 흰 머리카락
② 곱슬 머리카락
③ 부드러운 머리카락
④ 짧고 뻣뻣한 머리카락

58. 블로 드라이 스타일링으로 정발 시술을 할 때 도구의 사용에 대한 설명 중 적합하지 않은 것은?

① 블로 드라이어와 빗이 항상 같이 움직여야 한다.
② 열이 필요한 곳에 블로 드라이어를 댄다.
③ 블로 드라이어는 작품을 만든 다음 보정작업으로도 널리 사용된다.
④ 머리카락을 빗으로 세울 만큼 세운 후 그 부위에 블로 드라이어를 댄다.

59. 다음 중 영구적 염모제에 속하는 것은?

① 합성 염모제
② 컬러린스
③ 컬러 파우더
④ 컬러 스프레이

정답 56 ② 57 ④ 58 ① 59 ①

60. 아이론 퍼머넌트 웨이브와 관련한 내용으로 가장 거리가 먼 것은?

① 콜드 퍼머넌트와 동일한 방법을 사용한다.
② 열을 가하여 고온으로 시술한다.
③ 아이론 퍼머넌트제는 1제와 2제로 구분된다.
④ 아이론의 직경에 따라 다양한 크기의 컬을 만들 수 있다.

09 Chapter

핵심적중문제

- 2018년 핵심적중문제
- 2018년 기출복원문제
- 2019년 기출복원문제
- 2020년 2회차 기출 복원문제

❋ 2018년 핵심적중문제

01 진피에 함유되어 있는 성분으로 우수한 보습 능력을 지니어 피부관리 제품에도 많이 함유되어 있는 것은?

① 알코올 ② 콜라겐
③ 판테놀 ④ 글리세린

02 기초화장품에 대한 설명으로 가장 거리가 먼 것은?

① 피부를 청결히 한다.
② 피부의 모이스처 밸런스를 유지한다.
③ 피부의 신진대사를 활발하게 한다.
④ 피부의 결점을 보완하고 개성을 표현한다.

03 영업소에서 무자격 안마사로 하여금 손님에게 안마행위를 하였을 때 1차 위반 시 행정처분은?

① 경고 ② 영업정지 15일
③ 영업정지 1월 ④ 영업장 폐쇄

04 공중위생영업자의 지위를 승계한 자가 시장, 군수, 구청장에게 신고해야 하는 기간은?

① 15일 이내 ② 1개월 이내
③ 3개월 이내 ④ 6개월 이내

05 다음의 병원균 중 보통 자비소독으로 사멸되지 않는 것은?

① 아메바성 이질 ② 살모넬라균
③ 유행성 간염 ④ 결핵균

06 고압증기 멸균에 적절한 압력, 온도, 시간은?

① 5Pa, 100°C, 60분
② 10Pa, 100°C, 30분
③ 15Pa, 121°C, 20분
④ 20Pa, 121°C, 60분

07 이·미용사의 면허가 취소된 후 계속하여 업무를 행한 자에 대한 벌칙은?

① 1년 이하 징역 또는 1,000만 원 이하 벌금
② 6월 이하 징역 또는 500만 원 이하 벌금
③ 500만 원 이하 벌금
④ 300만 원 이하 벌금

08 자외선 산란제로 가장 많이 쓰이는 것은?

① 산화철 ② 이산화티탄
③ 울트라마린 ④ 산화알루미늄

09 유리 산소가 존재하면 유해작용을 받아 증식이 되지 않는 세균은?

① 미호기성 세균
② 편성호기성 세균
③ 통성혐기성 세균
④ 편성혐기성 세균

10 열탕소독(자비소독)에 관한 설명으로 틀린 것은?

① 세균포자, 간염바이러스에 살균에 효과적이다.
② 금속성 기자재가 녹이 스는 것을 방지하기 위해 끓는 물에 탄산나트륨을 1~2% 넣어준다.
③ 면도날, 가위 등은 거즈로 싸서 끓는 물에 소독한다.
④ 섭씨 100°C 이상의 끓는 물속에 10분 이상 끓여준다.

11 블로 드라이 스타일링 후 스프레이를 도포하는 주된 이유는?

① 모발의 질을 강화시키기 위하여
② 모발의 향기를 오래 지속시키기 위하여
③ 두발의 질을 부드럽게 하기 위하여
④ 스타일을 고정시키고 유지시간을 연장시키기 위하여

12 피부의 pH에 관한 설명 중 가장 옳은 것은?

① 피부 상피 자체만의 pH를 말한다.
② 피부의 pH는 피부 온도와 가장 밀접한 관계가 있다.
③ 피부의 pH는 대개 약알칼리성이다.
④ 피부의 pH는 인종, 성별, 연령, 인체 부위 등에 따라서 각기 다르다.

13 탄수화물이 풍부한 쌀, 보리, 옥수수에서 잘 발생하며, 동물실험 결과 발암성 물질로 알려져 있는 식중독의 원인 물질은?

① 삭시톡신   ② 아플라톡신
③ 라이신   ④ 베네루핀

14 pH에 관한 설명 중 틀린 것은?

① 주어진 화학성분이나 화장품의 산성, 알칼리성의 정도를 말한다.
② pH가 3이면 산성이다.
③ 혈액의 pH는 5.5이다.
④ 피부의 pH는 약산성을 나타낸다.

15 염색이나 블리치를 한 후 손상된 모발을 보호하기 위한 가장 올바른 방법은?

① 드라이 후 스프레이를 뿌려 손상된 모발을 고정시킨다.
② 샴푸 후 수분을 약 50%만 제거한 후 자연 건조시킨다.
③ 모발을 적당히 건조한 후 헤어로션을 두피에 묻지 않도록 주의하여 모발에 도포한다.
④ 모발을 적당히 건조한 후 헤어젤을 두피에 묻지 않도록 주의하여 모발에 도포한다.

16 원발진에 의하여 생기는 피부 변화에 해당되는 것은?

① 비듬   ② 가피
③ 이란   ④ 팽진

17 두발이 건조해지고 부스러지는 것을 방지하는 효과가 가장 큰 비타민은?

① 비타민 A   ② 비타민 C
③ 비타민 B   ④ 비타민 B_1

18 대기 환경오염에 대한 설명으로 옳은 것은?

① 광화학스모그의 생성은 황산화물의 결합과 관련된다.
② 자외선은 황산화물을 1단계 광화학 반응으로 유도한다.
③ 광화학스모그는 아황산가스가 원인이다.
④ 광화학스모그 발생기전은 저농도의 환원형 스모그에 기인한다.

19 공중보건학의 범위 중에서 질병관리 분야로 가장 적합한 것은?

① 역학   ② 환경위생
③ 보건행정   ④ 산업보건

20 이용기술의 기본이 되는 두부를 구분한 명칭 중 옳은 것은?

① 크라운 - 측두부
② 톱 - 전두부
③ 네이프 - 두정부
④ 사이드 - 후두부

21 가발의 샴푸에 관한 설명으로 가장 적합한 것은?

① 가발은 매일 샴푸하는 것이 가발 수명에 좋다.
② 가발은 미지근한 물로 샴푸해야 한다.
③ 가발은 물로 샴푸해서는 안 된다.
④ 가발은 락스로 샴푸하는 것이 좋다.

22 다음 중 피부색을 결정짓는 요인으로 가장 적합한 것은?

① 멜라닌의 분포
② 카로틴의 분포
③ 털의 분포
④ 케라토히알린의 분포

23 자외선 B는 자외선 A보다 홍반 발생능력이 몇 배 정도로 많은가?

① 10배 ② 100배
③ 1,000배 ④ 10,000배

24 덧돌에 대한 설명 중 가장 적합한 것은?

① 덧돌에는 천연석과 인조석이 있다.
② 덧돌은 숫돌보다 약 2배 정도 크다.
③ 덧돌은 주로 가위를 연마할 때 사용한다.
④ 덧돌은 숫돌이 깨졌을 때 쓰는 비상용이다.

25 이용업소에서의 면도날 사용에 대한 다음 설명 중 가장 적합한 것은?

① 면도날은 면체술 외에는 일체 사용할 수 없다.
② 반드시 1회용 면도기를 1인에게 1회만 사용하고 사용 직후 폐기 처리한다.
③ 면도질은 한 번 사용한 후 깨끗이 소독하여 손님에게 계속 사용해도 무방하다.
④ 일자 면도날(일도)는 계속해서 매번 재사용하고, 1회용 면도기날은 1회에 한해서 사용한다.

26 다음 중 공중위생영업에 속하지 않는 것은?

① 식당조리업 ② 숙박업
③ 이·미용업 ④ 세탁업

27 제3급 감염병에 속하지 않는 것은?

① 말라리아 ② 뎅기열
③ 파상풍 ④ 풍진

28 다음 중 염모제의 보관 장소로 가장 적합한 곳은?

① 습기가 높고 어두운 곳
② 온도가 낮고 어두운 곳
③ 온도가 높고 어두운 곳
④ 건조하고 일광이 잘 드는 밝은 곳

29 우리나라에 단발령이 내려진 시기는?

① 1895년   ② 1990년
③ 1892년   ④ 1893년

30 다음 중 두피 및 두발의 생리기능을 높여주는 데 가장 적합한 샴푸는?

① 드라이샴푸   ② 토닉샴푸
③ 리퀴드샴푸   ④ 오일샴푸

31 기초 화장품의 사용 목적이 아닌 것은?

① 세안   ② 잡티 제거
③ 피부 정돈   ④ 피부 보호

32 음용수로 사용할 상수의 수질 오염지표 미생물로 주로 사용되는 것은?

① 중금속   ② 일반세균
③ 대장균   ④ COD

33 1955년 프랑스 이용기술 고등연맹에서 발표한 장티욤 라인 작품에 대한 설명으로 가장 적합한 것은?

① 전체 스타일을 스퀘어로 각을 강조하였다.
② 귀족을 의미하는 뜻으로 작품명을 정하였다.
③ 가르마를 기준으로 각각 원형을 이루도록 하였다.
④ 전체가 수평을 이루어 중년에 맞는 스타일이다.

34 한 국가나 지역사회 간의 보건수준을 비교하는 데 사용되는 대표적인 3대 지표는?

① 영아사망률, 비례사망지수, 평균수명
② 영아사망률, 사인별 사망률, 평균수명
③ 유아사망률, 모성 사망률, 비례사망지수
④ 유아사망률, 사인별 사망률, 영아사망률

35 다음 ( ) 안에 알맞은 내용은?

> 시장, 군수, 구청장은 공중위생영업의 정지 또는 일부 시설의 사용중지 등의 처분을 하고자 하는 때에는 ( )을 실시하여야 한다.

① 위생서비스수준의 평가
② 청문
③ 공중위생감시
④ 열람

36 다음 중 하체 비만의 증상이 아닌 것은?

① 손발이 저리고 몸이 붓는다.
② 하지정맥의 원인이 된다.
③ 무릎관절에 무리가 간다.
④ 혈액순환에 문제가 발생한다.

37 비닐 모양의 죽은 피부세포가 엷은 회백색 조각이 되어 떨어져 나가는 피부층은?

① 투명층   ② 유극층
③ 기저층   ④ 각질층

38 뒷머리 부분이 도면과 같이 제비초리이다. 장교 조발로 자르려고 할 경우 어떻게 작업하는 것이 좋은가?

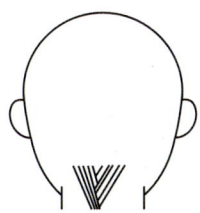

① 고객의 머리를 좌측 어깨 쪽과 우측 어깨 쪽으로 돌려 조발한다.
② 고객의 머리를 숙이게 하고 뒷부분을 짧게 조발한다.
③ 고객의 머리를 좌측 어깨 쪽으로만 돌려 놓고 조발한다.
④ 고객의 머리를 우측 어깨 쪽으로만 돌려 놓고 조발한다.

39 두피를 가볍게 문지르면서 왕복운동, 원운동을 하는 마사지 방법에 해당하는 것은?

① 경찰법   ② 강찰법
③ 유연법   ④ 고타법

40 세계적으로 통용되는 이용실의 사인볼은 어떤 색으로 되어 있는가?

① 청색, 황색, 백색   ② 황색, 청색
③ 청색, 적색, 백색   ④ 적색, 백색

41 질병 발생의 세 가지 요인으로 연결된 것은?

① 숙주, 병인, 환경
② 숙주, 병인, 유전
③ 숙주, 병인, 병소
④ 숙주, 병인, 저항력

42 정통 특수조발이란 어떤 기구를 사용한 조발인가?

① 클리퍼   ② 레자
③ 일자가위   ④ 틴닝가위

43 화장품 품질 특성의 4대 조건은?

① 안전성, 안정성, 사용성, 유용성
② 안전성, 방부성, 방향성, 유용성
③ 발림성, 안정성, 방부성, 사용성
④ 방향성, 안전성, 발림성, 사용성

44 삼각형 얼굴에 가장 어울리는 두발형태가 갖는 조발 방법은?

① 양측두부 하부 두발의 양은 줄이고 상부 양측두부의 모량을 살린다.
② 삼각형 얼굴에서 모량은 크게 고려하지 않는다.
③ 모량에 있어서는 하부는 그대로 두고 상부만 살린다.
④ 상하 측두부에서의 모량은 살린다.

45 피부 본래의 표면에 알칼리성의 용액을 pH 환원시키는 표피의 능력을 무엇이라 하는가?

① 환원작용
② 알칼리 중화 능력
③ 산화작용
④ 산성 중화 능력

46 다음 중 아이론의 사용에 있어서 가장 적합한 온도는?

① 140 ~ 160°C   ② 110 ~ 130°C
③ 80 ~ 100°C   ④ 60 ~ 80°C

47 인구구성 중 14세 이하가 65세 이상 인구의 2배 정도이며, 출생률과 사망률이 모두 낮은 형은?

① 피라미드형   ② 종형
③ 항아리형   ④ 별형

48 이·미용의 시설 및 설비의 개선명령에 위반한 자의 과태료 기준은?

① 500만 원 이하   ② 300만 원 이하
③ 200만 원 이하   ④ 100만 원 이하

49 아이론의 구조 중 모발이 감기거나 모발의 컬 형을 만드는 부분의 명칭은?

① 프롱   ② 그루브
③ 핸들   ④ 피봇 스크루

50 다음 중 셰이핑 레이저와 관계가 있는 것은?

① 사용자의 숙련도가 높아야 한다.
② 사용상 안전도는 있으나 시간적으로 효율성이 떨어진다.
③ 세밀한 작업이 용이하다.
④ 지나치게 자를 우려가 있다.

51 염색 시 알레르기 반응을 알아보기 위해 패치 테스트를 할 경우 시험할 부위는?

① 귀 뒤쪽 아래 목 부분이나 팔꿈치 안쪽 부분
② 손등이나 팔등 쪽 부분
③ 얼굴이나 두피 쪽 부분
④ 염발할 부위

52 조발용 가위 정비술에 있어 가장 좋은 정비 확인 방법은?

① 머리카락 하나를 커트하여 본다.
② 물에 젖은 화장지를 커트하여 본다.
③ 신문용지를 커트하여 본다.
④ 스펀지를 커트하여 본다.

53 다음 중 바이러스 감염에 의한 피부병변이 아닌 것은?

① 단순포진   ② 사마귀
③ 홍반   ④ 대상포진

54 다음 ( ) 안에 알맞은 내용은?

> 공중위생영업을 하고자 하는 자는 공중위생영업의 종류별로 보건복지부령이 정하는 시설 및 설비를 갖추고 ( )에게 신고하여야 한다.

① 세무서장
② 시장, 군수, 구청장
③ 보건복지부 장관
④ 고용노동부 장관

55 소독의 정의로서 옳은 것은?

① 모든 미생물 일체를 사멸하는 것
② 모든 미생물을 열과 약품으로 완전히 죽이거나 또는 제거하는 것
③ 병원성 미생물의 생활력을 파괴하여 죽이거나 또는 제거하여 감염력을 없애는 것
④ 균을 적극적으로 죽이지 못하더라도 발육을 저지하고, 목적하는 것을 변화시키지 않고 보존하는 것

56 기능성 화장품의 종류와 그 범위에 대한 설명으로 틀린 것은?

① 주름개선제품 : 피부탄력을 강화하고 표피의 신진대사를 촉진한다.
② 미백제품 : 피부의 색소침착을 방지하고 멜라닌 생성 및 산화를 방지한다.
③ 자외선차단제품 : 자외선을 차단 및 산란시켜 피부를 보호한다.
④ 보습제품 : 피부에 유·수분을 공급하여 피부의 탄력을 강화한다.

57 용액 600ml에 용질 3g이 녹아있을 때 이 용액은 몇 배수로 희석된 용액인가?

① 100배 용액
② 200배 용액
③ 300배 용액
④ 600배 용액

58 면도 작업 후 스킨(토너)을 사용하는 주목적은?

① 안면부를 부드럽게 하기 위하여
② 안면부의 소독과 피부 수렴을 위하여
③ 안면부를 건강하게 하기 위하여
④ 안면부의 화장을 하기 위하여

59 다음 (　) 안에 알맞은 내용은?

> 자외선 차단지수(SPF)란 자외선 차단제품을 사용했을 때와 사용하지 않았을 때의 (　) 비율을 말한다.

① 최대 홍반량
② 최소 홍반량
③ 최대 흑화량
④ 최소 흑화량

60 전기 아이론이 발명된 연도는?

① 1875년
② 1910년
③ 1920년
④ 1925년

❋ 2018년 핵심적중문제 정답 및 해설

01	02	03	04	05	06	07	08	09	10
②	④	③	②	③	③	④	②	④	①
11	12	13	14	15	16	17	18	19	20
④	④	②	③	③	④	①	③	①	②
21	22	23	24	25	26	27	28	29	30
②	①	③	①	②	①	④	②	①	②
31	32	33	34	35	36	37	38	39	40
②	③	①	①	②	①	④	①	①	③
41	42	43	44	45	46	47	48	49	50
①	③	①	①	②	②	②	②	①	②
51	52	53	54	55	56	57	58	59	60
①	②	③	②	③	④	②	②	②	①

03. • 무자격 안마사로 하여금 안마행위를 한 경우
 - 1차 : 영업정지 1월
 - 2차 : 영업정지 2월
 - 3차 : 영업장 폐쇄

06. • 고압증기멸균법
 - 10Pa, 120°C, 30분
 - 15Pa, 120°C, 20분
 - 20Pa, 120°C, 15분

09. - 미호기성 세균 : 산소의 분압이 낮을 때만 생장 가능한 미생물
 - 편성호기성 세균 : 산소호흡을 하는 세균으로, 증식에 유리 산소를 반드시 필요로 하는 균
 - 통성혐기성 세균 : 산소가 존재하는 호기성이나 산소가 없는 혐기성 조건 모두에서 살아갈 수 있는 균

13. - 삭시톡신 : 패류에 들어있는 독소
    - 아플라톡신 : 쌀, 땅콩을 비롯한 탄수화물이 풍부한 농산물이나 곡류에서 번식한다.
    - 라이신 : 염기성 필수 아미노산의 하나로 동물성 단백질에 존재하며 식물성 단백질에는 그 함유량이 적다.
    - 베네루핀 : 모시조개, 굴 등의 중장선(中腸線)에 고농도로 함유

14. 혈액의 pH는 7.35 ~ 7.45로 유지된다.

16. 원발진 : 건강한 피부에 처음 나타나는 병적 변화를 말하며 반점, 구진 결절, 팽진, 수포, 농포 등이다.

17. - 비타민 C : 피부를 희게 하는 원인이 되는 비타민으로 기미, 주근깨를 예방
    - 비타민 B : 세포 대사에서 중요한 역할을 수행하는 수용성 비타민
      면역체계와 신경계 기능을 강화하고 피부색과 근육 건강을 유지하며 신진대사작용을 촉진하는 데에 도움을 줌
    - 비타민 B_1 : 신경계 질환인 각기병을 예방하고 치료함

20. - 크라운 : 두정부
    - 네이프 : 목중심점
    - 사이드 : 옆쪽지점

26. 공중위생영업의 종류 : 숙박업, 목욕장업, 이·미용업, 세탁업, 건물위생관리업

27. 풍진은 제2급 감염병

30. - 드라이 샴푸 : 물을 사용하지 않는 샴푸로 환자 및 가발에 사용하는 샴푸
    - 리퀴드 샴푸 : 드라이 샴푸로 환자에게 적절
    - 오일 샴푸 : 두피 및 두발에 지방을 공급하는 것이 주목적인 샴푸

34. 세계보건기구(WHO)의 3대 건강지표 : 조사망률, 비례사망지수, 평균수명

40. 사인볼 : 청색(정맥), 적색(동맥), 백색(붕대)를 의미한다.

47. - 피라미드형 : 인구증가형, 후진국형

- 항아리형 : 인구감퇴형, 선진국형
- 별형 : 도시형, 유입형

48. · 300만 원 이하의 과태료
    - 관계 공무원의 출입, 검사 기타 조치를 거부, 방해 또는 기피한 자
    - 개선 명령을 위반한 자
    - 신고하지 아니하고 이용업소 표시등을 설치한 자
    · 200만 원 이하의 과태료
    - 위생관리 의무를 지키지 아니한 자
    - 위생교육을 받지 아니한 자
    - 영업소 외의 장소에서 이·미용업무를 행한 자

50. 셰이핑 레이저 : 안전하지만 잘려지는 두발의 부위가 좁아 작업속도가 느림

60. 마샬 웨이브 아이론 : 마샬 그라또가 1875년에 창안하였다.

2018년 기출복원문제

01 노화 현상을 방지하기 위한 대책으로 틀린 것은?

① 계절 변화에 적응한다.
② 피로와 자극을 받아도 괜찮다.
③ 건강 유지에 힘써야 한다.
④ 적당한 영양을 공급한다.

02 다음 중 가장 적합한 목욕물 온도는?

① 45℃   ② 40℃
③ 50℃   ④ 35℃

03 다음 중 어느 가위가 사용하기 가장 좋은가?

① 날의 중간 부분이 약간 올라온 것
② 날이 오목하게 된 것
③ 수평으로 3~5mm인 것
④ 날 부분의 넓이가 5~8mm인 것

04 이·미용사가 감염병 환자일 때 올바른 대처법은?

① 치료를 하면서 업무에 종사하면 된다.
② 업주나 협회장에게 승낙을 받은 후 종사한다.
③ 업무에 종사할 수 없다.
④ 이·미용사의 판단에 따라서 종사할 수 있다.

05 머리카락이 불결하면 기생충병이나 피부병의 원인이 되기 쉽다. 이에 따른 증세로 가장 적합한 것은?

① 탈모   ② 착모
③ 부스럼   ④ 여드름

06 두피 및 두발에 좋은 영향을 주는 것은?

① 알코올   ② 바세린
③ 반도린   ④ 올리브유

07 원형 독두(禿頭)란 무엇을 뜻하는가?

① 습진 심상성백반   ② 머리의 모양
③ 피부질환   ④ 원형 탈모증

08 다음 중 모발에 사용하는 화장품이 아닌 것은?

① 헤어 토닉
② 염모제
③ 탈모제
④ 콜드크림

09 머리의 명칭 중 톱(top)은 어느 부위를 말하는가?

① 두정부(정수리 부분)
② 전두부(앞머리 부분)
③ 측두부(머리 양쪽 옆부분)
④ 후두부(뒤통수 부분)

10 팩을 얼굴에 도포하였을 때의 효과에 대한 설명 중 틀린 것은?

① 피부의 혈액과 림프선의 순환이 왕성해진다.
② 피부를 휴식시키는 효과를 준다.
③ 피부 표면의 때와 불순물을 제거한다.
④ 털구멍의 틈새에 끼여 있는 노폐물을 밖으로 배출시킨다.

11 염모제 사용으로 생기는 피부병으로 올바른 것은?

① 알레르기성 피부병
② 백선
③ 습진
④ 개선(옴)

12 팩(pack)을 안면에 바른 후 몇 분 후에 닦아내는 것이 좋은가?

① 10분
② 20분
③ 30분
④ 40분

13 다음 중 비듬약의 주성분으로 올바른 것은?

① 알코올
② 글리세린
③ 유황
④ 유지

14 매뉴얼 테크닉에서 두피 전체를 부드럽게 주무르는 기법은?

① 경찰법　　② 강찰법
③ 유연법　　④ 진동법

15 모발이 세로로 갈라지는 주된 이유는?

① 운동 부족
② 칼슘 부족
③ 함유 탄소 부족
④ 지방질 부족

16 가위는 어떻게 정비하는 것이 효과적인 방법인가?

① 날이 설 때까지 갈면 된다.
② 가로 각도만 맞으면 된다.
③ 세로 각도만 맞으면 된다.
④ 가위 강도에 따라 가로와 세로의 적당한 각도를 유지해야 한다.

17 미끄러운 가위를 정비할 때 숫돌과 가위의 위치로 가장 효과적인 각도는?

① 30도　　② 35도
③ 40도　　④ 45도

18 가위의 쇠가 강하지 못한 것을 정비할 때 가장 효과적인 가위의 각도는?

① 30도　　② 35도
③ 40도　　④ 45도

19 염색 직후 변색을 방지하기 위한 조치로 적합하지 않은 것은?

① 샴푸 후 린스를 사용한다.
② 염색 후 바로 퍼머넌트를 한다.
③ 24시간 동안 헤어드라이어를 사용하지 않는다.
④ 올리브 마사지를 한다.

20 마사지의 효능을 가장 잘 설명한 것은?

① 혈액순환을 증진시키며 피부에 영양을 공급한다.
② 피부를 희게 하고 주름을 없앤다.
③ 조혈작용을 증진시킨다.
④ 모세혈관을 수축시키고 근육을 강화한다.

21 다음 중 바리캉의 어원으로 올바른 것은?

① 기계를 만든 사람 이름
② 프랑스의 최초 영업소 이름
③ 프랑스의 기계 제작 회사명
④ 프랑스의 외과 의사 이름

22 우리나라에서 최초로 현대적 의미의 이용이 보급된 시기는?

① 조선 시대 중엽
② 조선 시대 말엽
③ 일본강점기 초기
④ 일본강점기 말기

23 롱 커트(long cut) 시술 시 전혀 필요하지 않은 기구는?

① 집게 가위
② 미니 가위
③ 바리캉
④ 빗

24 다음 중 포마드의 작용에 해당하지 않는 것은?

① 모발에 지방을 공급한다.
② 머리칼을 다듬고 광택을 낸다.
③ 모발의 영양을 보충하여 아름답게 한다.
④ 가려움증을 방지한다.

25 두발 후두부 하단에 바리캉을 사용한 조발을 할 때 빗은 다음 중 어떻게 잡는 것이 가장 적당한가?

① 왼손 전체로 잡는다.
② 왼손 모지와 중지로 잡는다.
③ 왼손 모지와 인지로 잡는다.
④ 왼손 모지와 인지, 중지로 잡는다.

26 조발 가위를 계속하여 정비 및 사용 시 가윗날이 오목하게 되는 원인으로 가장 큰 것은?

① 가위의 수명이 다 되었다.
② 가위의 안쪽으로만 사용하였다.
③ 가위의 끝부분만 사용하였다.
④ 정비를 잘못한 것이 축적되었다.

27 정사각형의 얼굴형에 가장 알맞은 조발 및 정발형은?

① 양 측두부 모발의 양감을 줄이고 정수리 부분의 모발에 양감을 더하여 준다.
② 정사각형 얼굴 조발은 아무렇게나 해도 어울린다.
③ 양 측두부 및 후두부만 양감을 하여 조발한다.
④ 양 측두부의 모발을 살리고 윗부분만 줄이면 이상적이다.

28 조발용 가위 정비 술에 있어 가장 적당한 정비 확인 방법은?

① 모발 하나를 커트(cut)해 보았다.
② 물에 젖은 화장지를 커트(cut)해 보았다.
③ 신문 용지를 커트(cut)해 보았다.
④ 스펀지를 커트(cut)해 보았다.

29 건조성 두피의 세발에 적당한 방법은?

① 건성 두피에는 더운물을 사용해서는 안 된다.
② 건성 두피에는 세면용 고급 비누를 사용하여야 한다.
③ 건성 두피에는 샴푸를 사용해서는 안 된다.
④ 헤어 오일이나 식물성 기름을 발라 두었다가 세발하면 이상적이다.

30 드라이 샴푸(dry shampoo)는 어떤 사람에게 주로 사용되는가?

① 두피가 지루성인 사람
② 세발이 불편한 환자
③ 비듬이 많은 사람
④ 탈모가 심한 사람

31 다음 탈모 증세 중 지루성 탈모증은 무엇을 뜻하는가?

① 상처 또는 자극으로 머리카락이 빠지는 증세
② 나이가 들어 이마 부분의 머리카락이 빠지는 증세
③ 동전처럼 무더기로 머리카락이 빠지는 증세
④ 피부 피지선의 분비물이 병적으로 많아 머리카락이 빠지는 증세

32 다음 중 염발이 가장 불가능할 경우는?

① 헤어 토닉을 사용하였을 때
② 모발에 노폐물이 많을 때
③ 모발에 습기가 있을 때
④ 헤어스프레이를 사용하였을 때

33 염발 시 염발제를 나누어 사용하기 위해 병마개를 막아야 하는 시간으로 가장 올바른 것은?

① 3초 이내에 막아야 한다.
② 10초 이내에 막으면 사용 가능하다.
③ 30초 이내에 막으면 사용에 무관하다.
④ 1분 이내에 막으면 사용할 수 있다.

34 면체술 시 브러시로 라사링을 하는 방법으로 올바른 것은?

① 고객의 오른쪽으로부터 시계 방향으로 한다.
② 아무 곳에서나 좌우로 한다.
③ 두정골 부위부터 상하로 한다.
④ 순서에 관계없이 편리한 대로 한다.

35 커트 시술 중 집게 가위가 잘 정비되지 않고 커트 중간에 멈추는 횟수가 많아지면 모발에 다음 중 어떤 현상이 생기는가?

① 탈모 ② 절모
③ 탈색모 ④ 곱슬모

36 염발 시 실내온도가 적정할 때 염모제 도포 후 건발 방법은?

① 선풍기를 이용한다.
② 자연스럽게 소요 시간을 기다린다.
③ 드라이 온풍을 사용한다.
④ 적외선 염모실에서 건발한다.

37 염색 시술 시 염색약을 다룰 때 가장 주의하여야 하는 점은?

① 염색약이 옷에 묻지 않게 한다.
② 염색약이 눈에 들어가지 않게 한다.
③ 염색약이 흐르지 않게 한다.
④ 염색약이 퍼지지 않게 한다.

38 아이론을 올바르게 쥔 상태로 웨이브를 낼 때 회전 각도는 몇 도로 하는 것이 가장 적당한가?

① 45도 ② 90도
③ 120도 ④ 180도

39 조발 시 집게 가위를 사용하여 윗머리의 커트 시술 시, 3mm 넓이의 빗으로 빗질할 때 다음 중 가장 좋은 방법은?

① 모발 위로만 빗질
② 필요량만큼만 빗질
③ 빗기 쉬운 곳으로 빗질
④ 모근까지 빛날 이 닿게 빗질

40 탈모를 방지하기 위하여 다음 중 가장 적당한 세발 방법은?

① 모근에 자극을 주어 혈액순환에 도움이 되도록 브러시로 샴푸 한다.
② 두피와 모근을 마사지하듯 손끝으로 강하게 샴푸 한다.
③ 모근을 튼튼하게 해주기 위해 손톱으로 적당히 자극을 주면서 샴푸 한다.
④ 모발의 먼지와 지방을 제거할 정도로 손바닥으로 마사지하여 샴푸 한다.

41 두발이 있는 후두 하단부 중앙에 직경 1cm의 둥근 흉터가 있으면 어떻게 조발을 하여야 하는가?

① 흉터가 있는 곳까지 바리캉으로 조발하고 흉터 하단은 면도로 처리한다.
② 흉터가 보이지 않도록 길게 조발하여 흉부를 가려 준다.
③ 흉부 양옆의 머리를 3mm로 조발하여 흉터는 염색약으로 처리한다.
④ 흉터의 유무에 상관하지 않는다.

42 가위나 면도를 갈 때 숫돌의 적당한 높이는?

① 어깨높이 ② 가슴 높이
③ 배 높이 ④ 무릎 높이

43 면도 시술 시 입마개(마스크)를 착용하는 주목적은?

① 고객만을 위하여
② 시술자 본인만을 위하여
③ 본인과 고객의 호흡기질환 전염을 방지하기 위하여
④ 고객과의 잡담을 방지하기 위하여

44 보통 조발(long cut)의 순서는 어느 것이 적당한가?

① 고객의 좌측 뒤부터 시작하여 좌우로 조발하는 순서로 마무리한다.
② 고객의 우측으로부터 윗머리까지 처리하여 좌측에서 마무리한다.
③ 고객의 우측부터 윗머리 치기와 좌측으로 돌며 조발하여 우측으로 회전하여 마무리한다.
④ 고객의 좌측부터 뒷부분 윗머리 치기를 하고 우측으로 회전하여 마무리한다.

45 집게 가위 사용법 중 한 번씩 집어 사용하지 않고 여러 번 가위를 작동하면 모발에 나타나는 결과는?

① 필요량 이상 커트 된다.
② 필요량만 커트 된다.
③ 필요량 상단 끝만 커트 된다.
④ 필요량 하단 뿌리만 커트 된다.

46 조발 시 시술자와 의자의 적당한 거리는?

① 일정한 거리는 필요하지 않다.
② 주먹 한 개의 거리가 기준이다.
③ 의자에서 50cm 정도 거리를 유지한다.
④ 의자 밀착시킨다.

47 이용이 의료업에서 분리 및 독립된 시기는?

① 로마 시대
② 르네상스 시대
③ 나폴레옹 1세 시대
④ 미합중국 독립 시대

48 염발 제품의 보관 장소로 가장 적합한 곳은?

① 습도가 많은 곳
② 일광을 받는 밝은 곳
③ 보온 시설이 잘되고 밝은 곳
④ 차고 어두운 곳

49 조발 시 가위를 잡을 때 가장 안전하고 능률을 높이려면 어느 손가락으로 잡는 것이 좋은가?

① 모지와 인지
② 모지와 중지
③ 모지와 소지
④ 모지와 약지

50 염색 기구 중 금속을 사용해도 되는 염발제는 다음 중 어느 것인가?

① 염모제와 발색제를 사용하는 제품
② 염모제와 물을 혼합 사용하는 제품
③ 염모제와 옥시풀을 혼합 사용하는 제품
④ 염모제와 양에 비하여 발색제를 2배 이상 혼합하여 사용하는 경우

51 염발 후 세발은 다음 중 어느 방법이 가장 이상적인가?

① 차가운 물로만 먼저 한다.
② 물과 비누를 동시에 사용한다.
③ 샴푸 제품을 먼저 사용한다.
④ 미지근한 물로만 먼저 사용한다.

52 염발 제품의 제1 액과 제2 액을 혼합한 후 약의 효과를 보존하려면 최장 몇 분 이내에 사용하여야 염발이 되는가?

① 5분　　② 10분
③ 30분　　④ 1시간

53 최초 염발자는 반드시 피부에 약의 부작용 여부를 시험하여야 한다. 가장 적당한 부위는?

① 귀 뒤나 팔 안쪽 부분
② 손등이나 손바닥
③ 얼굴이나 두피
④ 목이나 다리

54 두부 처리 기술에 사용되는 정발제가 아닌 것은?

① 헤어 다이 (hair dye)
② 헤어 토닉 (hair tonic)
③ 헤어크림(hair cream)
④ 헤어 오일(hair oil)

55 이·미용사의 면허증을 다른 사람에게 대여한 경우 1차 위반 시의 행정처분 기준은?

① 영업정지 3월
② 영업정지 2월
③ 면허정지 3월
④ 면허정지 2월

56 다음 중 이용사 또는 미용사 면허를 받을 수 있는 자는?

① 감염 환자
② 피성년후견인
③ 성인병 환자
④ 간질병 환자

57 다음 중 청문을 실시하는 사항이 아닌 것은?

① 정신질환 환자 또는 간질병자에 해당되어 면허를 취소하고자 하는 경우
② 공중위생영업의 정지 처분을 하고자 하는 경우
③ 공중위생업의 일부 시설의 사용 중지 및 영업소 폐쇄 처분을 하고자 하는 경우
④ 공중위생업의 폐쇄 처분 후 그 기간이 끝난 경우

58 이·미용 영업소에서 일회용 면도날을 손님 2인에게 사용한 때의 1차 위반 시 이·미용 영업소에 대한 행정처분 기준은?

① 개선명령
② 영업정지 5일
③ 시정명령
④ 경고

59 이·미용의 영업소 폐쇄 명령을 받고도 계속 영업을 할 때 관계 공무원으로 하여금 조치하는 사항이 아닌 것은?

① 당해 영업소의 간판 기타 영업표지물의 제거
② 당해 영업소가 위법한 영업소임을 알리는 게시물 등의 부착
③ 이·미용사 면허증을 부착할 수 없게 하는 봉인
④ 영업을 위하여 필수 불가결한 기구 또는 시설물을 사용할 수 없게 하는 봉인

60 이·미용 영업자가 오염 허용기준을 지키지 아니하여 당국의 개선 명령에 따르지 않았을 때의 벌칙 사항은?

① 6월 이하의 징역 또는 300만 원 이하의 벌금
② 300만 원 이하의 벌금
③ 500만 원 이하의 벌금
④ 6월 이하의 징역 또는 500만 원 이하의 벌금

❈ 2018년 기출복원문제 정답 및 해설

01	02	03	04	05	06	07	08	09	10
②	②	③	③	①	④	④	④	②	②
11	12	13	14	15	16	17	18	19	20
①	②	③	③	④	④	①	④	②	①
21	22	23	24	25	26	27	28	29	30
③	②	③	④	③	①	①	②	④	②
31	32	33	34	35	36	37	38	39	40
④	④	①	①	②	②	②	②	②	④
41	42	43	44	45	46	47	48	49	50
②	③	③	①	①	②	③	④	④	③
51	52	53	54	55	56	57	58	59	60
②	③	①	①	③	③	④	④	③	②

1. 노인들은 적당한 운동과 영양섭취, 계절에 따른 체온조절과 항상 건강에 유의하여야 한다.

2. 가장 적합한 온도는 38~40℃이다.

4. 이·미용사가 감염병 환자일 경우에는 업무에 종사할 수 없다. 완전히 치유된 이후에 업무에 종사할 수 있다.

6. 올리브유는 식물성 오일로 두피 및 모발과 건성 피부에 좋은 영향을 준다.

8. 콜드크림은 얼굴 마사지 크림이다.

9. · 크라운 : 두정부
   · 톱 : 전두부
   · 네이프 : 후두부 하단
   · 사이드 : 측두부

11. 알레르기가 생기지 않게 하려면 염모제 시술 전 패치 테스트를 하여 알레르기 반응을 확인한 후에 진행해야 한다.

12. 팩은 안면에 바른 후 20분 정도 지난 후 제거 하는 것이 이상적이다.

13. 비듬 치료제의 대부분은 유황성분이 포함되어 있다.

14. - 경찰법 : 쓰다듬기
    - 유연법 : 주무르기
    - 진동법 : 떨기
    - 고타법 : 두드리기
    - 압박법 : 누르기
    - 강찰법 : 강하게 문지르기

15. 모발의 큐티클(에피큐티클)층은 친유성이다.

19. 컬러링 시술 후 바로 퍼머넌트 시술을 하게 되면 변색, 탈색이 될 수 있다.

20. 마사지의 효능으로 신진대사를 원활하게 한다.

21. 프랑스 기계 제작 회사 바리캉 마르의 이름을 붙여서 바리캉으로 불렸다.

22. 1895년(고종 32) 내려진 단발령을 계기로 정부 차원에서 우리나라 근대 이용사 理容師가 시작되었다.

23. 바리캉은 짧은 모발 커트 시술 시 필요한 기구이다.

25. 바리캉은 왼손 모지와 인지로 잡아야 한다.

28. 조발용 가위는 물에 젖은 화장지를 커트해 보는 것이 가장 적당한 정비 확인 방법이다.

30. 리퀴드 드라이 샴푸는 환자나 가발에 사용한다.

31. 지루성 탈모증 : 피지선 분비물이 병적으로 많아 머리카락이 빠지는 증상이다.

32. 헤어스프레이 등 지방성이 많은 스타일링 제품을 사용했을 경우 불능하다.

33. 염발제는 대기 중 산소에 의해 산화되기 때문에 사용 후에 최대 짧은 시간 내에 밀봉해야 한다.

34. 우측 볼 → 턱 → 좌측 볼 → 이마 순이다.

35. 가위가 잘 정비되지 않고 커트 중간에 멈추는 횟수가 많아지면 모발이 반 정도 잘리는 절모 현상이 생긴다.

36. 염발 시 실내온도가 적정하면 자연방치로 시간이 지나도록 기다린다.

37. 염모제는 눈에 절대로 들어가서는 안 된다.

38. 아이론으로 웨이브를 낼 때 90도가 가장 적당하다.

40. 손바닥을 이용하여 먼지와 지방을 제거할 정도로 가볍게 세발하여야 한다.

41. 흉터, 원형 탈모 등의 단점이 보이지 않게 보완하면서 조발해야 한다.

43. 마스크는 시술자와 고객의 호흡기질환 전염을 방지하기 위하여 착용한다.

46. 조발 시 시술자와 의자의 거리는 주먹 한 개의 거리를 유지해야 한다.

47. 1804년 나폴레옹 시대에 프랑스 외과병원에서 전문적인 이용업으로 분리, 독립되었다.

48. 염모제는 건 냉암 장소에 보관해야 변질되지 않는다.

49. 가위를 잡을 때   약지환-약지 : 안전성   엄지환-모지 : 능률성

52. 염모제 제1 액과 제2 액을 혼합하여 30분 후에 사용하게 되면 두발이 얼룩이 보일 수 있다.

53. 패치 테스트는 염색 시술 전에 알레르기 반응을 알아보기 위한 것으로 귀 뒤쪽이나 팔꿈치 안쪽에 동전 크기만큼의 염모제를 바른 후 24시간 정도 후 확인한다.

54. 헤어 다이는 염모제 시술이다.

55. 이·용사 면허증을 다른 사람에게 대여
- 1차 위반 : 면허정지 3월
- 2차 위반 : 면허정지 6월
- 3차 위반 : 면허취소

56. 이·미용사 면허를 받을 수 없는 자
- 피성년후견인
- 정신질환자
- 감염병 환자
- 약물 중독자
- 이중면허취득
- 면허 취소 후 1년이 경과되지 아니한 자

57. 청문
- 신고 및 폐업신고 사항의 직권 말소
- 이·미용사의 면허취소 또는 면허정지
- 위생사의 면허취소
- 영업정지 명령, 일부 시설 사용 중지 명령, 영업소 폐쇄 명령

58. 일회용 면도날을 2인에게 사용한 때
- 1차 위반 : 경고
- 2차 위반 : 영업정지 5일
- 3차 위반 : 영업정지 10일
- 4차 위반 : 영업장 폐쇄 명령

59. 영업소 폐쇄 명령받은 이·미용업소가 계속 영업을 하는 때의 조치
- 영업소의 간판 기타 영업표지물 제거
- 영업소가 위법한 영업소임을 알리는 게시물 등의 부착
- 영업을 위하여 필수 불가결한 기구 또는 시설물을 사용할 수 없게 봉인

❈ 2019년 기출복원문제

01 피부의 감각 중 가장 둔한 것은?
① 통각
② 온각
③ 냉각
④ 촉각

02 사람의 피부로 감염되는 기생충은?
① 요충
② 십이지장충(구충)
③ 편충
④ 회충

03 결핵 환자가 사용한 침구류 및 의류에 대한 가장 간편한 소독 방법은?
① 석탄산 소독
② 자비소독
③ 일광소독
④ 크레졸 소독

04 에탄올 소독 대상물로서 적당한 것을 모두 고르시오.

| (ㄱ) 가위 | (ㄴ) 플라스틱 용품 |
| (ㄷ) 면도칼 | (ㄹ) 주사바늘 |

① (ㄱ)
② (ㄱ), (ㄴ)
③ (ㄱ), (ㄴ), (ㄷ)
④ (ㄱ), (ㄷ), (ㄹ)

05 알코올 소독 대상물로서 가장 부적당한 것은?
① 가위
② 플라스틱 용품
③ 면도칼
④ 주사바늘

06 경구감염(經口感染)을 일으키지 않는 기생충으로만 묶인 것은?
① 폐흡충, 아메바성 이질
② 회충, 요충
③ 사상충, 말라리아
④ 유구조충, 편충

07 건강의 정의를 가장 잘 설명한 것은?
① 신체적으로 안녕한 상태
② 육체적, 정신적, 사회적으로 안녕한 상태
③ 질병이 없고, 허약하지 않은 상태
④ 정신적으로 안녕한 상태

08 인공 능동 면역에 의한 예방접종이 실시되고 있는 것은?

① AIDS ② 파상풍
③ 식중독 ④ 아메바성 이질

09 공중위생영업자의 지위를 승계한 자는 몇 개월 이내에, 누구에게 신고해야 하는가?

① 1개월 이내 → 시장·군수·구청장에게 신고
② 1개월 이내 → 시·도지사에게 신고
③ 2개월 이내 → 시장·군수·구청장에게 신고
④ 2개월 이내 → 시·도지사에게 신고

10 가청주파 영역을 넘는 주파수를 이용하여 미생물을 불활성화시킬 수 있는 소독 방법은?

① 전자파 멸균법
② 초음파멸균법
③ 방사선 멸균법
④ 고압증기 멸균법

11 자외선에 과도하게 노출되거나 칼슘이 부족할 경우, 뒤따를 수 있는 피부 유형은?

① 여드름성 피부
② 민감성 피부
③ 복합성 피부
④ 지성 피부

12 비말감염(飛沫感染)이나 진애(먼지)감염이 되지 않는 것은?

① 유행성 일본뇌염
② 디프테리아
③ 성홍열
④ 백일해

13 두발 염색 시 주의사항에 대한 설명으로 틀린 것은?

① 두피에 상처가 있을 때는 염색을 금한다.
② 염색제는 혼합 후 곧바로 사용한다.
③ 두발이 젖은 상태에서 염색하여야 효과적이다.
④ 금속성 용구나 빗의 사용을 금한다.

14 혈청이나 당 등과 같이 열에 불안정한 액체의 멸균에 주로 이용되는 방법은?

① 습열 멸균법
② 간헐 멸균법
③ 여과 멸균법
④ 초음파멸균법

15 마사지 시술 시 등, 어깨, 팔을 주물러서 푸는 마사지 방법에 해당되는 것은?

① 경찰법　② 유연법
③ 진동법　④ 압박법

16 조선 시대 말 18세에 등과하여 정삼품의 벼슬로 강원에 봉직하다 고종황제의 어명으로 우리나라에서 최초로 이용 시술을 한 사람은?

① 안종호　② 김옥균
③ 서재필　④ 박영효

17 수축력이 가장 강하고 잔주름에 효과가 있는 팩은?

① 오일 팩
② 우유 팩
③ 왁스 마스크 팩
④ 에그 팩

18 염모제로 헤나를 진흙에 혼합하여 두발에 바르고 태양광선에 건조시켜 사용했던 최초의 고대국가는?

① 에티오피아　② 로마
③ 그리스　④ 이집트

19 장시간 동안의 여행이나 난로에 오래 앉아 있으면 세포 내 무엇이 감소하는가?

① 피부의 혈액순환
② 피부의 각질화
③ 피부의 보습량
④ 피부의 탄력감

20 갑상선과 부신의 기능을 활성화시켜 피부를 건강하게 해주며 모세혈관의 기능을 정상화시키는 것은?

① 나트륨　② 마그네슘
③ 철분　④ 요오드

21 과산화수소(H_2O_2)의 특성이 아닌 것은?

① 표백력이 없다.
② 살균력이 있다.
③ 창상이나 피부 소독에 쓰인다.
④ 무색투명하다.

22 무균실에서 사용되는 기구에 대한 가장 적합한 소독법은?

① 고압증기 멸균법
② 자외선 소독법
③ 자비소독법
④ 소각소독법

23 대기오염 방지와 연관성이 가장 적은 것은?

① 생태계 파괴 방지
② 경제적 손실 방지
③ 자연환경의 악화 방지
④ 직업병의 발생 방지

24 소독에 관한 설명으로 가장 올바른 것은?

① 소독, 멸균, 방부는 같은 의미로 사용된다.
② 소독은 멸균된 상태를 뜻한다.
③ 소독으로 방부가 가능하지만 멸균을 의미하지 않는다.
④ 소독과 방부는 같은 뜻으로 사용된다.

25 두피 마사지(Scalp Manipulation)의 효과에 해당되지 않는 것은?

① 신경을 자극하여 흥분케 한다.
② 두발이 건강하게 자라도록 도와준다.
③ 근육을 자극하여 단단한 두피를 부드럽게 한다.
④ 두피의 혈액순환을 촉진시킨다.

26 에틸렌옥사이드(Ethylene Oxide) 가스 멸균법과 관계가 있는 것은?

① 가열에 변질이 잘되는 재료 소독에 적합하다.
② 멸균시간이 짧다.
③ 경제적이다.
④ 단기간만 보존할 수 있다.

27 공중위생영업자가 당국으로부터 통보받은 위생관리 등급의 표지를 관리하는 내용으로 가장 옳은 것은?

① 영업소 내 다른 게시물과 같이 반드시 게시한다.
② 영업소 내 게시물과 분리하여 게시해야만 한다.
③ 관계 공무원의 지도, 감독 시 게시만 하면 된다.
④ 영업소 명칭과 함께 출입구에 부착할 수 있다.

28 이용원의 간판 사인볼 색으로 세계적으로 공통적인 것은?

① 적색, 백색
② 황색, 청색
③ 청색, 황색, 백색
④ 청색, 적색, 백색

29 얼굴 앞면을 차례대로 구획한 선은?

① SCP → FSP → TP → SP → SCP
② NSP → SCP → TP → SCP → NSP
③ SCP → SP → CP → SP → SCP
④ NSP → SCP → GP → SCP → NSP

30 두발을 틴닝가위로 잘랐을 때 나타나는 현상은?

① 두발 끝의 단면이 뭉툭해진다.
② 두발 끝이 갖는 길이가 일정하다.
③ 두발의 양이 많아 보인다.
④ 두발 끝이 갖는 길이가 일정하지 않아 자연스럽다.

31 가위나 레이저로 두발을 자연스러운 장단을 만들어서 두발 끝부분에 갈수록 붓의 끝같이 되도록 커트하는 것은?

① 클리핑
② 틴닝
③ 싱글링
④ 테이퍼링

32 안면 면체 시 습포를 하는 주된 목적은?

① 수염과 피부가 유연해져 면도의 시술 효과를 높이기 위하여
② 표피를 수축시켜 탄력성을 주기 위하여
③ 차가운 면도기를 피부에 접촉하기 전에 따뜻한 감을 주기 위하여
④ 손님의 긴장감을 풀어주기 위하여

33 일반적으로 블로어 드라이어를 이용한 정발 순서로 가장 적합한 것은?

① 가르마 부분 → 측두부 → 후두부
② 측두부 → 가르마 부분 → 후두부
③ 후두부 → 측두부 → 가르마 부분
④ 측두부 → 후두부 → 가르마 부분

34 면도 시 비누 거품을 칠하는 목적으로 맞지 않는 것은?

① 깎인 털과 수염이 날리는 것을 예방한다.
② 피부 및 털과 수염을 유연하게 하고 면도의 운행을 쉽게 한다.
③ 면도날의 움직임을 원활하게 하고 운행을 쉽게 한다.
④ 모공이 확장되게 하기 위해 사용한다.

35 염색 시술 후 드라이는 몇 시간 지난 뒤에 하는 것이 적합한가?

① 염색 후 바로 가능
② 염색 후 1시간
③ 염색 후 2시간
④ 염색 후 1주일

36 유연 화장수에 대한 설명으로 옳은 것은?

① 알코올의 함량은 수렴 화장수에 비해서 많은 편이다.
② 피지 분비 및 수렴 작용을 한다.
③ 지성이나 복합 피부에 사용하면 효과적이다.
④ 피부 거칠음을 예방하고 피부 표면의 pH 조절의 역할을 한다.

37 모발이 건조해지고 부스러지는 것은 어떤 비타민의 부족 때문인가?

① 비타민 A
② 비타민 B_2
③ 비타민 C
④ 비타민 E

38 모발의 케라틴 단백질은 pH에 따라 물에 대한 팽윤성이 변한다. 다음 중 가장 낮은 팽윤성을 나타내는 pH는?

① 1~2
② 4~5
③ 7~9
④ 10~12

39 유리 산소가 존재하면 유해 작용을 받아 증식되지 않는 세균은?

① 미호기성 세균
② 편성 호기성 세균
③ 통성혐기성 세균
④ 편성혐기성 세균

40 가장 이상적인 인구의 구성형과 선진국형 인구 구성 형태는?

① 종형(Bell Form) - 항아리형(Pot Form)
② 피라미드형(Pyramid Form) - 성형(Star Form)
③ 종형(Bell Form) - 피라미드형(Pyramid Form)
④ 기타형(Guitar Form) - 항아리형(Pot Form)

41 유행성 출혈열에 관한 설명이 잘못된 것은?

① 고열과 구토 결막출혈 현상이 나타남
② 들쥐의 배설물, 들쥐에 기생하는 진드기에 의해 전파
③ 들쥐구제, 들에서의 피부 노출을 금한다.
④ 환자격리, 이의 구제 및 예방접종

42 다음 중 상호 관계가 없는 것으로 연결된 것은?

① 상수 오염의 생물학적 지표 - 대장균
② 실내공기 오염의 지표 - CO_2
③ 대기오염의 지표 - SO_2
④ 하수 오염의 지표 - 탁도

43 주로 7~9월 사이에 많이 발생 되며 어패류가 원인이 되어 발병, 유행하는 식중독은?

① 포도상구균 식중독
② 살모넬라 식중독
③ 보툴리누스균 식중독
④ 장염 비브리오 식중독

44 다음 중 공중위생관리법의 궁극적인 목적으로 가장 알맞은 것은?

① 공중위생영업 종사자의 위생 및 건강관리
② 공중위생영업소의 위생관리
③ 위생 수준을 향상시켜 국민의 건강증진에 기여
④ 공중위생영업의 위생 향상

45 이·미용사의 면허가 취소된 후 계속하여 업무를 행한 자에 대한 벌칙은?

① 1년 이하의 징역 또는 1,000만 원 이하 벌금
② 6월 이하의 징역 또는 500만 원 이하 벌금
③ 500만 원 이하 벌금
④ 300만 원 이하 벌금

46 염색이나 블리치를 한 후 손상된 모발을 보호하기 위한 가장 올바른 방법은?

① 드라이 후 스프레이를 뿌려 손상된 모발을 고정시킨다.
② 샴푸 후 수분을 약 50%만 제거한 후 자연 건조시킨다.
③ 모발을 적당히 건조한 후 헤어로션을 두피에 묻지 않도록 주의하여 모발에 도포한다.
④ 모발을 적당히 건조한 후 헤어 젤을 두피에 묻지 않도록 주의하여 모발에 도포한다.

47 우리나라에서 처음으로 이용사 시험이 국가에서 시행하는 자격시험 제도로 시행된 것은 언제인가?

① 1895년   ② 1923년
③ 1961년   ④ 1986년

48 스컬프쳐 커트(Sculpture Cut)는 어떠한 것인가?

① 틴닝가위로만 사용하여 조발하며 빗만 사용하며 정발한 작품
② 미니 가위로 조발하며 아이론으로 정발한 작품
③ 조발용 면도로만 조발하며 브러시로 정발한 작품
④ 틴닝가위 사용 후 조발용 레이저를 사용하며 브러시로 정발한 작품

49 일반적인 좌식 세발 시 두부 내 문지르기의 순서로 가장 적합한 것은?

① 두정부 → 전두부 → 측두부 → 후두부
② 전두부 → 두정부 → 측두부 → 후두부
③ 후두부 → 전두부 → 두정부 → 측두부
④ 두정부 → 측두부 → 후두부 → 전두부

50 덧돌에 대한 설명 중 가장 적합한 것은?

① 덧돌에는 천연석과 인조석이 있다.
② 덧돌은 숫돌보다 약 2배 정도 크다.
③ 덧돌은 주로 가위를 연마할 때 사용한다.
④ 덧돌은 숫돌이 깨졌을 때 쓰는 비상용이다.

51 화장품 품질 특성의 4대 조건은?

① 안전성, 안정성, 사용성, 유용성
② 안전성, 방부성, 방향성, 유용성
③ 발림성, 안정성, 방부성, 사용성
④ 방향성, 안전성, 발림성, 사용성

52 수정 커트 중에서 찔러 깎기 기법은 어느 경우에 사용되어야 가장 적합한가?

① 면체라인 수정 시
② 뭉쳐 있는 두발 숱 부분의 색채 수정 시
③ 전두부 수정 시
④ 천정부 수정 시

53 자외선 중 홍반을 주로 유발시키는 것은?

① UVA   ② UVB
③ UVC   ④ UCD

54 1955년 프랑스 이용기술 고등연맹에서 발표한 장티욤 라인 작품설명으로 가장 적합한 것은?

① 전체 스타일을 스퀘어로 각을 강조하였다.
② 귀족을 의미하는 뜻으로 작품명을 정하였다.
③ 가르마를 기준으로 각각 원형을 이루도록 하였다.
④ 전체가 수평을 이루어 중년에 맞는 스타일이다.

55 보건 기획이 전개되는 과정으로 옳은 것은?

① 전제 - 예측 - 목표설정 - 구체적 행동계획
② 전제 - 평가 - 목표설정 - 구체적 행동계획
③ 평가 - 환경분석 - 목표설정 - 구체적 행동계획
④ 환경분석 - 사정 - 목표설정 - 구체적 행동계획

56 이·미용사의 업무 범위에 대한 나열이 옳지 않은 것은?(단, 본 시험의 접수일 당일 자격을 취득한 자로서 이·미용사 면허를 받은 자 기준)

① 이용사 : 이발, 아이론, 면도, 머리 피부 손질, 머리카락 염색 및 머리 감기
② 미용사(일반) : 파마, 머리카락 자르기, 머리카락, 모양내기, 머리 피부 손질, 머리카락 염색, 머리 감기, 의료기기나 의약품을 사용하지 아니하는 눈썹 손질
③ 미용사(피부) : 의료기기나 의약품을 사용하지 아니하는 피부 상태분석·피부 관리·제모·눈썹 손질
④ 미용사(네일) : 손톱과 발톱의 손질 및 화장, 의료기기나 의약품을 사용하지 아니하는 눈썹 손질

57 기능성 화장품의 종류와 그 범위에 대한 설명으로 틀린 것은?

① 주름 개선제품 - 피부 탄력 강화와 표피의 신진대사를 촉진한다.
② 미백 제품 - 피부 색소 침착을 방지하고 멜라닌생성 및 산화를 방지한다.
③ 자외선 차단 제품 - 자외선을 차단 및 산란시켜 피부를 보호한다.
④ 보습 제품 - 피부에 유·수분을 공급하여 피부의 탄력을 강화한다.

58 다음 중 피부 상재균의 증식을 억제하는 항균 기능을 가지고 있고, 발생한 체취를 억제하는 기능을 가진 것은?

① 보디샴푸
② 데오도란트
③ 샤워 코롱
④ 오데 토일렛

59 호상 블리치(Bleach Agent)와 관련된 설명으로 틀린 것은?

① 탈색 과정을 눈으로 볼 수 없다.
② 과산화수소수의 조제 상태가 풀과 같은 점액 상태이다.
③ 두발에 대한 탈색 작용이 빠르다.
④ 블리치제를 바르는 양의 조절이 쉽다.

60 박하(Peppermint)에 함유된 시원한 느낌의 혈액순환 촉진 성분은?

① 자일리톨(Xylitol)
② 멘톨(Menthol)
③ 알코올(Alcohol)
④ 마조람 오일(Majoram Oil)

❃ 2019년 기출복원문제 정답 및 해설

01	02	03	04	05	06	07	08	09	10
②	②	③	④	②	③	②	②	①	②
11	12	13	14	15	16	17	18	19	20
②	①	③	③	②	①	③	④	③	④
21	22	23	24	25	26	27	28	29	30
①	①	④	③	①	①	④	④	③	④
31	32	33	34	35	36	37	38	39	40
④	①	①	④	③	④	①	②	④	①
41	42	43	44	45	46	47	48	49	50
④	④	④	③	④	③	②	④	①	①
51	52	53	54	55	56	57	58	59	60
①	②	②	①	①	④	④	②	③	②

1. 피부의 감각 전달순서 : 통각 → 촉각 → 냉각 → 온각

3. 십이지장충의 유충이 입으로 들어가거나 피부와 접촉하여 혈관이나 림프관을 통해 폐로 간다. 피를 빨아먹으므로 철분 결핍성 빈혈증을 일으킨다.

6. 트라코마, 파상풍, 일본뇌염, 사상충, 말라리아 등은 경피감염이다.

8. DPT 백신 : D(디프테리아), P(백일해), T(파상풍)

10. 가청주파는 정상적인 사람의 귀로 들을 수 있는 범위의 주파수로 20~20,000헤르츠(Hz)의 초음파를 활용한 멸균법이다.

12. 비말감염이란 기침이나 재채기를 할 때 날아다니는 미세한 침방울을 통한 감염이다.

13. 두발이 젖은 상태에서는 얼룩이 생기거나 염색 능력이 떨어질 수 있다.

16. 우리나라 최초의 이발사는 안종호이다.

18. 이집트에서 최초로 헤나를 염모제로써 사용하였다.

19. 피부의 보습량이 감소하여 피부가 건조하고 당기는 느낌을 받게 된다.

21. 보통 2.5~3.5%의 농도를 사용하는 과산화수소는 표백, 탈취, 살균등의 작용을 하며 상처부위 소독, 구내염, 인두염, 입안 세척 등에 사용된다.

22. 무균실에서 사용하는 기구의 경우 소각법을 사용한다.

24. 소독과 멸균은 다른 의미이다.

28. 청색(정맥), 적색(동맥), 백색(붕대)를 의미한다.

29. S.C.P : 귀앞지점, S.P : 옆쪽지점, C.P : 얼굴 중심점, F.S.P : 정면 옆쪽지점, N.S.P : 목 옆쪽지점, T.P : 두정점, .P : 머리 꼭짓점

30. 두발 끝이 일정하지만 뭉툭하게 잘리는 것은 블런트 가위이다.

31. 클리핑 : 클리퍼나 가위를 이용하여 삐져나온 두발을 자르는 커트 기법
    틴닝 : 두발 길이의 변화 없이 숱만 감소시키는 기법
    싱글링 : 빗을 대고 가위를 동시에 올려 치면서 커트하는 기법

32. 습포에 의해 수염과 피부가 부드러워진다.

34. 비누 거품을 도포하여 피부와 털, 수염 등을 유연하게 하고 면도날의 운행이 수월하도록 도와주며 깎인 털과 수염이 날리는 것을 방지한다.

35. 염색 시술 후 2시간 이후에 하는 것이 좋다.

37. 비타민 A가 부족하면 피부와 모발이 건조해진다.

39. 미호기성균 : 산소의 분압이 낮을 때에만 성장이 가능한 미생물이다.
    편성 호기성균 : 산소호흡을 하는 세균으로, 증식에 유리 산소를 반드시 필요로 한다.
    통성혐기성균 : 산소가 존재하는 호기성이나 산소가 없는 혐기성 모두에서 살아갈 수 있다.
    편성혐기성균 : 유리 산소가 있는 곳에서는 살아갈 수 없다.

40. 항아리형 : 인구감퇴형으로 출생률이 사망률보다 낮은 형
    종형 : 가장 이상적인 인구 구성형으로 출생률과 사망률이 둘 다 낮은 형
    피라미드형 : 후진국형으로 출생률이 높고 사망률이 낮은 형

41. 들쥐의 배설물이나 들쥐에 기생하는 진드기에 의해 전파된다.

44. 공중위생관리법은 공중위생의 수준을 향상시켜 국민의 건강증진에 기여하고자 하는 목적을 가지고 있다.

45. 300만 원 이하의 벌금
    1. 면허 취소, 정지 중에 이·미용업을 하는 사람
    2. 면허를 받지 않고 이·미용업을 개설하거나 그 업무에 종사한 사람

48. 스컬프쳐 커트란 가위와 스컬프쳐 전용 레이저로 커트하고 브러시로 세팅하는 디자인으로, 남성 클래식 커트에 해당하는 커트 유형이다.

49. 두정부 → 전두부 → 측두부 → 후두부의 순서이다.

51. 화장품 품질의 4대 특성 : 안전성, 안정성, 사용성, 유용성

52. 찔러 깎기는 뭉쳐 있는 두발의 색채를 수정할 때 사용된다.

53. UVB를 과다하게 쬐면 홍반이나 물집, 염증 등을 일으킬 수 있다.

55. 보건 기획의 전개 과정 : 전제 - 예측 - 목표설정 - 구체적 행동계획

56. 눈썹을 손질하는 것은 미용사(일반)의 업무 범위이다.

57. 피부에 유, 수분을 공급하는 것은 기초 화장품의 기능에 속한다.

59. 호상블리치의 특징

1. 탈색 과정을 눈으로 볼 수 없다.
2. 과산화수소수의 조제 상태가 풀과 같은 점액 상태이다.
3. 모발 속 멜라닌 색소를 표백해서 모발을 밝게 하는 효과가 있다.
4. 두 번 칠할 필요가 없다.
5. 기술 도중 과산화수소가 마를 염려가 없다.
6. 두발의 탈색 정도를 알기 어렵다.

2020년 2회차 기출복원문제

01 다음 중 건강한 두발의 pH 범위는?

① pH 3~4
② pH 4.5~5.5
③ pH 8~9
④ pH 9~10

02 보건복지부령이 정하는 변경 신고 시, 중요사항이 아닌 것은?

① 영업소의 명칭 및 상호 변경
② 영업소의 소재지 변경
③ 영업장 내 상품의 가격
④ 대표자의 성명 또는 생년월일

03 공중위생영업에 해당하지 않는 것은?

① 세탁업
② 숙박업
③ 요식업
④ 이·미용업

04 화장의 기원으로 올바르지 않은 것은?

① 장식설
② 신체 보호설
③ 계급 설
④ 수명연장설

05 습열에 의한 소독법이 아닌 것은?

① 자비소독법
② 고압증기 살균법
③ 유통증기멸균법
④ 화염멸균법

06 퍼머넌트 웨이브의 전처리 과정 중 하나로, 손상 모 제거 및 와인딩에 적합한 길이로의 커트를 위한 과정은?

① 두피 및 모발진단
② 프레샴푸
③ 프레커트
④ 프레 트리트먼트

07 영업장의 폐업 신고는 폐업한 날로부터 며칠 이내여야 하는가?

① 7일
② 10일
③ 15일
④ 20일

08 우리나라에서 처음으로 국가적 이용사 자격시험이 시행된 년도는?

① 1923년
② 1933년
③ 1943년
④ 1953년

09 화장품의 품질 특성으로 옳지 않은 것은?

① 지속성　② 안전성
③ 유효성　④ 안정성

10 클리퍼에 대한 설명으로 맞지 않는 것은?

① 1920년경 일본을 통해 국내로 보급되었다.
② 고정된 밑 날과 윗 날이 좌우로 교차하면서 모발을 절단시킨다.
③ 몸체, 모터, 배터리, 커트날로 구성된다.
④ 프랑스의 바리캉마르가 처음 제작하였다.

11 표피의 구조상 가장 아래에 위치한 것은?

① 투명층
② 각질층
③ 과립층
④ 기저층

12 표피의 구성 세포가 아닌 것은?

① 멜라닌세포
② 림프구
③ 랑게르한스세포
④ 각질형성세포

13 패치테스트를 실시하는 부위가 아닌 곳을 모두 고르시오.

① 귀 뒤
② 팔꿈치 안쪽
③ 구레나룻
④ 손등

14 이용사 면허를 받지 않은 자가 할 수 있는 업무는?

① 이·미용사의 감독을 받는 직접적인 시술
② 이·미용사의 감독을 받는 보조업무
③ 이용 업장의 개설
④ 이용 업장의 대표자로 등록

15 다음 중 피부색을 결정하는 요소가 아닌 것은?

① 각질층의 두께
② 멜라닌
③ 티록신
④ 혈관 분포와 혈색소

16 단단하고 불규칙한 그물모양의 결합조직으로 진피 대부분을 이루고 있는 층은?

① 유두층 ② 망상층
③ 각질층 ④ 과립층

17 공중위생감시원을 임명하는 자는?

① 보건복지부 장관
② 대통령
③ 시·군·구청장
④ 동사무소 직원

18 이용 업소에서 시술하여도 법적 처벌을 받지 아니한 것은?

① 문신
② 점 빼기
③ 면도
④ 귓볼 뚫기

19 머리를 감을 때마다 조금씩 퇴색되며 코팅 컬러와 산성 컬러가 속해있는 염모제의 종류는?

① 일시적 염모제
② 반영구 염모제
③ 영구 염모제
④ 천연 염모제

20 정발제로 사용하는 모발 화장품이 아닌 것은?

① 헤어 린스 ② 포마드
③ 헤어스프레이 ④ 헤어젤

21 국가 간이나 지역사회의 보건 수준을 비교하는 3대 건강지표에 해당하지 않는 것은?

① 고령화지수
② 조사망률
③ 영아사망률
④ 비례 사망지수

22 질병이 발생되는 요인을 순서대로 잘 나열한 것은?

① 숙주 - 병원체 - 유전
② 숙주 - 유전 - 저항력
③ 숙주 - 병원체 - 병소
④ 숙주 - 병원체 - 환경

23 발병 전 잠복 기간에 병원체를 배출하는 보균자를 무엇이라고 하는가?

① 건강보균자
② 잠복기보균자
③ 회복기보균자
④ 배출 보균자

24 통기성 균의 뜻으로 올바른 것은 고르시오.

① 산소가 있을 때 성장하는 균
② 산소가 없을 때 생육하는 균
③ 산소 유무와 관계없이 증식하는 균
④ 산소 유무에 받는 영향이 때에 따라 다른 균

25 이발 시술 과정을 올바르게 나열한 것은?

① 소재 - 구상 - 보정 - 제작
② 제작 - 보정 - 소재 - 구상
③ 소제 - 제작 - 구상 - 보정
④ 소재 - 구상 - 제작 - 보정

26 올바른 커트 기법이 아닌 것을 고르시오.

① 거칠게 깎기
② 지간 깎기
③ 두껍게 깎기
④ 수정 깎기

27 다른 사람에게 면허를 대여한 때의 1차 위반 행정 처분 기준은?

① 영업정지 3개월
② 영업정지 6개월
③ 영업정지 1년
④ 면허 취소

28 영업소의 폐쇄 및 정지 사유로 옳은 것을 고르시오.

① 시설과 설비 기준을 위반한 경우
② 중요사항을 과도하게 변경하는 경우
③ 청소년을 직원으로 고용한 경우
④ 도로교통법 위반자를 직원으로 고용한 경우

29 역성비누 소독법에 대한 설명으로 알맞지 않은 것을 고르시오.

① 이, 미용사의 손 소독에 적합하다.
② 계면활성제 중 가장 항균 활성이 높다.
③ 피부에 자극이 없고 소독력이 높다.
④ 2.5~3.5% 농도를 사용한다.

30 소독 대상과 소독제가 올바르지 않게 짝지어진 것을 고르시오.

① 대소변, 토사물 - 생석회 분말
② 고무 제품, 피혁, 모피 - 포르말린
③ 이·미용실 실내 소독 - 크레졸
④ 금속제품 - 승홍수

31 용존산소량에 대한 설명으로 틀린 것을 고르시오.

① 물속에 녹아있는 산소량
② 단위는 ppm
③ DO가 낮을수록 물의 오염도가 낮다.
④ DO가 높을수록 깨끗한 물이다.

32 다음 중 기능성 화장품의 효과와 가장 거리가 먼 것은?

① 여드름 염증의 완화와 진정 효과
② 자외선을 차단하는 효과
③ 피부의 주름을 개선하는 효과
④ 피부를 희게 가꾸는 미백효과

33 샴푸의 구비조건으로 알맞지 않은 것은?

① 거품이 풍부하게 발생하여야 한다.
② 세정력과 모발의 건조함은 비례한다.
③ 안정성이 있어야 한다.
④ 피부에 자극적이지 않아야 한다.

34 샴푸 테크닉의 순서로 알맞은 것은?

① 전두부 - 후두부 - 측두부 - 두정부
② 후두부 - 측두부 - 두정부 - 전두부
③ 측두부 - 두정부 - 전두부 - 후두부
④ 두정부 - 전두부 - 측두부 - 후두부

35 면도기를 잡는 기술로 올바르지 않은 것을 고르시오.

① 프리 핸드   ② 서브 핸드
③ 스틱 핸드   ④ 푸시 핸드

36 아포크린선의 특징으로 옳지 않은 것은?

① 체취선 혹은 대한선 이라고도 불린다.
② 사춘기 이후에 기능이 시작된다.
③ 손바닥, 발바닥에서 가장
④ 흑인에게 가장 많다.

37 모병원성 미생물의 종류로 옳지 않은 것은?

① 티푸스균   ② 곰팡이균
③ 결핵균   ④ 이질균

38 다음 용어와 정의가 알맞게 짝지어지지 않은 것은?

① 소독은 병원미생물의 생활력을 파괴하여 감염력을 없애는 것이다.
② 멸균은 생활력은 물론 미생물 자체를 완전히 없애는 것이다.
③ 살균은 원인균의 발육 및 그 작용을 정지시키는 것이다.
④ 감염은 병원체가 인체에 침투하여 발육, 증식하는 것이다.

39 영업 신고를 하는 데에 필요한 서류로 적합하지 않은 것을 고르시오.

① 영업 시설 및 설비개요서
② 면허증 원본
③ 교육 필증
④ 임대차계약서

40 다음 중 건강한 두발의 pH 범위는?

① pH 3~4
② pH 4.5~5.5
③ pH 8~9
④ pH 9~10

41 다음 중 지성 피부의 관리에 알맞은 크림은?

① 바니싱 크림
② 에몰리언트 크림
③ 콜드크림
④ 나이트 크림

42 히팅 퍼머넌트 웨이브의 시술 시 로드에 가하는 열의 온도는?

① 40~60℃
② 60~80℃
③ 80~100℃
④ 100~120℃

43 자외선 차단 효과가 가장 높은 것은?

① SPF 15
② SPF 20
③ SPF 30
④ SPF 45

44 스크럽의 효과가 아닌 것은?

① 메이크업 잔여물을 제거한다.
② 혈관과 신경을 자극하여 혈액순환을 촉진한다.
③ 피부의 진정에 도움을 준다.
④ 노화된 각질을 제거하여 피부톤이 맑아진다.

45 인구 구성 형태의 특성 중 피라미드형의 특징으로 알맞은 것은?

① 출생률이 높고 사망률이 낮은 형
② 출생률보다 사망률이 높은 형
③ 인구증가형 선진국형
④ 생산연령인구의 전출이 늘어나는 형

46 역성비누의 특징으로 알맞지 않은 것은?

① 피부에 자극이 없고 소독력이 높음
② 이, 미용사의 손 세정에 적당
③ 계면활성제 중 가장 항균 활성이 높음
④ 독성이 강하고 금속을 부식시킴

47 공중위생영업소를 개설하고자 하는 자는 원칙적으로 언제까지 위생교육을 받아야 하는가?

① 개설 후 1년 이내
② 개설 후 6개월 이내
③ 개설 후 1달 이내
④ 개설하기 전

48 위생 등급에 따른 업소 분류 중 우수업소는 어떠한 등급에 해당하는가?

① 백색 등급　② 녹색 등급
③ 황색 등급　④ 적색 등급

49 6개월 이하의 징역 또는 500만 원 이하의 벌금을 부과하는 위반행위가 아닌 것을 고르시오.

① 공중위생영업의 변경 신고를 하지 않은 자
② 공중위생영업의 지위를 승계한 자로서 1개월 이내에 신고하지 않은 자
③ 건전한 영업 질서를 위하여 준수해야 할 사항을 준수하지 아니한 자
④ 공중위생영업의 신고를 하지 아니한 자

50 크레졸 소독의 단점으로 알맞은 것은?

① 세균 소독에 효과가 미미하다.
② 피부 자극성이 강하다.
③ 유기물에 소독 효과가 약화된다.
④ 냄새가 강하다.

51 다음 중 가장 부향률이 높은 것은?

① 퍼퓸　② 오드퍼퓸
③ 오드뚜알렛　④ 오드코롱

52 보디 크림의 특징으로 옳은 것을 고르시오.

① 피부에 발랐을 때 수분이 증발하면서 차가운 느낌이 든다.
② 마사지할 때 손동작을 원활히 한다.
③ 친유성 크림으로 콜드크림의 일종이다.
④ 목욕이나 샤워 후 전신에 발라주는 제품이다.

53 가발 세정에 탁월한 샴푸제는?

① 리퀴드 드라이 샴푸
② 토닉 샴푸
③ 핫 오일 샴푸
④ 에그 샴푸

54 헤어디자인의 형태를 만든 후에 추가로 다듬고 정돈하는 스타일 기법은 무엇인가?

① 트리밍　② 싱글링
③ 포인팅　④ 틴닝

55 다음 중 광절열두조충(긴촌충)의 제1 중간 숙주를 고르시오.

① 다슬기　② 물벼룩
③ 우렁이　④ 따개비

56 두피 마사지의 기본 동작 중 강한 자극으로 이마에서 후두부까지 두피를 쓰다듬는 방법은?

① 강찰법　② 경찰법
③ 유연법　④ 마찰법

57 면허정지 처분을 받고 정지 기간에 업무를 수행한 때의 행정 처분으로 옳은 것은?

① 면허 취소
② 벌금 300만 원
③ 과태료 300만 원
④ 기간 연장

58 공중위생감시원의 업무 범위가 아닌 것은?

① 시설 및 설비의 확인
② 공중이용시설의 위생 상태 확인 검사
③ 위생관리 의무 및 준수사항 이행 여부 확인
④ 공중위생관리법 위반에 대한 과태료 부과

59 모발 끝에서 1/3 지점을 테이퍼링 하는 기법은?

① 노멀 테이퍼링
② 엔드 테이퍼링
③ 딥 테이퍼링
④ 라이트 테이퍼링

60 기포 작용과 세정작용이 뛰어나 샴푸나 비누, 바디워시 등에 쓰이는 계면활성제는?

① 음이온성 계면활성제
② 양이온성 계면활성제
③ 양쪽성 계면활성제
④ 비이온성 계면활성제

❊ 2020년 2회차 기출복원문제 정답 및 해설

01	02	03	04	05	06	07	08	09	10
②	③	③	④	④	③	④	①	①	①
11	12	13	14	15	16	17	18	19	20
④	②	④	②	③	②	③	③	②	①
21	22	23	24	25	26	27	28	29	30
①	④	②	③	④	③	②	①	④	④
31	32	33	34	35	36	37	38	39	40
③	①	②	④	②	③	②	④	④	②
41	42	43	44	45	46	47	48	49	50
①	③	④	③	①	④	④	③	④	④
51	52	53	54	55	56	57	58	59	60
①	④	①	①	②	①	①	④	②	①

1. 건강한 두피와 피부의 pH 범위는 약산성의 범위인 pH4.5~5.5의 범위이다.

2. 공중위생영업은 숙박업, 목욕법, 이용업, 미용업, 세탁업, 건물위생관리 영업이 있다.

5. 화염멸균법은 불꽃에 접촉시키는 방식이다.

8. 우리나라의 이용사 자격시험은 1923년에 시행되었다.

9. 화장품의 품질 특성은 안전성, 안정성, 사용성, 유효성이다.

11. 각질층 - 투명층 - 과립층 - 유극층 - 기저층의 순서로 이루어져 있다.

12. 표피의 구성 세포는 멜라닌세포, 머켈세포, 랑게르한스세포, 각질형성세포이다.

14. 이용사 면허가 없는 사람은 이용업을 개설하거나 그 업무에 종사할 수 없지만, 이용사, 미용사의 감독을 받아 이용, 미용의 보조업무는 가능하다.

17. 시 · 도지사 · 시장 · 군수 · 구청장은 소속 공무원 중에서 공중위생감시원을 임명한다.

18. 문신, 점 빼기, 귓볼 뚫기 - 1차-영업정지 2월, 2차-영업정지 3월, 3차-영업장 폐쇄 명령

19. 반영구 염모제는 강한 컬러감을 부여하지만, 색이 조금씩 퇴색되는 단점이 있다.

20. 헤어 린스는 샴푸 후에 사용하여 머릿결을 부드럽게 가꿔주는 모발용 제품이다.

21. 세계보건기구의 3대 건강지표- 조사망률(보통사망률), 영아사망률, 비례 사망지수

25. 소재 - 구상 - 제작 - 보정의 순서이다.

26. 커트 기법의 종류 : 거칠게 깎기, 지간 깎기, 연속 깎기, 밀어 깎기, 끌어 깎기, 떠올려 깎기, 소밀 깎기, 수정 깎기

30. 승홍수는 금속을 부식시키고 인체 피부 점막에 자극을 준다.

31. 용존산소량 = DO : 물속에 녹아있는 산소량이 낮을수록 물의 오염도가 높다.

35. 프리핸드, 스틱핸드, 펜슬핸드, 푸시핸드, 백핸드 가 있다.

36. 아포크린선은 겨드랑이, 음부, 유두에 발달된 땀샘이다.

38. 소독 - 생활력 파괴하여 감염력을 없애는 것
    멸균 - 병원균의 생활력과 미생물 자체를 없애는 것
    살균 - 원인균을 죽이는 것
    감염 - 병원체가 인체에 침투하여 발육, 증식하는 것이다.

39. 영업 신고에 필요한 서류는 영업 시설 설비개요서, 면허증 원본, 위생교육 필증이다.

40. 건강한 두피와 모발은 pH4.5~5.5의 약산성을 나타낸다.

42. 가열된 로드 온도는 80~100℃의 온도로 웨이브 시술한다.

43. SPF 지수가 높을수록 자외선의 차단 효과가 높다.

45. 피라미드형 - 인구증가형 후진국형, 출생률이 높고 사망률이 낮은 형

47. 공중위생영업소를 개설하고자 하는 자는 영업 신고 전 미리 위생교육을 받아야 한다.

48. 최우수업소 - 녹색 등급, 우수업소 - 황색 등급, 일반관리 대상업소 - 백색 등급

49. 500만 원 이하의 벌금 - 공중위생영업의 변경 신고를 하지 않은 자
    - 공중위생영업의 지위를 승계한 자로서 신고를 아니 한 자
    - 건전한 영업 질서를 위하여 준수해야 할 사항을 준수하지 아니한 자

51. 퍼퓸 〉 오드퍼퓸 〉 오드뚜알렛 〉 오드코롱 순이다.

52. 보디 크림은 목욕이나 샤워 후 전신 피부에 수분 및 유분을 공급하여 피부가 건조해지는 것을 예방하여 주는 크림이다.

55. 광절열두조충 - 1 중간숙주(물벼룩), 2 중간숙주 - 송어, 연어

57. 면허정지 처분을 받고 정지 기간에 업무를 수행한 때의 행정 처분은 면허 취소다.

58. 과태료 부과는 시장 · 군수 · 구청장이 한다.

Profile 저자 프로필

김영래
- 대한민국 이용 기능장
- 동양대학교 경영학 박사
- 서경대학교 미용예술학 석사
- 정화예술대학교 교수

김원중
- 한샘 이용원 대표
- 대한민국 이용 기능장
- 사) 이용장 중앙회 부회장
- 우석대학교 미용경영학 석사
- 정화예술대학(평. 교) 외래강사

신태민
- 할리 바버샵 대표
- 대한민국 이용 기능장
- 이용장 중앙회 기술강사
- 국제 기능대학교 졸업
- 백년가게 선정(이용부문)

양복수
- 미용그룹 YBS 대표
- 경희대학교대학원 사회복지학석사
- 서정대학교 겸임교수

NCS 기반 이용사 필기

초 판 발 행	2020년 5월 30일
개 정 1 판 발 행	2022년 4월 15일
개정1판1쇄발행	2023년 1월 5일
개정1판2쇄발행	2023년 4월 1일
개 정 2 판 발 행	2024년 2월 20일
개 정 3 판 발 행	2025년 1월 10일

저 자	김영래 · 김원중 · 신태민 · 양복수
발 행 인	조규백
발 행 처	도서출판 구민사
	(07293) 서울시 영등포구 문래북로 116, 604호(문래동 3가 46, 트리플렉스)
전 화	(02) 701-7421
팩 스	(02) 3273-9642
홈 페 이 지	www.kuhminsa.co.kr
신 고 번 호	제 2012-000055호(1980년 2월 4일)
I S B N	979-11-6875-400-3 (13590)
정 가	28,000원

이 책은 구민사가 저작권자와 계약하여 발행했습니다.
본사의 서면 허락 없이는 어떠한 형태나 수단으로도 이 책의 내용을 이용할 수 없음을 알려드립니다.